设计的逻辑

Logical Components of Design

江牧 著

中国建筑工业出版社

图书在版编目（CIP）数据

设计的逻辑／江牧著. —北京：中国建筑工业出版社，2019.2（2021.11重印）
ISBN 978-7-112-23145-4

Ⅰ. ① 设… Ⅱ. ① 江… Ⅲ. ① 产品设计－研究
Ⅳ. ① TB472

中国版本图书馆CIP数据核字（2018）第298138号

责 任 编 辑：费海玲　焦　阳
图 书 设 计：方　晴
文稿整理校对：魏　磊　冯律稳
责 任 校 对：赵听雨

设计的逻辑
Logical Components of Design
江牧　著

*

中国建筑工业出版社出版、发行（北京海淀三里河路9号）
各地新华书店、建筑书店经销
北京锋尚制版有限公司制版
天津翔远印刷有限公司印刷

*

开本：787毫米×1092毫米　1/16　印张：17½　字数：323千字
2019年7月第一版　　2021年11月第二次印刷
定价：58.00元
ISBN 978-7-112-23145-4
（33212）

序

2004 年 9 月，江牧考入清华大学美术学院做我的博士研究生的时候，他对于设计艺术专业已有了相当好的根底，这不仅因为他的建筑学背景，也因为此时，他已在大学担任了相当长时间的教职，对一些问题的思考已经有所积累。

设计的逻辑——"设计的安全原则"是我思考已久的一个问题。作为一种人造事物，既有人工智慧的最大呈现，但同时也必有人工的局限。何况，人造事物离开设计者之手进入应用空间和情境时，那些由人的身体、生活习俗、地理环境、人文等因素带来的影响，将会有自己的发展逻辑，不以设计者、制造者的意志为转移。在无数自行发展的逻辑之间，理论上看必然会发生冲突，有时甚至是悲剧。如何在人与人工事物的互动中获得平衡和谐，是国际技术哲学研究领域长期思考的问题，德国的学者对此尤其着力。但他们在理论上有了相当大的进展后，介于应用和原则之间的设计安全问题的思考却成果寥寥。这是因为，设计涉及的技术和相对应的生活层面无限广阔。在现代，一个人穷其毕生精力也难以成为百科全书式的专家；而具体的某项人工造物品类的设计者和厂商，也只能从具体的功能出发一对一地进行思考，设计的安全问题无法上升到一个系统的"原则性"的层面。

其实，设计的安全原则问题不仅仅是针对生产者的，也极大地关系到使用者。因此，这样的一种"系统的""原则的"思考和研究的缺失，对人类人工智慧的发展和影响是多方面和具有深远性的。它是当代科学技术极其快速地发展，但人类却未能收到明显幸福感这一悖论的原因之一。古代的人工事物的设计原则一直活在《黄帝内经》《礼记》《三字经》《幼学琼林》《鲁班经》，以及民谣、俚语等之类的文字里，而现代却很难觅如古代那样有着宏大和细致关怀的文字的身影。

江牧是我在清华带的第二位博士研究生，关于这个阶段的学习和研究，我历来尊重研究者的兴趣，并据此引导和深入。因此，我们在讨论他的博士论文选题的时候，我感受到江牧对设计安全问题坚定的兴趣和他原有的良好的学科积累，由他来完成这样一个题目的研究是合适的，于是，江牧的三年博士研究生涯就此浸淫其中。

从设计安全问题的归纳和梳理，到设计安全"原则"的揭示，是一个繁杂和艰苦的过程，江牧虽有很好的工科基础和我十分欣赏的建筑学视野，但设计毕竟范围太广，从那些具体的表现中发现原则，并将其归纳，其难度可想而知。我曾经希望他将无数中外的家用产品的说明书拿来作个案研究，从中对"原则"有所发现，但因为不胜枚举，只及部分。然而，这已经是难能可贵的了。江牧在他的书稿中基本建构了产品设计中设计安全的原则格局，并对一些问题进行了相当专业和深入的探讨，提出了许多很有价值的问题。

我相信，江牧的书稿《设计的逻辑》的出版，会对人工事物中关于安全问题的研究产生积极的影响，也会使中国的产业界在发展制造业的进程中因思考安全问题来服务消费者而受益。中国人生活在自己的大地上，中国的本土设计十分需要这样的研究。

是为序。

杭 间

2008 年 2 月于北京清华园

目录

第一章 安全——设计逻辑的出发点

第一节 人为什么会犯错

"墨菲定律"（Murphy's Law）是一个与安全相关的生活定律。1949 年，一位名叫爱德华·墨菲（Edward A. Murphy）的美国空军上尉工程师，参加了美国空军进行的 MX981 实验，这个实验的目的是测定人类对加速度的承受极限。实验中有一个项目是将 16 个火箭加速度计悬空放置在受试者上方，当时有两种方法可以将加速度计固定在支架上，而不可思议的是，居然就有人有条不紊地将 16 个加速度计全部安装在错误的位置。于是墨菲说出了一个著名的论断："如果一件事情有可能被弄糟，让他去做就一定会弄糟。"并被那个受试者在几天后的记者招待会上引用。后来这一"墨菲论断"被广泛引用在与航天机械相关的领域，并且演变出各种各样的形式，其中最通行的是"如果有两种或两种以上的选择，其中一种将导致灾难，则必定有人会作出这种选择"。

If there are two or more ways to do something, and one of those ways can result in a catastrophe, then someone will do it.

这个论断，人们初听都会一笑了之。但如果结合生活经验仔细想想，就不难领悟其中包含了很深刻的道理。不同的人在不同的场合、领域都能从不同的角度体会到它语词背后的深意。于是这句揭示出人类生活中普遍规律的话语被人们称作"墨菲定律"，它告诉我们，人类虽然越来越聪明，但容易犯错误也是人类与生俱来的弱点，不论科技多么进步，有些不幸的事故总会发生。这些大大小小的事故、灾难似乎在警示人类：错误就像我们的影子一样，永远不犯错误的人是不存在的。面对人类自身的缺陷，最好的办法是设计师想得更全面些、周到些，采取多种措施防止偶然发生的人为失误，或者在人类误操作时将发生严重后果的可能性降至最小。

"墨菲定律"是个有趣的生活定律，同时它又发人深省。它还进一步暗示：一件事看似好与坏的几率相同，但事情总会朝着糟糕的方向发生。而当人们总是在生活中碰到这样的困扰时，就不得不致力于寻找避免这个规律产生作用的手段，这就形成了安全科学。本书阐述的产品设计中的安全问题属于其中的一部分，主要的研究内容是产品设计中与人类安全相关的一些规律。

为什么研究"规律"而不是"方法"？这是因为"方法"一词很容易令人产生误读，通常的理解就是一套规范化的行为准则：顺之则成，逆之则败。奈杰尔·克罗斯（Nigel Cross）就认为："编辑设计方法论的书或被认为勇敢，或被认为愚蠢。对方法论的恐惧与厌烦早已是常见的态度。在艺术或科学领域里，学习方法论来替代实践被认为是创造力的枯竭。"著名的批判家克里斯托弗·亚历山大（Christopher Alexander）也曾说："如果你说'这是个好点子'，我会很喜欢；如果你说'这是个方法'，我就有点厌烦；如果你说'这是个方法论'，我就不想谈论它了。"[①]这也反映出为什么大多数设计师对于给予他们的设计方法都有抵触的情绪，在设计这个创意者的领域，没有人乐意仰人鼻息，那样会让设计师因为设计出出色的解决方案而带来的个人喜悦消失得干干净净。更何况，每个设计都是在具体的条件和要求下进行的，再多的共同性也不足以产生普适的设计方法。但是"规律"不同，"逻辑规律"一方面探究人类设计产品的规律，即好的设计怎样好，差的设计如何会导致事故；另一方面向设计师推荐一个可供参考的设计方向，即要避免的问题或应尽力达到的目标，而不是规范具体实践的方法和标准。就像"原则"，《辞源》（商务印书馆1997年版）中"原"字的首要意思为"水源，根本""推其根源"；"则"字的首要意思为"法则""效法"，所以"原则"一词，似可理解为"法则的本原"或是"探究法则的本原"，目的是研究方法背后产生方法的原则。这些原则提示设计师在设计产品时应考虑的视角，而不是规定设计师必须遵守的设计法规。

本书内容中采用"工业产品设计"的概念，而不取现在通用的"工业设计"或"产品设计"，这是因为工业设计是对所有的工业产品设计的总称，涵盖的设计领域很广，特别是包括包装、标志、商业广告等平面设计，不在本书的研究范围当中。而"工业设计的核心是产品设计，是对产品的功能、材料等诸多因素从社会的、经济的、技术的角度综合处理，既要符合人们对产品的物质功能的要求，又要满足人们审美情趣的需要"[②]。对于设计的研究不可能囿于产品设计所指代的具体产品的设计行为，肯定还涉及设计行为之外的一些文

① Nigel Cross. Development in Design Methodology[M]. John Wiley & Sons Ltd, 1984, VII. 转引自唐林涛. 设计事理学理论、方法与实践[D]. 北京：清华大学，2004，4"，1"

② 柳冠中. 苹果集：设计文化论[M]. 哈尔滨：黑龙江科学技术出版社，1995"，2-3"

化、伦理、心理内容，因此，将研究主要聚焦到产品设计上，是为了在较小的范围中得出较为准确的研究结果，而要更好地说明问题，对于安全的相关因素的研究又不免涉及一些非狭义概念上的产品设计，比如说建筑以及其他辅助人类实践的工具的设计。综合以上因素，故将书名定为"工业产品设计安全原则"，同时为了便于阐述，书中一律将"工业产品设计"略称为"产品设计"。

"安全"是本书对于人类设计研究的基点，选择从安全的角度来考察产品设计的原因，一方面，众所周知，美国"9·11"事件[①]以来，安全问题迅速为世界各国所重视，并且通常上升到战略的高度。这样的状况让人感到欣慰，毕竟安全是全人类最重要、最基本的问题，因为它常常直接牵涉人的生存问题，同时又折射出以往各国政府、领导、决策机构对于安全理解的狭窄和片面，不禁令人产生一丝的担忧。另一方面，是国内外的设计界对于这个领域的研究都还很不充分，除去军事安全、食品卫生安全等人们通常意识中的安全领域，大部分研究集中在防灾减灾、生产安全、应急体系等范围，形成了以公共安全为主的安全科学体系。而有关设计安全的问题，特别是在工业产品设计这类与安全密切相关的设计领域，只占有安全研究极小的部分，有时甚至没有被考虑进去，这是十分值得关注的。2006 年我国人大公布的《中华人民共和国国民经济和社会发展第十三个五年规划纲要》（见附录一）和国务院制定的《国家中长期科学和技术发展规划纲要（2006－2020 年）》（见附录二）中都有关于公共安全的内容，但都基本没有提及产品设计中的安全问题，这也从侧面反映出这方面研究的缺乏和紧迫。最近，世界最大的玩具制造销售商——美国美泰公司对于儿童玩具的大范围召回，美国消费者产品安全委员会（CPSC）宣布召回 Simplicity 公司出产的 100 万张婴儿床，以及我国政府宣布成立国务院产品质量和食品安全领导小组——高规格的政府机构，等等事件都令人感到产品安全问题在当下的必要性、紧迫性和特殊性，而各国政府部门的日益重视又使人看到了希望。

① 『9·11』事件（September 11 Attacks）』又称『911』『9·11恐怖袭击事件』，是 2001 年 9 月 11 日发生在美国纽约世界贸易中心的一起系列恐怖袭击事件。该事件促进了各国政府和科技界对安全问题的重视。

第二节　人所面对的外在环境

在研究产品设计中的安全问题之前，可以先看一个普通的英文句子。

I use my personal computer on desk in the classroom.（我在教室的课桌上使用我的个人电脑。）

这里的英文句法表述相比中文更清楚地表达出产品与外在的层次递进关系。

I use my personal computer on desk in the classroom.

（人）＋（物）＋（场所）＋（环境）＝产品的总关系

四者的相互关系如下图所示：

从上图中可以更清楚地看到使用者、产品、使用地点和环境之间的层次递进关系，而这种关系正反映出所有产品在使用时的状态。当然这包括了产品与人、周边环境，乃至与大的人类、地球环境的总体关系，本文研究的只是其中的一部分，即这个总体关系之中的安全关系。

一、"安全"释义

安全，英语词汇为 Safety，《韦伯斯特英文大辞典》（Webster's Third New International Dictionary，第三版）解释为："1. 安全的状态；免于受到危险；2. 免受伤害或损失；3. 不存在风险的状态；4. 避免意外或疾病的知识或技能"[1]。另一本大型的英文辞书《牛津英文大辞典》（The Oxford English Dictionary，第二版）解释为："1. 安全的状态，免于伤害或损伤，不接触危险；2. 解除保护或限制；3. 安全的手段和方法，保护，安全装置、安全措施；4. 不太可能导致和引发伤害或损伤的状态，免于处在危险之中，安全，不存在危险或冒险的情况"[2]，都是免于伤害之意。《大美百科全书》（Encyclopedia Americana）解释为："免于伤害之虞的情况。作为法学观念，它意指相当安全的状态，免于因预防意外采取的措施所导致的意外伤亡或死亡。"[3]这是从

① Webster's Third New International Dictionary [M]. Springfield: G. & C. Merriam Company, 2002: 1998.

② The Oxford English Dictionary Second Edition Vol.14 [M]. London: Oxford University Press, 1989: 358-359.

③ Encyclopedia Americana The International Edition Vol.24 [M]. Chicago: Grolier Inc, 1999: 87.

法学的角度看待安全。国内出版的大型英汉辞典，如《英汉大词典》（上海译文出版社，1993 年版）等也是类似的解释："1. 安全、平安；2. 无损、稳妥、保险、无危险。"可见"安全"就是使人免受危险的伤害，处于受保护的状态下。

罗云等编著的《安全文化百问百答》中谈到"安全在希腊文中的意思是'完整'，而在梵文中的意思是'没有受伤'或'完整'，在拉丁文中有'卫生'（Salvus）之意"[①]，并将"安全"解释为"'安'字指不受威胁，没有危险、太平、安适、稳定等，可谓无危则安；'全'字指完满、完整或指没有伤害，无残缺等，可谓无损则全"[②]。

还有一些学者则从安全科学的角度提出安全的定义。有人认为"安全指没有危险，不受威胁，不出事故，即消除能导致人员伤害，发生疾病或死亡，造成设备或财产破坏、损失以及危害环境的条件"[③]，还有人认为"安全是指在外界条件下，使人处于健康状况，或使人的身心处于健康、舒适和高效率活动状态的客观保障条件"[④]。也有学者从更宏观的高度认为，"安全是一种心理状态。即指某一子系统或系统保持完整的一种状态"或"安全是一种理念，即人与物将不会受到伤害或损失的理想状态，或者是一种满足一定安全技术指标的物态"[⑤]。

值得注意的是，《不列颠百科全书》（The New Encyclopædia Britannica，第十五版）将 Safety 解释为："为了减少或消除可能伤害人体的危险条件而采取的各种行动。安全预防措施主要分为两类：职业安全和公共安全。职业安全涉及人们工作场所可能遇到的各种危险，如在办公室、工厂、农田、建筑工地、商业设施或零售网点等处。公共安全则针对家庭、旅途、娱乐场所及其他不属于职业安全范围的各种场所可能遇到的危险。……在安全保障领域里，最大的挑战是要在立法和群众觉悟与迅速发展的技术所带来的新危险之间保持步调一致。在工业化国家，发生在家庭、公共交通及个人出行、农田、工厂中的事故，是 35 岁以下人口死亡的最重要原因。"[⑥]可见安全与人体的进化程度和认知程度有关，正是现代科技的进展大大地超越了人体进化的程度，科技带来的产品才对人类造成了巨大的威胁，也就是说人体的生理进化程度

① 罗云等. 安全文化百问百答 [M]. 北京：北京理工大学出版社，1995：3-25.

② 同上书：51-52.

③ 庄育智等. 安全科学技术词典 [M]. 北京：中国劳动出版社，1991：1-3.

④ 张景林、王桂吉. 安全的自然属性和社会属性 [J]. 中国安全科学学报，2001，5：6-9.

⑤ 郑贤斌、李自力. 安全的内涵和外延 [J]. 中国安全科学学报，2003，2：1.

⑥ The New Encyclopædia Britannica 15th Edition Vol.14 [M]. London: Encyclopædia Britannica, Inc., 1998: 474.

已经极大地滞后于人类所掌握和运用的现代科技。科技促使人类的生活环境产生巨大的变化，并且还在超速向前发展，这让一向惯于缓慢进化的人体很不适应，一系列人体生理和心理的安全问题也由此产生。假如说人体的进化速度也很快，具备快速适应一切外在条件变化的能力，能适应科学技术及其产品，所谓产品对人类的危害实际上也就不存在了。当然，这是理想的状态。就目前的研究结论来看，人类的进化必然是极缓慢的，这当然是相对于人类个体的寿命而言。于是剩下的唯一选择就是人类放缓运用科技改造外在的步伐，科学的研究和探索可以高歌猛进，但也只能是人类未来科技的知识储备，在运用技术改造生存环境的方面，人类必须慎之又慎，因为人的肉体现在已经束缚住了这种步伐，它几乎已经在人类活动的所有领域发出了安全的警告。

其实《辞源》（商务印书馆 1997 年版）中"安"字的首要意思为"安定，舒服""安全，稳定"；"全"字的首要意思为"完备""保全"。因此"安全"包含着个体自身存在的物质和精神内容，直接或间接关系到人类生存的内容以及人类作为一个物种延续的内容。它具有多重的属性，并在科学的层面上形成安全科学，甚至于成为包含世界观、人生观和价值观内容的安全观。

二、安全的属性

安全是人类生存的第一要素，也是人类生存质量的主要指标之一，它包括两方面的属性：[①]

1. 安全的自然属性

人首先是作为个体存在的，与每一个生存个体一样，自然属性是他存在的基础。但是人的自然属性具有盲目、自发追求安全的倾向，这就需要人的社会属性的指导。

安全的发展总是从具体的物质伤害扩展到无形的伤害，所以说安全既是物质的又是精神的。另外从历史唯物观来看，安全的需要是人的本性，人的本性又是随着社会的发展而变化的，因此，安全的需要也在不断地变化。

① 张景林、蔡天富. 构思「安全学」[J]. 中国安全科学学报, 2004, 10: 8-9.

2. 安全的社会属性

社会属性是指人们在后天形成的社会关系总和中形成的属性，是人作为群体中一员生存的最大特点，它通过社会生活、社会教化来获得。安全的社会属性则是指安全要素中那些人与人的社会关系及其运动的演化规律和过程。

其中，安全文化和安全伦理属于安全意识形态的范畴，安全法规（关于安全的法律条文）则是人们社会生活的重要法则，它们都属于安全的社会属性的主要内容。安全文化是一种元文化，是使人类变得更加康乐，使世界变得和平、繁荣而创造的安全物质财富和安全精神财富的总和。安全伦理则是从道德伦理中引申出来的人们的信念或信仰，也是规范行为的准则。这样看安全的内涵及其外延有三个内容：1. 安全是指人的身心安全（含健康），不仅指人的躯体不伤、不病、不死，而且还要保障人的心理的安全与健康；2. 安全涉及的范围超出了生产、劳动的时空领域，拓展到人进行活动的一切领域；3. 人们随社会文明、科技进步、经济发展、生活富裕的程度而对安全需求的水平和质量具有不同的标准，并且随时代的改变会具有全新的内容[①]，这是广义的安全，是一种大安全观。本文所研究的产品设计的安全正是从这种大安全观的角度出发的。

三、设计与安全的一般逻辑关系

上文所述是安全的含义和范畴，而日常生活中常见的、一般的产品设计与人类安全关系可以看以下的实例。

1. 刀具的收藏

刀具在人类生活中扮演着不可或缺的角色，人类很早就懂得采用具有利刃的器具分离食物等物品，如石器时代使用石片。后来为了不伤手并且便于持拿，人们将石片绑在短木棍上，形成最早的刀具雏形。但不论是早期的石制刀具，还是后来的金属打制刀具，都存在一个安全问题，即承载功能的刀刃如何在使用和日常保存时不伤人。于是古代的工匠们发明了刀鞘——专门收藏刀具的器具，这样人们在保存刀具时可以将刀刃隔离在人体之外。但是刀具与刀鞘分离的状况仍然使得刀具存在安全的隐患，设计师为了解决这个问题，就

① 徐德蜀，邱成. 安全文化通论 [M]. 北京：化学工业出版社，2004：3-4.

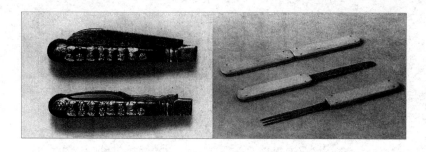

将刀片与收藏的容器合为一体以解决刀具不慎滑出的危害，同时安全又要求不使用刀具时可以将刀片收藏起来，于是折叠式刀具应运而生。图 1.1 左图是 17 世纪的折叠刀具和餐具，右图是 19 世纪旅行者爱用的骨制手柄的餐具和刀具，刀具和叉具的手柄互为收藏容器，但仍然存在二者分离伤人的可能。

2. 剪刀的演变

剪刀的出现比刀具要晚，与刀具相比，剪刀不但可以实现剪开物品的功能，而且由于它的刀刃是上下相向的，因此比刀具更安全。图 1.2 左图所示是日本藤井金属株式会社生产的夹剪，这种传统式样的剪刀是一种古老的剪具，日文写作"鋏"。以坚硬的钢做刀刃而以锻铁做刀身，U 形的器具正好握在人的手掌中，手掌握紧完成剪切的动作，但这种剪刀在大多数情况下不太便于使用且不易完成准确的剪切任务。中图为改进后的剪刀，有个用于手持的剪刀把，帮助准确剪切。右图的剪刀设计则考虑到了使用时的具体状况，剪刀把偏向一侧，被剪物品（如布匹）只需略微提起，更易于精确剪切，而且手把的设计更符合人手的使用姿势，不易疲劳，也更安全。

图 1.3　容易失稳的储物柜

3. 储物柜的使用

储物柜的使用功能很简单，主要用于收藏物品。但是图 1.3 所示的储物柜虽说很艺术化，却显示出功能实用的欠缺。这种细长造型的器物重心偏高，当空置时这个缺陷还不明显，储物柜还能稳定地直立。而当放进物品之后，特别是在上部放进物品后就会导致整体重心的上移，储物柜很容易失稳。因此，这种设计更近似一种设计艺术作品，而不是一个实用的产品。2016 年《费城调查者报》报道一名年幼的孩子因一款名叫马尔姆（Malm）的抽屉柜倒塌而死亡，马尔姆抽屉柜是一种常见的家用橱柜，由于儿童的不当使用容易产生事故（如图 1.4 所示）。该产品制造商宜家公司承认设计失误，决定今后免费提供墙面固定的装置。

通过对以上三类产品的安全分析，可以看出产品与人类安全的关系密切，一般的产品安全既包括对危险的隔离，也包括对使用方式的安全设计，还应该包括对存在安全隐患的设计的防范。此外，产品一旦产生，就具有了它的符号意义和文化内涵，尽管这些都是人类所赋予产品的，但它作为这些内容的物质载体必然影响人的心理活动，如何给使用者带来安全可靠的感受，也应该属于产品设计安全的内容。

图 1.4　致人死亡的抽屉柜

第三节　设计安全的相关研究

关于设计安全方面的研究成果，从已有资料来看，在艺术设计领域内研究产品设计安全原则的并不多。关于产品设计与人类安全的书籍则几乎没有，这说明关于这方面的研究至今国内还很少。国外的情况也不是很乐观，设计安全，甚至公共安全在国外的研究原来都处于较边缘的地位，各国真正重视起来就是在美国"9·11"事件之后。至今此类研究还比较分散，分布于各个领域，并且大多是具体问题的安全工程的研究，一般的安全理论尚未建立起来。国外关于产品设计安全研究的文章有一些，但也集中于具体设计问题的解决，关于产品设计一般安全理论的研究并不多。而安全科学的理论研究又多上升到哲学的层面，可以涵盖人类生产、生活的所有方面，因此研究呈现两头大、中间小的哑铃形结构，所以进行学科的一般安全理论研究应该是当务之急。

长期以来，人们一想到安全就认为是劳动保护，并且认为安全是工业工艺设计的内容，不属于艺术设计的范畴，导致该领域的研究长期滞后，这其实还是产品艺术设计主外，工业工艺设计主内的传统思想在作怪，现代的产品设计已经是跨学科的设计领域，产品的艺术设计和工艺设计并没有清晰的界限，在产品设计中必须统一考虑。此外，这些年对于环境污染、生产安全的关注也多了，一定程度促进了安全科学的发展，使得关注安全内容的人多了。但到目前为止，安全科学还是主要研究上述人们认识中传统的安全领域，而把安全作为跨领域研究的还不多，在艺术设计界就更少。在艺术设计领域，一谈到安全的研究，大家就认为是作人机工程学研究，例如做些人体测量的工作，这样的理解比较狭隘。在产品设计领域，人机工程学当然是产品安全设计中一个十分重要的领域，但是传统的人机工程学有它的局限性，研究的领域有些狭窄，没有关注到与安全普遍联系的诸多其他因素的影响。

基于以上的研究状况，本书的研究思路从"硬"科学和"软"科学两个角度关注产品设计与人类安全相关的内容，"硬"是指事物的硬件方面，对于产品设计的研究主要指人机工程学、人机界面等领域；"软"是指安全文化、伦理、心理等方面，这是产品设计乃至艺术设计中长期忽视的领域，产品设计的实物背后有多少这些方面的内容，很值得花力气研究。在"硬"科学和"软"科学之间，"软科学"是研究的主要方面，即尽量从一切与人－产品－外在①三者安全相关的方面来考察产品设计安全。

这样，各章节也按照发现问题→提出问题→分析问题→解决问题→发现新问题的逻辑脉络展开。对于产品的安全而言，即产品的安全问题是如何产生的，产品的安全问题如何解决，最后产品的安全问题真能消失吗？其实任何产品的安全问题都不可能完全解决，总会有新的安全问题出现，但是这么一种逻辑思路的确符合人类在生活中解决所遇问题的方式，从历史的角度看，产品的发展历程也充分印证了这一点。以一个日常的小产品——别针为例，它的产生就来源于人的安全需求，即人类御寒的衣物穿上身后如何合拢？不合拢的衣物其御寒作用无法发挥。设计师给出了自己的解决方案——别针，将衣襟别扣在一起能够解决上述的安全问题，可是新的安全问题随之产生——别针会对人体产生伤害，于是发明了安全别针，直至为纽扣所取代。

本书研究的思路就是循着产品安全的发生历程展开的，章节的次序也随之铺陈，在论述了安全是设计逻辑的起点之后，第二章对为何研究产品中人类的安全需要做了相应的介绍，阐述了产品设计的安全方向以及产品设计与人类安全的辩证关系。第三章和第四章分别从人的层面和物的层面来进一步分析与产品相关的设计逻辑。第五章则从生态、人－产品－外在系统、哲学等角度来看待设计安全的必要性以及产品自身与安全的辩证关系。第六章先从发生学角度总结历史上设计与人类的安全关系，然后在两个层面上提出今后产品设计中应该考虑的安全原则。在最后的结论中，第七章对研究成果作了扼要的阐明，并简要探讨了人类安全问题是随着人类发展进程螺旋式上升的，任何时候人类都不可能宣布"安全问题已经解决了"。

能够深层次地揭示人类的安全问题对于产品设计乃至其他的人类实践都有极大的意义，在产品设计领域，人类安全外在地表现为人对产品的控制以及对产品反制作用的重新控制。只是一部著作不太可能彻底地完成这一任务，有的问题还需要留待以后进一步研究。

① 外在是本文多次使用的一个概念，是指人－产品－外在系统中除去人与产品的其余部分。之所以不用「环境」是因为外在涵盖了所有环境的内容，对于个体＋产品而言，外在指他人、所有其他物，甚至还包括人类尚未知的世界。对于人类＋产品而言，外在指所有其他物种和环境等未知的世界。从具体内容来说，外在既包括物质现实，也包括社会存在，因此它不仅指可见的实物内容。

此外，人类安全的多层次需要促使研究必须从多角度、多方面来看待产品的安全问题，既从实例中发掘规律，也从理论层面加以分析，借鉴系统论、控制论的方法与成果，理论结合实践，宏观结合微观。每一章既可作为课题研究的部分，又自成整体，力图能从整体上对产品设计中的安全原则有个系统的把握。在关注系统的内在规定性的同时，更注意到对于外部环境的整体考察，即系统论所说的系统的外在规定性。因为任何一个系统都是从一个更普遍的系统中划分出来的，不存在没有环境的系统。所以厘清产品设计中的安全方面的外在因素，从中总结出相应的原则很有必要。

研究中适当地采用了归纳法，即研究得出的原则都是在实际的产品设计实例中或是生活里已使用的产品实例中归纳总结得出的，尽管在案例取舍上已尽量做到分析比较典型的事例，争取归纳出的原则具有更大的代表性和实际意义，但在具体的设计实践中还应具体问题具体分析。

研究也牵涉到一些还原思维，特别是第三章关于产品设计与人的生理、心理安全的研究。"还原思维是在人类寻根、探源的还原意识基础上形成的一种思维方式，其特点是把事物返回到其所在的整体系统与原初状态中去考察，以获得对事物的真实把握"[①]，这类视角的分析有助于了解身体对个体安全的潜在影响，所以研究从社会生物主义中也得到启发，并从生理本原的角度去思考个体与产品关系中的不安全行为。

但是无论是单纯的还原论，还是单纯的系统论，都存在方法上的局限。"系统论用'整体论'或'整体观'来反对还原论。然而，自以为超越了还原论的'整体论'却实行了向整体的还原：它不仅对部分之为部分闭目不见，而且对组织之为组织十分短视，对统一整体内部的复杂性一无所知。"[②]由此莫兰提出"整体小于部分之和"的原则，它与原来的"整体大于部分之和"原则并不完全排斥，是补充的辩证关系，实质上就是反对把整体性原则绝对化。所以研究中还一直注意将系统方法和还原方法结合起来，互为补充，不仅关注部分的组合对于系统功能的促进作用，也关注其对于系统功能的抑制作用。这样的系统观才

① 曹菁舫．论还原思维 [J]．人文杂志，2005，1：108．

② （法）莫兰．方法：天然之天性 [M]．吴泓缈，冯学俊译．北京：北京大学出版社，2002：119-120．

有真正的整体性，而这类部分的组合也就存在两类完全不同的特性，"它具有两义性：从其优点来说，它叫'涌现'，产生系统整体的优异新质；从其缺点来说，它叫'约束'，压抑了系统要素的优良属性的发挥"①。因此，产品的人工系统的整体涌现性②也是本书考察产品安全问题的视角和方法之一，为了陈述方便和表意清晰，不作涌现和约束的区分，文中统称为"涌现"，而是根据其两种不同的作用和结果，相应地称为"正涌现"和"负涌现"。

① 陈一壮. 怎样给复杂性研究作历史定位 [J]. 自然辩证法研究, 2004, 12: 54.

② 所谓整体涌现性指整体具有而其组成部分以及部分之和不具有的特性，一旦把整体还原为它的组分，这些特性便不复存在；因而认识了各部分特性，再把它们汇总起来，并不能认识这类整体特性。涌现并不是非线性系统的特有现象，线性系统也有涌现特性。线性系统满足叠加原理，表明这类系统的整体涌现性具有平庸的一面，非线性系统的涌现要高于线性系统，属于非平庸的，这是涌现的水平或类型的不同，不是有无涌现的差别。

本章主要阐述现实生活中人类对于工业产品的安全需求以及这种需求导致的人与产品的安全关系和产品设计的安全走向。无论是一般人认为的我们现在正处于现代社会、工业社会，还是一些学者、专家认为的现在已经处于后现代、后工业社会，不容置疑的是，当今人们的日常生活已经与工业产品紧密相连。相比于人类以往任何时期，人们从未被如此众多的工业产品所包围，它们渗入人类生活的各个方面。人们也习惯于让这些产品来改善自己的生活，这种依赖甚至强到了离开这些产品，人们已经寸步难移的地步。很显然所有这些产品都在某种程度上或多或少地与人类安全的某个方面存在着关联。

产品安全的内容广泛，比如说，什么原因让人们提出了产品应该保护人的安全的要求？产品安全是什么？产品对人的安全应该做些什么，又可以做些什么？产品出现之后，又给人的安全带来了哪些新的内容？这些新的内容又是如何发展的？为回答这些问题本书从产品安全的来源展开，进而陈述自己的看法。产品从诞生之后，作为人与外在的中介，必然在人类安全中扮演着极其重要的角色。可以说除了天灾人祸以外，日常生活中人们面临的主要安全隐患都与产品相关，或者是由于产品引发的，再或者是人们使用产品不当引发的，此外，人们还利用产品来消除某种不安全的隐患。

第一节　设计安全的界定

一、人类产品与安全

（一）产品的概念与范畴

产品，可以简单描述为人造物、人工物等一切非自然生成的、由人类设计制造而产生的物品，包括工具、器具、器械、机器、人工物品和人造实物等；其范畴可以包含实体存在的产品和虚拟存在的产品，即信息产品，如软件、音乐等。需要说明的是，本书所述产品不包括虚拟存在的产品，研究范围限于以实体存在的产品（当然实体的产品也包含虚体的内容，如产品给人的安全感受、产品与人的信息交互等），并且不包含医药、食品等产品，它们也是工业产品，也北京：商务印书馆，2004：84．

① （美）克拉克·威斯勒．人与文化［M］．钱岗南等译．

存在很重要的安全内容，但不在本书研究的范围之内。此外，本书在陈述当中，产品、工具、机器等范畴具有相似的内涵，只是为了便于阐述，某些章节在概念的使用上作了细微的区分。具体地说就是工具更偏向于指前工业社会就有的手工工具或是哲学意义上的人类实践辅助物品，而机器更偏向于指工业社会的工业产品。

产品自诞生以来就是一个人工系统，它是由各个部件组成来实现一定的功能。现代工业产品更是因为功能的强大需要和人类技术的提高而成为一个复杂系统。这个复杂系统又与它的使用者一起组成一个更大、更复杂的人机系统，而人机系统还是处在环境当中的，这样从产品自身到产品所参与的人类实践都构成复杂的系统，其中人除了能够控制自己的行为之外，只有寄希望于掌握和控制产品以达到他的目的和保证安全。产品于是就成了承载人的目的性的工具，人类的"工具是极为普遍的，人类甚至被定义为使用工具的动物，尽管说人类是工具的制造者更接近事实，因为正是由于发明和制造了工具，人类与动物才有如此明显的区别"①。在更广泛的意义上，产品就是补充人的能力和保护个人安全的一些物质结构。

产品主要有功能与结构两方面内容，功能体现的是产品与外在的关系，是一种对外的关联，一般的产品都具有功能；而结构是指产品内部诸部分及其相互关系，是一种内在的关联，没有特定结构的产品是不存在的。这些内容中有关安全的问题在后面会讨论到，这里暂不作展开。

（二）安全——产品的第一属性和改良触媒

第一章已经讨论了安全的含义，实际上，由于"安全"在人类生活当中的重要性以及参与人类活动的广泛性，人们早已习惯了它的存在，有时甚至会忽略它，因为安全就是指没有危险、不出事故的状态。其英文 Safety 有健康、平安之意，梵文称之为 Sarva，意思是无伤害、完好无损。《韦氏大辞典》的定义为"1. 安全的状态，免于受到危险；2. 免受伤害或损失；3. 不存在风险的状态；4. 避免意外或疾病的知识或技能"。从人的角度，人的安全来自于人对外在的控制，人类本来无法掌握的外在的工具。比如说神舟飞船实际就是对外部巨大的不可知世界可控与不可控的矛盾的产物，人类出于安全的可控需要和实际上无法完全控制外在的事实永远是一对矛盾，人类产品就是这一矛盾的产物，而安全就是这一矛盾最明显的反映，矛盾的平衡反映为安全，矛盾的爆发反映为不安全。自从人类设计制造产品以来，产品就介入人与外在的系统中，成为人实践活动中与外在的主要媒介，这一特性决定了人对产品的安全要求，可以说自从人决定由产品替代自己的机体去实践时，也就把自己的安全乃至生命交给了产品，这是人类发展进程中的一个重要的选择。从这个意义上可以说，安全是产品的第一属性，某种程度还超越了产品的使用功能属性，因为理论上有的产品是可以不具备使用功能的，但是任何产品都不可以存在不安全的因素。

一直以来，人们对于产品的安全问题都停留在表面的直观层面，没有形成对安全的系统、科学地研究。直到 20 世纪初，安全的科学研究才得以开展，但也是分散的，限于各个学科内部，也不够系统。随着安全科学（技术）学科的创立并对其研究领域的扩展，越来越多的学者提出"广义的安全"，的确，在广义的范畴内对产品的安全加以研究应该提到日程上来。

安全并不仅仅是一项对产品属性的要求，从设计的角度来看，安全也是产品设计不断提升和改良的触媒。众所周知，人的需求促进了产品的发展，产品就是为了回应人类期望不断拓展自身实践活动的范围，而由人类自己开发出来的。鉴于安全在人类实践活动中的首要地位，提高产品的安全性或是开发维护人类安全的产品一直就是产品设计师的主要任务，例如男性用来剃须的产品，其演变很大程度是受到安全的影响，早期男人曾用锋利的石片剃须，很不安全，常常会刮破脸。安全的需要促使人们开发出专用剃须刀，后来又一再改进其安全性能，才形成今天可换刀片的安全剃须刀。所以说，对于产品安全的考量也就成了产品更新换代、设计改良、品质提升的主要动力源之一。许多新产品的宣传就是说它相比较老款的产品安全性提高了，或者是考虑了新的安全因素，像汽车新款的安全装备往往成为用户关注的重点，甚至还有产品就是为了消除某个安全隐患而专门开发的，像防盗门，这样的产品还有很多。

产品安全，归根结底，还是人的安全。然而 19 世纪以前，产品制造商几乎把事故的责任都推到使用者的身上，直到 20 世纪 50 年代，人们才真正关注人与产品的安全关系，尽管安全专家根据统计认定大约 90% 的事故与不安全的动作有关，10% 的事故是由不安全的物理、机械条件所造成的。但是作为设计师来说，还是应该尽全力通过设计来避免与产品相关的不安全因素。

二、安全的理论演变

安全问题是一个古老的问题，自人类诞生以来就伴随着人类的发展。但是在工业革命之后，系统的安全科学才开始发展，其理论演变的脉络见表 2.1。

安全理论演变的沿革   表 2.1

年代	提出者	理论	主要观点
1919	格林伍德、伍兹	事故倾向性格论	人的性格是决定事故的重要因素
	纽伯尔德、法默尔	事故频发倾向的概念	事故与人的性格有很大关系
1936	海因里希	事故因果连锁理论	事故是一连串因果关系的结果
1949	葛登	流行病传染模式	事故是各因素间相互作用的结果
1961	吉布森	能量异常转移的概念	事故是不希望的能量转移
1966	哈登	能量异常转移论	事故是不正常或不希望的能量转移与释放
1969	瑟利	瑟利事故模型	人对信息的处理失误导致事故
1972	本尼尔	P 理论	动态平衡系统中的扰动导致事故
1975	约翰逊	变化 - 失误模型	系统安全逻辑树来分析事故
1980	塔兰兹	变化论模型	从变化的角度看待事故
1981	佐藤吉信	作用 - 变化与作用连锁模型	事故是一个连续变化的过程
		轨迹交叉论	事故是人与物的不安全状态交叉的结果

1919 年格林伍德（M.Greenwood）和伍兹（H.Woods）提出了"事故倾向性格"论，认为有些人的性格先天地导致了会比别人多犯错，这一理论后由纽伯尔德（Newboid）以及法默尔（Farmer）进行了补充，发展成"事故频发倾向"（Accident Proneness）的概念，但这种把不安全因素都归于人的天性显然是不恰当的。1936 年美国人海因里希（W.H.Heinrich）提出事故因果连锁理论，他用多米诺骨牌来形容伤害事故是一连串事件按一定的因果关系依次发生的结果。这个理论不把事故原因完全归因于人，认为人的不安全行为、物的不安全行为是事故产生的直接原因，比起前一个理论有所进步。1949 年葛登（Gorden）利用流行病传染机理来论述事故的发病机理，即对于事故，一要考

① 金龙哲，宋存义. 安全科学原理 [M]. 北京：化学工业出版社，2004：17-20. 以及隋鹏程等. 安全原理 [M]. 北京：化学工业出版社，2005：26-30.

虑人的因素，二要考虑作业环境因素，三要考虑引起事故的媒介。它关注到了事故因素间的关系，但致因的媒介很难界定。1961 年由吉布森（Gibson）提出的，并在 1966 年哈登（Hadden）发展的"能量异常转移"论迈出了关键的一步，认为事故就是一种不正常的或不希望的能量转移和释放，各种形式的能量是构成伤害的直接原因。1969 年瑟利（J.Surry）提出瑟利事故模型，指出是人在信息处理当中出现失误而导致人的行为失误。1972 年本尼尔（Ludwig Benner）提出了处于动态平衡的系统由于扰动（Perturbation）导致事故的理论，即 P 理论（Perturbation Occurs），并进而提出"多重线性事件过程图解法"（Multilinear Events Sequencing Charting Methods）。约翰逊（W.G. Johnson）则在 1975 年发表了"变化－失误"模型（MORT），这是一种系统安全逻辑树方法。1980 年塔兰兹（W.E.Talanch）介绍了"变化论"模型。1981 年佐藤吉信从"变化—失误"模型中引申出了"作用－变化与作用连锁"模型，从变化的观点说明事故是一个连续的过程。最新的理论是"轨迹交叉"论，该理论认为事故的发生不外乎是人的不安全行为（或失误）和物的不安全状态（或故障）两大因素综合作用的结果①。这些理论都从某些方面研究了人与产品，以及人通过产品与外在之间的不安全关系是如何产生的，对于产品设计师来说，值得借鉴。

三、设计安全文化及其层次

③ 李志宪等. 安全文化对安全行为的影响模式 [J]. 中国安全科学学报，2001：15.

② 徐德蜀等. 安全文化通论 [M]. 北京：化学工业出版社，2004：34.

安全不仅具有普遍认为的物质层面，还具有不易关注到的文化层面，并且现代的安全科学是在广义的层面来分析研究安全文化的。关于广义的安全文化，徐德蜀等学者认为："安全科学（技术）所研究的问题已不再局限于人或人群生产（劳动）过程中的狭义的安全内容，而扩展到包括生产、生活、生存、科学实践以及人可能活动的一切领域和场所中的所有安全问题，即称为广义的安全。"②而李志宪等学者的定义为："在人类生存、繁衍和发展的过程中，在人类生产、生活及生存实践的一切领域内，为保障人类的身心安全（含健康）并使其能舒适、高效地从事生产活动，避免和消除伤亡事故和职业危害中，建立起安全可靠的人－机－环境和谐配套的运转体系，使人类更健康、长寿，使世界太平久安而创造的特殊物质文化和精神文化。"③这两个定义指出了广义的安全文化就是调动人类已经掌握的科学、文化知识，在人类活动的一切领域尽可能地令人类安全的文化。范围的确

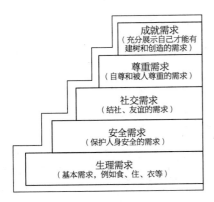

图 2.1 马斯洛需求层次理论示意图

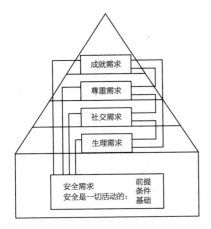

图 2.2 学者徐德蜀提出的需求层次理论示意图

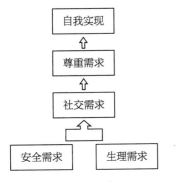

图 2.3 安全需求和生理需求共同成为人类需求的基础

① 徐德蜀 等. 安全文化通论 [M]. 北京: 化学工业出版社, 2004: 34.

是很广的, 需要考虑的因素也很多, 当然并不是无法达到, 因为这是涉及各行各业、各领域的研究问题, 并不可能要求某一个人或者是某一个领域去完全地解决。但是有了这种安全文化的氛围, 人们就会有安全的意识, 结合自己的领域就可以达到广义的安全效果, 在产品设计领域也是这样。

美国行为学家马斯洛 (Maslow) 的需求层次理论已经为大家所熟悉, 图 2.1 显示了马斯洛的需求层次理论的示意框架。马斯洛把人的生理需求放在最底层表示这是人类一切活动的基础和保障, 而把安全需求放在倒数第二层, 即认为在保证吃饱、穿暖、住好的前提下, 人的安全才成为第一需要。徐德蜀等学者对此有不同的看法, 特别认为在当今世界, 马斯洛的需求层次理论需要修正。他们提出的新的需求层次理论示意图如图 2.2 所示, 最明显的改变就是人的生理需求和安全需求颠倒了一下, 安全需求成为底层的人类一切活动的基础、前提。这是因为, 他们认为在当今社会, 马斯洛的理论会导致人们产生误会, "认为要吃饱肚子, 必须不怕死, 必须用鲜血和生命换取", 这是极端错误, 极不人道的。徐德蜀还据此提出 "安全第一公理", 认为: "当代人在解决自己的食、衣、住、行, 即生理要求的同时, 首先必须创建和保障人进行一切活动的安全条件和卫生环境, 包括安全的生产、生活, 生理需求。如果没有安全条件和卫生环境作为先决条件, 生理活动是根本无法进行的, 生命也就无法存活与延续……它是充分而必要的前提, 是一切活动的条件和基础"①。其实在当今社会, 生理需要的层次和安全需要的层次是一体的, 很难区分开, 不能简单地说谁第一, 谁第二, 两者都是其余高层次需求的基础和根本, 因此, 对于产品设计来说, 设计师还是应该同等、同时对待、处理生理需求和安全需求, 现时期的需求层次理论的模型应该是生理需求和安全需求并列在最底层的模式（图2.3），它们共同提供人类其他活动的保证。文化的分层可以按照时间、空间来分，文化的时间层次就是文化的发展历程，文化的空间层次就是文化横向的四面八方，即受到同时期其他文化的影响，安全文化也是如此。从时间层次来看，安全文化一是会受到社会、经济大变革影响产生新的文化积淀，如原始社会狩猎、采集以图腾为安全符号和信仰，到了封建社会，农耕为主，图腾为其他安全文化元素所代替；二是在这个历史的过程中，不断借鉴其他安全文化的内容，或是被异族征服不得已接受其文化，或是在交往中看到其他文化的长处，主动吸收过来。安全文化的这些元素不是同时产生的，它有先后次序，不同时期产生的安全文化有可能同时存在并为不同的人用于同一目的。从空间层次来看，可以分为外、中、内三层，即表层、中层和深层。表层安全文化是以物化形态表现的，看得见、摸得着，让人一目了然；中层安全文化是由深层安全文化内涵的价值、规范支配的行为表现出来的，它不像表层安全文化那么外露，摸不着但看得见、听得见；深层安全文化属于人的意识形态，即安全精神文化，无形，不易察觉，是蕴藏于头脑中的知识、思维、观念等，看不见、摸不着，但可以通过表层、中层安全文化外显出来，因此它是三层安全文化的基础。深层安全文化是由社会存在决定的，社会的变革必然会引起它的改变。在安全文化的空间层次上，还有学者分为物质的、精神的两类，也有学者分为安全物质文化、安全制度文化、安全价值规范文化和安全精神文化等四类的，大同小异，只是从不同的角度有所侧重罢了[1]。

分清楚安全文化的层次有助于了解安全文化对于安全行为的影响模式，众所周知，人的行为是有目的性的，而群体或者整个人类的行为表现出来的就是一种合目的性。人的行为有意识性地使得人的安全行为受到安全意识水平的支配，因此具有很大的可塑性。一般在人的安全意识中红色属于醒目的警示色，如果将开关按钮设计成红色，就能使人意识到此类操作需谨慎，从而保障了人的安全。这样一来，安全文化的推广与普及就表现出它的现实意义，比如说以上述安全文化空间层次的四分法为例，在安全物质文化方面，其对于人的安全行为的影响主要是安全技术的使用；在安全制度文化方面，其对于人的安全行为的影响主要是安全职责的落实、法规标准的建设；在安全精神文化方面，其对于人的安全行为的影响主要是帮助人们树立各种正确的安全观念；在安全价值规范文化方面，其对于人的安全行为的影响主要是提高人们对于安全价值的判断能力。

① 徐德蜀等．安全文化通论[M]．北京：化学工业出版社，2004：53-62．

第二节　设计与人类安全的基本逻辑

产品是人类为了解决自己生活中的实际需要而设计制作出来的工具。产品形成之后，就成为人与外在的中介，在人的实践活动中充当着极其重要的角色。产品的功能作为满足人的需求的手段一直促进着产品的改良，而安全作为人对产品需求中最重要的一环，也发挥着推动产品不断发展的触媒作用。

一、产品作为中介物

在人类早期，产品出现之后，产品就成为中介，不但是人与外在的中介，还成为人与人的中介。可以说，人自从掌握了制造和使用工具，就脱离不开产品的影响。人与人之间的关系与交流，演变成人与工具之间的关系与交流，要与人打交道，就要先与工具打交道。这种产品导致的人与人关系的疏离，很早就有智者认识到了，古希腊哲学家柏拉图就在广场上直接与人交流，他试图摆脱介于人之间的产品，认为人之间的直接交流是无法替代的，现在人们已经逐渐意识到通过电话、短信、电子邮件来沟通给人际关系带来的影响。

① (保) Л·尼科洛夫. 人的活动结构 [M]. 张凡琪译. 北京：国际文化出版公司，1988"：42.

产品作为人实践（劳动）的工具成为人与外在之间的中介，并具有中介所有的关系的双重性，"当人的力量和劳动对象结成宁静的伴侣时，它们之间的关系具有一种内容，而当在它们之间出现劳动工具的中介时，它们的关系就会具有另一种丰富了的内容。对于人的力量而言，引起变化的'罪魁'本身——劳动工具——不单是其作用的对象，同时还是这些力量对另一力量发生作用的手段，也就是说，人的力量和劳动工具之间的关系，还包含着这些力量和另一对象之间的关系"①，这样，人－产品（劳动工具）－外在就形成三项关系。这三项关系当中，产品占据着特殊的地位。它既联系又区分着另两项，从而改变着两项间"本来的"关系。中项作为媒介，它对于任一项的关系，都是在与第三项的联系中实现的。简单看来，它对于人是某种对象，而它对于外在又是生产者。但当我们认定它是媒介时，就不能孤立地考虑这两种作用，这时，产品有了新的地位，它同时兼有两种作用。在这种结构中，产品是某种占据特殊双重地位的要素，这也就是中介这个要素的特点。

但在这三项的关系中，人作为活动的主体所直接掌握的东西不是活动的对象，而是活动的工具。人类只有通过工具才能与外在联系。"中介必须在活动中被有目的地使用而活化起来……活化的中介是人自身的肉体器官、天赋装备和自然力的延伸与放大，因而它能扩展人的活动的对象性展开和主体性笼罩的范围，从而使人的需要域和满足需要的对象域也相应地扩展"①。可以说，中介系统对于人的实践活动是关键性的，一定程度上是决定性的。

从产品与人、外在的关系来看，产品是属人的中介，技术是产品的内容。一般认为，产品与技术的属人的性质决定了它受人的控制，人可以限定产品的运行。但事实上，现代社会人越来越逃脱不了产品与技术的"统治"，人有异化的可能，反而被限定在作为人与外在的中介的产品的运行当中。对于产品与人的关系，德国技术社会学家布律诺·拉图尔等学者认为产品与技术永远不可能统治人类，因为人对技术的介入太深了，即使是有支配作用的技术也是因为人的某种目的而产生的，它们无法脱离人自主发展。"技术不是奴隶，不是完全由主人来决定它的目标，但这并不意味着它们是主人，只是说它们可以调整自己的目标，从不听命于主人"②。这正说明产品与技术作为中介，在其诞生之后，既是属人的，又有相对的独立性。产品是中介的实物载体，产品也就成为解决人的需要的工具，设计成为解决人的需要的手段，产品设计的安全考虑也就成为解决人的安全需要。正是因为产品在人类实践活动中的重要性，其在人类安全当中举足轻重。作为中介，产品首先需要保证自身对人的安全性。图 2.4 是一个开罐器，它的巧妙设计是运用两

② （法）R·舍普等. 技术帝国 [M]. 刘莉译. 北京：三联书店，1999：145.

① 夏甄陶. 人是什么 [M]. 北京：商务印书馆，2000：278-281.

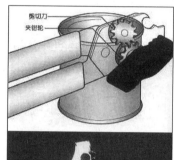

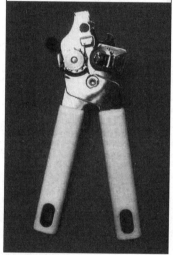

图 2.4　开罐器

图 2.5　上：两种家用电扇　下：插头图

个夹钳轮将罐头和开罐器能够相对固定，而运用另一侧的旋钮旋转滚动刀具来进行切割。这样既用增大的力臂来减小切割的力度，又因为手不与刀具接触而获得安全。图2.5上图是两种家用电扇，一款老式产品的扇叶罩就是几根钢丝绕成，手可以随意伸进去，很不安全；而另一款新式电扇的扇叶罩就把叶片防护得很好。下图是两个电线插头，左边的称为安全插头，可以看到插头的金属触头的根部外包有绝缘材料，另外插头绝缘塑料外壳的固定是以绝缘塑料的扣件直接固定的，免去了外加金属螺丝的固定，增加了安全；右边的老式电线插头就存在安全隐患，一是插头没插紧时，可能会产生漏电事故，因为金属触头会露出一段，另外，运用螺丝固定外壳，也增加了漏电的威胁。这些都是通过隔绝人体与产品的有害部位而达到安全的措施。隔绝有害环境是产品安全设计的一种基本手段，在飞船升空、滞空、返回的一系列过程中，设计师会根据太空独有的特性进行了一系列主动安全的设计，比如飞船经过大气层遭遇高温的情况（图2.6），美国的航天飞机采用外挂隔热瓦解决，可是经常发生瓦片脱落而存在安全隐患。俄罗斯飞船是在飞船外部设计一个烧蚀系统，利用外在保护材料的烧蚀带走大部分热量而起到保护飞船舱体，不会使舱内温度升至太高而对航天员的生命产生危害，这是一种转换思路的安全设计，实践证明效果不错。我国吸收了俄罗斯的设计思路，但是放弃使用他们成本高昂的材料，自行研发出一种碳－碳防热烧蚀材料，其工艺和低成本都已领先俄罗斯和美国（图2.7）。在这些情况下，产品作为一个隔离恶劣条件的保护装置给使用者以安全。

图 2.6 美国航天飞机以 40° 仰角返航进入大气层

图 2.7 中国神舟六号飞船返回舱

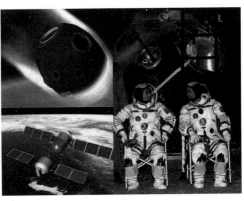

二、产品自身带来的安全问题

正是人的需求催生了产品——人的实践工具，但是产品在诞生之后，在完成人类需要的功能的同时，也带来了人类安全的问题。比如服装、家具产品存在化学物污染的安全问题，甲醛等化学分解物的毒害也促使人们正视现有工业产品的安全问题。

产品的安全一直是设计师设计产品时考虑的问题，对产品安全隐患的克服也是改良产品的驱动力。比如饮食器具上，人们用瓷碗代替金属餐具，又设计出木筷、竹筷解决餐具烫手的问题。亨利·佩卓斯基在他写的一本有趣的书《器具的进化》中谈到"关于筷子的起源，有种说法是：古时候，用大锅煮食物，往往煮熟后许久，锅上还热腾腾地冒气，饿急的人常常急着吃而烫到手，于是改用两根树枝将食物从锅里捞出并送到嘴里"[1]。如果这真是筷子的起源原因，那么就很好理解为什么经常接触的筷子都是木材或竹子制成的，因为这两种材料导热系数小。当然也可以看到塑料甚至象牙、玉石的筷子，但是银筷、金筷却是少见的，原因不光是这两种材料昂贵，很可能是它们都利于导热，即使是古时一些贵族使用银筷、金筷，也是上部手握处使用金银材料，下部夹菜处仍使用木材，这也能解决导热问题。一旦食用工具确定了，人们的饮食习惯也会相应地发生改变，像中国人使用筷子（图2.8），西方人使用刀叉（图2.9），筷子导热慢但不利于分割食物，刀叉导热快但便于分割食物。这也许能解释为什么中餐菜肴总是比西餐烹饪得更熟，即中国人爱吃热菜，西方人常吃生菜，中式菜总是切得很细，然后煮熟，而西式菜可以整块烹饪，上餐盘再切。因为西方人吃热菜用刀叉太烫不舒服，中国人用筷子也无法切开生牛肉。有人说日本人怎么吃生鱼片？实际上鱼片是事先用刀切好的，不需要用筷子分割，这其实是设计影响了人们的行为。

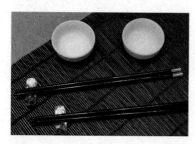

图2.8　中国人使用筷子用餐

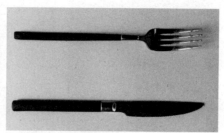

图2.9　西方人使用刀叉用餐

① （美）亨利·佩卓斯基. 器具的进化 [M]. 丁佩芝等译. 北京：中国社会科学出版社，1999：18.

这些产品的不安全因素是容易考虑到的，但还有一些产品的安全隐患往往被人们所忽略，也就是人们易于就产品来认识安全，而没有从产品所处的系统来看待安全。比如说美国的"9·11"事件（图2.10），虽说是恐怖分子有意所为，但是事件本身也表明航空系统存在着缺陷，有漏洞可钻。对于飞机的安全问题，应该说人们一向是很重视的，机场的安检也很严格，可是为什么还发生了这个恐怖事件？值得安全问题专家思考。有人认为还是机场的安检人员疏忽了，没有发现恐怖分子，这并不是问题的关键，恐怖分子也并没有携带炸药登机。从安全防范的角度，关键问题是人们通常认为航空系统的不安全只会来自系统外，比如恐怖分子携带武器、炸药劫持飞机，其实这只是飞行安全的一个方面。还应该考虑到航空系统中安全因素的另一方面，就是飞机由于携带了大量的航空燃油，使得自身就成为一个很大的安全隐患，即危险还可以来自系统内，这往往是人们忽略的安全问题。"9·11"事件带给人们很多安全方面的启示，飞机是不可能不携带燃油的，于是航空安全仅仅检查旅客携带易燃易爆物也是不够的，防止恐怖分子劫机，保证驾驶员能够掌握飞机，防止飞机成为不安全因素等都是整个系统安全的重要内容。这方面实例有很多，1998年6月3日一趟高速列车在德国埃舍德小镇出轨，酿成死伤100多人的重大事故。致因是一个轮子的轮箍因为长期使用磨损严重，列车金属轮是由中心的轮辋外套一圈金属轮箍制成，目的是减震，可就是这外层的金属轮箍磨损断裂后，在高速状况下与铁轨上的道岔组件碰撞，一部分穿入车厢，一部分捅入轨道，造成列车出轨。此刻列车正好穿过一座公路桥，横摆的第三节车厢以巨大的冲力将桥墩撞断，公路桥坍塌，压住车厢，从而酿成德国近50年中最惨重的铁路事故，100人死亡，88人重伤。可见安全事故的起因不一定是旅客携带的易燃易爆物品，而是系统内的安全隐患导致的。事后德国铁路公司宣布将车轮运行寿命的安全值缩短一半，这个事例说明不孤立地看待产品安全问题，从系统整体来评估产品的安全问题才能尽可能地消除人类产品的安全隐患。

图2.10 美国"9·11"事件，被劫持飞机撞向世贸大楼双塔

第三节　设计的安全向度

一、产品设计模式与安全：用户模式

不同的人对于事物有不同的认识，从而形成自己的概念模式。设计师会按照自己的概念模式去设计产品，这就成为设计模式；而使用者又是按照自己的概念模式去使用产品，这就是用户模式，二者成为一对矛盾。由于产品是设计给使用者的，产品的设计模式就需要去适应使用者的概念模式而不只是符合设计师的概念模式，这一点目前大多数设计师已经意识到了，但是如何获取使用者的概念模式就成为一个课题。现在，用户研究是产品设计师频繁谈及的一个词，社会学当中也提倡用户研究，并且形成了很多的方法，产品设计师可以借鉴。需要注意到，不同的产品应该采用不同的用户研究方法，不可能存在一种普适的方法，设计当中没有，用户研究当中也没有。况且，使用者的概念模式也不是一成不变的，因此，每次进行具体的产品设计之前都应该根据设计任务书的要求合理规划用户研究的方式方法，以期达到最佳的结果。可以注意以下几点：1. 建立使用产品的正确方式；2. 明确目标用户以及何时、何地、怎样使用；3. 将之整理成相关的线索以便设计管理者可以把握；4. 在产品投入市场之前，先给一些可信的用户试用，以获得一些反馈意见[①]。

虽然现在要求设计师进行用户研究，然后据此进行产品设计，但是产品的设计模式也不总是由人们提出要求，然后设计师在产品设计中拿出解决措施。现实中许多情况是人们不得不在使用产品时发明出适于该产品的一些安全的行为，这又成为使用者去迁就设计师的概念模式了。更为有意思的是，这些看上去似乎是人们被迫的行为或是一时的权宜之计却往往又在人类的文化中保留下来，而成为后续产品设计开发的参考因素，筷子是最典型的符号化餐具产品。

对于产品使用者来说，其概念模式的形成十分复杂。既有先验的成分，也有后天的培养。对于前者，就是人获得遗传的先天意识；而对于后者，就是使用者在人生经历中的后天习得。从唯物史观的角度来看，任何产品都是历史的，即

① Keith E. Barenklau. Developing Standards for Safety Work Activities[J]. Journal of The National Safety Management Society,1989, 51: 146.

① 陈嘉明. 现代性的虚无主义[J]. 南京大学学报（社科版）, 2006' 3' 123'

任何产品都是它所在的历史时期社会、物质、文化条件下的产物。所以，在人与产品的相互关系中，对于每个个体来说，在他出生之前以及在他出生之后的一段成长期陪伴他的现有产品都会对他形成习惯性的影响。产品的使用经由时间积淀成为习得，而习得又将功能以物的形式符号化下来，形成对该产品，乃至该产品所具有的那种功能的习惯性认识，任何大的改变都会失去该项功能符号的意义而不为消费者所接受。尼采对于理性主义的批判有助于对人的概念模式的理解，他从哲学的高度阐述了所谓的人的逻辑是如何来的。"逻辑的产生完全出自人们在日常生活中养成的习惯。出于生存的需要，人们必须对遇到的情况作出判断，以便采取相应的行动。类似情况的积累，使得思维形成了一种化繁为简的习惯。这就说明了这种思维习惯形成的原因是非逻辑、非理性的。它只是后来经过形而上学家之手才成为精致的逻辑理论，才被看作是绝对的真理。"①这里不去置评尼采观点的对与错，但是可以想象曾是一切理性科学基石的逻辑学都被这样地质疑，尚未受过严格逻辑训练的个体的日常思维方式就肯定只是经验积累以及学习他人形成的思维习惯，而且这种习惯一旦养成，不论科学还是不科学，都会被个体当成概念模式。

② （美）塞缪尔·亨廷顿. 文明的冲突与世界秩序的重建[M]. 周琪等译. 北京：新华出版社, 2002'' 10—11'

而对于产品与人类的关系以及设计模式与用户模式的内在矛盾，塞缪尔·亨廷顿曾以地图为例有所论及，"每一个模式或地图都是一个抽象，而且对于一些目的比对另一些目的更有用……如果没有地图，我们将会迷路。一份地图越详细，就越能充分地反映现实。然而，一张过分详细的地图对于许多目的来说并非有用。如果我们想要沿高速公路从一个大城市前往另一个大城市，我们并不需要与机动运输工具无关的信息地图，因为在这样的地图中，主要的公路被淹没在大量复杂的次要道路中了，我们可能发现这样的地图令人糊涂。另一方面，一份只有一条高速公路的地图，可能会排除许多现实，并限制我们发现可供选择的道路的能力，如果这条高速公路被重大的交通事故堵塞的话。"②从这个事例应该认识到产品不可能也不应该包办人类所有的事情，不应该代替人类作决定，它应该留给人类一定的思考空间。但是这对于产品来说是茫然的，因为产品设计师会对此无所适从，对于有些人有些事，他们必须设计出能够高度代替人类的产品，而对于另一些人在另一些事中，人们又不需要那么"主动"的产品。换句话说，有些情况下，人们希望在与外在的关系中产品介入得深一些；有些情况下，人们则不希望产品过于介入这种人与外在的接触。可是产品不具有智慧的思维，于是在这个时候，产品对人就会犯一些错误，即产品引发了人的不安全。

二、人的生物性与设计安全

当把产品阐释为人与外在的中介时，还应该认识到人的身体也扮演着一种中介，梅洛－庞蒂称为"身体中介"。他谈到："当我目击到使我感兴趣的一些事件时，我从来没有意识到眨眼所加于场景的那些持续顿挫，它们不会出现在我的记忆中。但最终说来，我完全知道我有能力通过闭上眼睛来中断场景，我是通过眼睛这一中介进行观看的。但是，这种知道并不妨碍我相信：当我的目光投向事物时，我看到的是事物本身。这是因为身体本身及其器官始终是我的意向的支撑点和载体，还没有被领会为'生理学的实在'。"[①]这里，梅洛－庞蒂谈到了两层意思：一是人的意识载体是物质的肉体，这决定人的感知必然受到物质的局限；二是由于人一般不会意识到自己身体的存在，人在日常生活中是把肉体与意识（感知、思维）合而为一称为"我"，所以人们一般没意识到人的感知正受着这种物质的局限。而儿童更是将自己的意识和身体合为一体，皮亚杰在他的著作《儿童对于世界的表象》中谈到的例子很说明这个问题，当他询问一些儿童他们的思想在哪里时，大部分儿童回答思想或许在喉咙里。这是可以理解的，对于儿童来说，他们的思想都是说出来的，语言的声音是从喉咙发出的，也许就是喉咙在思考呢。类似思维的影响在人成年后依然存在，并且导致大部分成年人以一种直观的方式使用产品而忽略了身体中介可能的误导。

人的认识有很主观的成分，有些可能是与生俱来的，可以说是先验模式；有些是后天模仿来的，但是不一定有科学的成分。这些都在人们日常生活当中形成思维定势或模式，不论是遇到自己所了解的还是不了解的事物，人们总是自觉不自觉地套用自己的思维定势，并在试错之后总结成经验，进而形成概念模式。这个概念模式一旦形成，对人的影响是潜在的，它会促使人们总以以往的经验看待自己遇到的问题，俗话说"老办法对付新问题"。这种对付很可能在出发点上面就是错误的，它并不适用于新情况，但是人们并不知道，以为会适用，这就很糟糕，会出危险。对于人们执着于固有的概念模式，一例禅宗的公案颇能说明问题：禅宗六祖惠能曾经住在广州的法性寺，正逢印宗法师开讲涅

① （美）莫里斯·梅洛－庞蒂. 行为的结构[M]. 杨大春等译. 北京：商务印书馆，2005：278.

槃经。讲经时，有风吹动幡旗而左右摆动。这时有一僧说："这是风在动。"另一僧说："这是幡在动。"两人争执不已。惠能告诉他们说："仁者，是你的心动啊！"当时听众听他这一讲，觉得非常玄妙，真是一语惊四座①。应该说，绝大多数人与前面二僧的认识相同，认为幡动的人认可眼见为实，以现象为准绳；认为风动的人认可现象背后的科学"本质"，以科学为圭臬，二者归根结底都可算直觉主义的。这说明绝大多数人是直觉主义者，有着直觉式的概念模式，而能打破这种直觉的，跳出概念模式的框框就是悟了，可以被称为"觉者"。这样一来对于人类，试错成了人生中很重要的一课，有人会说这是经验主义，还可以学习书本嘛。从他人的已有经验中获得知识，的确是人类特殊的能力，但并不是所有人都能学得很好，也不是所有人都能获得别人的经验教训，更重要的是，人们经常会碰到别人也未曾经历过的事情。于是人们的实践活动就具有某种程度的赌博性质，试错成了体验，如果碰对了，可算是次成功的经验，下次还可照办；如果碰错了，就是次失败的经历，下次不这样做了。可是否总有下次呢？总是这样试错，安全在哪里？这就道出了人的实践活动的必然性和结果的偶然性之间的矛盾。实践是人类的天性，因此，人是必需也必然会进行实践的，然而，总存在人未知的世界，在这种领域实践具有冒险性，因而安全问题就产生了。中世纪西欧的工匠建造哥特式教堂（图2.11），那时人们并没有掌握结构计算，只能凭着一股热情去尝试着做，于是经常有教堂的钟塔在建造途中垮塌下来，但工匠们并不气馁，又总结经验接着重建，正是在这样的不断试错的毅力下，他们终于建成那些高达100多米的钟楼，并且为以后的结构计算积累了丰富的实践资料。这就是人类实践的最基本的方式，这种情况下任何人类实践都有两种可能性，冒险成功了，也就是说这个实践对人是安全的；还有一种情况是冒险失败了，这时人就处于不安全的状

① 原文是「时有风吹幡动。一僧曰风动，一僧曰幡动，议论不已。惠能进曰：不是风动，不是幡动。仁者心动。一众骇然。」
（《六祖坛经·行由品第一》）

图2.11　法国沙特尔大教堂

态，于是要极力避免这种情况的发生。由于产品是人类实践的工具，是人与外在的中介，产品就必然在冒险当中扮演重要的角色，它既可能帮助人们度过危险，也可能使人们陷入不安全的境地。如何利用设计来促使产品成为人类实践活动中的推动力而不是绊脚石，这正是值得产品设计师研究的问题。

人的生物特征与使用产品相关的还包括人对于刺激的反应，人的这种反应要比动物高级得多，这也决定着人学习使用产品的方式。像人类实践活动中与外在的回馈－反应的机制，如果两者都处于不断地变化当中，这种互动就具有博弈的性质。比如说猎人捕兔的过程，猎人的目的是捕到兔子，兔子的目的是逃脱这个追捕，但为什么最后总是兔子被猎捕的情况多呢？排除猎人会使用工具——猎枪的因素，一个很重要的原因就是猎人对于感知能够做出"预测反应"，兔子作为动物也能够对外界的刺激产生反应，但它的这种反应属于"应激反应"，是一种被动的反应。正是因为人能够对感知进行思考，并进行下一步的推断，从而做出更有利于自己的行为。这就是人所具有的带有预测的反应行为，这种行为的结果会导致俗话说的"棋先一着"。反观兔子虽说也有反应，但它是被动的，只是一种应激的反应，只有猎人进一步的围捕动作才促使它逃窜，一旦猎人不动，兔子反而有些茫然。所以应激反应只是对于外界刺激的被动反应，是为逃跑而逃跑，即使兔子可能有预测反应，它的预测也是很短浅的，不像人的预测那么长远，故而兔子常被猎人捕获。从这个事例中可以看出，人对事情的预测反应，或者说预测判断是决定人的行为的重要环节，判断准确了，人的安全系数大大增加；判断不准，人就很不安全。预测反应显示出人的行为能动性的一面，人类会主动应对外在的刺激。譬如人驾驶汽车的行为实际上就是进行不断地预测判断的过程，驾驶员不停地根据观察预测前方、后方车辆的行为，判断其动向，还预测马路旁行人的行为意图，最后综合反映到自己的驾驶行为中，如若预测判断出现意外，就会导致车祸。对于产品来说，这具有两方面的内容：一是在人与产品的关系中，产品的设计必须有利于人们的预测判断，至少要增强绝大部分对于产品的构造、功能都还不完全了解的用户的预测判断，这对人的安全来说至关重要，像汽车的窗玻璃和后视镜就承担了此类重要的功能；二是在人与外在的关系中，人通过产品与外在接触，产品的设计就必须能够帮助人们去预测判断外在应有的反应，如果这一过程不是有利的，产品反而成为人们预测判断外在反应的障碍，不安全因素就会增加。

三、设计与人类安全的辩证关系

技术问题实际就是人通过引入产品来改变生活与世界的问题，由此产生了人与产品的关系问题。应该认识到产品也好，工具、机器也好，一开始都是应人类的需要而产生的，并且在整个人类发展进程中起到了既帮助人类开疆辟土，又保护人类安全的重要作用，这是产品与人类安全关系中的主要方面。

但如前文所述，产品也给人类安全带来了负面的效应。人们也一直在争论是人控制了机器还是机器控制了人，但仅仅关注这些还远远不够，或者说是条歧途。"工具和器械的器具性与其生产对象联系得更为紧密，而且它们纯粹的'人类价值'受限于动物化劳动者对它们的使用。换句话说，作为工具制造者，技艺者发明工具、器械的目的是为创建一个世界，而非或至少不主要是用以帮助人类的生活活动。因此，问题并不在于我们究竟是机器的主人还是机器的奴隶，而在于机器是否仍在为客观世界及其事物服务，或者正好相反，是否机器和它的自动运转过程已经开始统治甚至摧毁世界及其事物。"这才是本质性的问题，因此，"根据机器的生产能力来设计客体，而不是为生产某一特定客体而设计机器，这实际上完全颠倒了'手段-目的'范畴"，汉娜·阿伦特进而指出了现时代人类与机器关系的危险性，"对由劳动者组成的社会而言，真实的世界已经被机器世界所取代，""我们曾经运用自如的机器开始'像海龟身上的甲壳一样成为人类身体的外壳'……技术实际上不再是'有意识的人类努力的产品，以扩大物质力量，而毋宁更像人类生物性的发展，在这一发展中，人类生物体的天生组织被逐渐移植到人类的环境之中'。"[1]其实，自从产品诞生以来，产品就与人类的安全发生着复杂的关联，包含着几方面的内容。首先，产品是人为了自身的实践活动而设计制造出来的工具，其目的是拓展人的能力，使得人类可以更好地进行实践活动，其中在实践活动中保证人的安全一直是产品的主要属性。按照这样的说法，产品因为是人造的，就应该是利人的，其实不然。这就是产品与人的关系的第二层，产品在被生产制造出来之后，它作为一个存在的系统，就部分地脱离了人的掌握而成为自在之物。一旦产品成为自在之物，它的自我系统可能会涌现[2]出一些新质，这些新的性质很可能不在人的预想之内，当然对于人就可能有利也有害，可以说这种情况是人类无法避免的，因为人类需要产品这个中介来进行实践，而这个中介物不可能完全听人的话。

① (美) 汉娜·阿伦特. 人的条件 [M]. 王世雄等译. 上海：上海人民出版社，1999：148.

② 涌现，有的学者将其分为两类，简单说就是对人有利的称为涌现，对人不利的称为约束。对于产品系统表现出来的现象都是一致的，本书都称为涌现，但注意到它的两方面影响。

第三层的内容就是现阶段由于社会制度等因素，产品异化了人，人也异化着产品，实际上二者是相互关联的，因此，现阶段的产品就存在其安全的两面性，其实反映的是人的关系的对立性。也就是一个产品会被一部分人开发制造出来，对于这部分人它是安全的，但是它很可能是针对另一部分人而制造的，对于那部分人来说它就是极不安全的，武器就是最明显的例子。背后的原因当然并不在产品设计师身上，这是由于人类社会的利益还存在分歧，没有形成一致性，在这种状况结束之前，这些产品很难摆脱尴尬的身份。以上三方面的因素导致了产品与人的关系是一种辩证关系，它既是人类用来解决安全问题的工具，也是可能给人类带来新的安全问题的源头，好在产品只是在制造出来以后才存在的，它并不是自为的，到目前为止，人们都基本还能控制它，人类应该利用这种能力使得产品朝更有利于人类的方向发展。

四、设计安全的几个维度

产品设计的安全向度是指产品设计中，设计师考虑产品影响人类安全的角度以及产品的安全设计发展方向。对于产品，简单地说，安全具有两方面的含义：

1. 产品自身不能危害人；

2. 产品能够帮助人应对外来的危险。

对于前者，又包含着3方面的内容：

1. 产品的运行不能造成对人的伤害，例如运行方式是否容易发生伤害的问题，驱动能源的环保问题；

2. 产品结构要稳定，一般情况下不会自行解体；

3. 产品的制造过程没有对人有害的内容，包括原材料的获取，生产过程中的废弃物以及能源消耗。

而后者对产品的要求更高，是目前的发展方向，即产品应该能够阻止或延缓外在对人的伤害，或者产品能够帮助人脱离将被伤害的险境。

对于产品使用中需要考虑的安全设计问题，一方面是要关注产品在正常使用时可能发生的危险，另一方面也要防止产品在错误使用时的安全隐患。正常使用时会产生的危险是设计师在设计产品时就应该考虑到的，而有些使用过程中产

图 2.12　保护儿童安全的
楼梯门

生的安全问题则是使用者自己导致的。图 2.12 所示的楼梯门是专门防止儿童从楼梯上摔落而设计的，但是有些大人常常忘记关上它，使得楼梯门形同虚设，派不上用场。因此，设计师设计有电子报警系统，提示人们关上楼梯门。

产品设计时考虑产品的安全还需要顾及产品在制造、使用和废弃时产生的环境污染，现在由于大量的产品采用化学合成材料制造，其过程会产生有毒的废弃物，严重危害到人与其他物种的安全，像造纸厂的污染就很严重。使用过程中产品也会产生有害的排放，如汽车的尾气含有大量有害物质。而产品废弃后的处理更是需要谨慎对待，除了有的材料自身就很难处理之外，采取何种方式来处理也值得斟酌，设计师能对此作出贡献的是多运用污染少的材料，并且所用材料要便于降解。"有些人士认为，消费者应该改变使用产品的行为，自觉降低对环境的危害，为人类居住提供一个更加健康的环境。比方说，我们可以更有效地利用产品，更好地维护产品并建立一个能延长它们寿命的环境，选择那些消耗更少能量，使用更少材料的产品，甚至可以减少对产品的需求。"[1]这应该算是很好的提议，人类不能一再地奢望自己能够用科技解决所有的问题，对于有些问题，特别是因为自己的欲望带来的原本自然界没有的问题，人类从自身内心来解决可能效果更好。

从设计的角度，较好的产品安全的解决方式是本质安全设计，它是指产品自身的设计就能够提供足够的安全，不需要通过额外的设计来增加产品的安全性能。有学者将之归纳为产品的"内实"，就是指产品的实用质量，"任何产品都应结实可靠，经久耐用，结构简单轻巧，线条明确醒目，控制装置优良，显示装置清晰"[2]。这实际上是针对目前解决产品安全的状况提出来的，因为就当前产品的安全设计来看，绝大多数还停留在额外设计与安装一个安全装置来解决可能存在的安全隐患，这种治标不治本的方法会带来额外的问题。

①〔英〕杰姆斯·伽略特．设计与技术 [M]．常初芳译．北京：科学出版社，2004：282．

②李红杰等．安全人机工程学 [M]．武汉：中国地质大学出版社，2006：204．

第三章 人何所安——设计中关于人的逻辑

本章从人的角度研究产品的安全要求的来源，认为人的本质需要导致了人类在进行实践活动过程中需要安全的保证。人作为生物界的一个物种，与其他生物一样，都有让自身生存、繁衍的最基本也是最本质的要求。无论是从个人生存的个体角度，还是从物种繁衍的类角度，安全都是每个人和整个人类必须首要考虑的问题。产品作为人类实践中与外在的关键中介，在该领域研究人类安全具有它独特的价值。具体的阐述从第三章第二节人的生物性开始，这是决定人的安全的最重要因素，然后从人的身体、人的心理和人类安全3方面进行分析，一是因为这几方面涵盖了人类活动的各个层次；二是产品在这几个方面体现出不同的安全特性。

第一节 人的本质安全

一、人的存在的本质

人的本质一直是哲学研究的重要课题，从古至今大致有3种学说：理性说、实践说和主体间性说。理性说为人类建立了科学体系来认识世界；实践说促使人类改造世界，推动了人类社会的进步；主体间性说强调提高人们的生活质量，促使世界更人道合理。其中主体间性说是当今后现代主义哲学所主张的，它认识到以前两种学说的不足，认为关注现实人生，改善生活质量是人的本质的哲学，所谓主体间性就是人类之间形成健康和谐的人际关系。这种学说对自然生态提倡环境生态价值论，人类不能只是向自然界索取，还要保护和养育自然；对人类社会提倡自由和谐论，主张以宽容的心态构建和谐的人际关系[①]。"任何人类历史的第一个前提无疑是有生命的个人的存在"，而要存在，"必须能够生活"[②]。因此，"人和一切生物一样，需要生活的物质条件，不仅如此，他也和一切生物一样，固有一种同这些条件发生相互作用的能力。由此才产生出关于人的存在的本质的问题"[③]，包括人怎样保障自身的安全，怎样行动，怎样同外在发生关系等。

① 朱宝信. 论人的本质规定的可变易性[J]. 贵州师范大学学报（社会科学版），1999，2：73.

② 马克思恩格斯全集第3卷. 北京：人民出版社，1979：23-31.

③（保）Л·尼科洛夫. 人的活动结构[M]. 张凡琪译. 北京：国际文化出版公司，1988：2.

人的存在是通过人的活动来实现的，存在是目的，活动是手段。其实任何生命体都是靠活动来维持自身的生命，只是人的实践活动显得更高级一些。人的活动的特殊意义还在于"活动是满足人的需要的特殊中介方式。因此，必须在过程的一个特定环节中寻找活动和需要的联系……人的活动以特殊方式中介需要的满足，保证主体生命力的维持、恢复、再生产、生产和发展。生命力不仅包括人的身体潜力，还包括人的精神潜力以及多方面技能和知识"[1]。

人的活动是通过中介[2]而实践于外在的，中介凝聚着一代又一代人的经验、智慧、知识、才能，正是有了中介这样对象化的存在形式，人类才可以站在前人的肩膀上继续前进。可以说中介就是人类文明的载体，它具有共时性和历时性的双重特性。人类的产品是中介中最主要的部分，几乎所有的人类实践活动的中介都是人类自己的产品，正是在这个意义上，我们说产品与人类安全关系密切，通过产品来看待人类安全，或者研究产品设计怎样直接地影响到人类安全很有价值。

二、人的生物机理

"人作为宏观智慧生物，其躯体和感官以及感性直观能力是在宏观运动范围内历史地形成的。因此，人不能直接感知微观现象本身。"[3]所以，早期人类和没有工具的人类都只能在宏观领域依靠自身的直接感知来进行实践，无法深入到微观和宏观的世界，这当然是十分局限的，也是人类设计制造产品来进行实践的生理基础，望远镜与显微镜就是典型的此类设计案例。

既然人的生物机理是人类产品的基础，那么人的一些生理特点也就会影响产品的使用。例如人的生理结构是有反射阈限的，就是说人体生理的反射效应是有一定的范围的，不是在任何情况下都能产生有效的反应，于是设计师有必要把这些情况加以区分，也不能把这些阈限看成是一劳永逸地确定的。"我们知道中枢损伤或者单单是疲劳通常就能提高或者降低反射阈限，更一般地说使它们产生不稳定的后果"[4]，因此不能静止地看待这个阈限，它的动态摆动需要产品设计师谨慎地把握。

① （保）Л·尼科洛夫．人的活动结构 [M]．张凡琪译．北京：国际文化出版公司，1988：54．

② 人的活动的中介包括：物质中介、思维中介和语言符号中介，本文主要论述的产品就是这种中介的外在物化，应该说产品主要是物质中介，也包含部分思维中介和语言符号中介的内容。

③ 时新．序：量的存在方式 [M]．太原：山西人民出版社，1998：17．

④ （美）莫里斯·梅洛-庞蒂．行为的结构 [M]．杨大春等译．北京：商务印书馆，2005：47．

注意力是人使用产品时安全的另一个重要保证，但是注意力的机制十分复杂，至今人类尚未弄清楚。我们现在知道，注意力与人的大脑的意识水平有关，大脑意识敏锐时，注意力肯定高；大脑意识迟钝时，注意力肯定低，但是具体的生理机制还无法解释。注意力并不只是与人的生理有关，它是人的生理和心理的综合反映。从生理和心理上看，注意力不可能始终集中于一点；不注意的发生是不可避免的生理、心理现象；不注意就存在于注意之中。

此外，人使用产品的动作的完成是依靠肌肉消耗能源来达到的，因此人需要定期补充食品（能量）。不仅人的活动需要，人自身的新陈代谢也需要消耗能量。从生理上说，人肌体活动的能量是来自以化学能储藏在人体中的三磷酸腺苷（ATP），ATP 还可以把它的高能磷酸键转移给肌酸，生成磷酸肌酸（CP），它的储存量是 ATP 的 5 倍。从人的活动的能源消耗来看，有三种化学转化途径：1. 大量的活动是 ATP 迅速分解提供的，少量由 CP 分解来补充；2. 如果体内 ATP 的储量不足，需要糖类和脂肪的分解来补充，就需要氧的参与；3. 短时间大强度活动时，ATP 的分解太迅速，而氧气的供给跟不上（表现为人的急促呼吸），就只能靠无氧糖酵产生乳酸来提供能量，但是这个过程不能持久，长时间的无氧反应，体内过多的反应废料来不及排出，人体就表现为肌肉疲劳[①]。因此，在人与产品主要以使用动作发生的关系中，人体的疲劳感是导致人在操作产品时出现失误、发生危险的一个主要因素，例如疲劳驾驶极易发生车祸。

当然人的肌体并不只是限制了人的实践活动，相比较其他动物而言，人的生理机能有着非特定化的优势。"人之所以能在这种自然的物质生理基础上展开其开放的普遍性，就在于其肉体组织的形态和相关器官的构造与机能是非特定化的。"[②]其实，这种非特定化就是人的构造和技能对于他的行为来说具有非特定化的性质，具有极大的可塑性和适应性。德国哲学人类学家米切尔·兰德曼也认可人的非特定化，"不仅是猿，一般的动物在其总的构造上，也比人更多地被特定化了。动物的器官适合于特殊的生活条件，而且每个物种的必要性，像一把钥匙一样，只适合于一把锁。动物的感觉器官也同样如此。这种特定化（the Specialization）的效果和范围也是动物的本能，它规定了动物在各种形势下

① 李红杰等. 安全人机工程学 [M]. 武汉：中国地质大学出版社，2006：62-63.

② 夏甄陶. 人是什么 [M]. 北京：商务印书馆，2000：95.

① （德）米切尔·兰德曼．哲学人类学 [M]．阎嘉译．贵州：贵州人民出版社，1988：195-228

的行为。然而，人的器官没有片面地为了某种行为而被定向，在远古就未被特定化（人的食物也是如此，人的牙齿既非食草动物的牙齿，亦非食肉动物的牙齿）。所以，人在本能上也是匮乏的：自然没有对人规定他应做什么或不应做什么。""动物在天性上比人更完善，它一出自然之手就达到了完成，只需要使自然早已为它提供的东西现实化。人的非特定化是一种不完善，可以说，自然把尚未完成的人放到世界之中，它没有对人作出最后的限定，在一定程度上给他留下了未确定性。"①具有确定性使动物在适应自身机能的环境中如鱼得水，但是一旦环境改变，它们将很难生存下去，这就是动物需要选择一个适应的生存环境的原因。美国景观设计学家西蒙曾谈到过一个猎人看待土拨鼠聚落的故事（Simonds，1983），猎人说："多聪明的土拨鼠，它们如此精心安排它们的聚落环境，每到一个土拨鼠聚落，你总会发现它近旁有一片谷子地，因而有取食之便利；总是临近溪流或沼泽，因而有饮水之便。它们决不在柳树或赤杨林附近安家，因为那里常栖息着可怕的天敌——猫头鹰和隼，它们也不在乱石堆中做窝，那里经常埋伏着另一个天敌——蛇。它们把家建立在土丘的东南坡上，每天有充足的阳光使它们的洞穴保持温暖和舒适，冬天，西北坡的土壤在凛冽的寒风中变得干硬，而在东南坡却有一层厚厚的松软的积雪覆盖着土拨鼠的家宅。当它们打洞时，它们先向下打一个二三英尺的陡坡通道，然后折回在近草根的土层中做窝。冬天可避开寒风而沐浴温暖的阳光，不必远行寻找食物和水，又有同伴相依为伍，它们确有一番精心的规划。"②如图 3.1 所示。而人的未确定性虽然令人不是那么适应自然界，但是也增强了人对环境变化的适应能力，进而增加了人类进化的可能性。人体这种先天的开放性使得人的本质的发展也是处于过程中的，人的这种未确定性作为人的潜能和素质，在适当的机会就会被开发出来，为人们所熟知的《鲁宾逊漂流记》就讲了一个这方面的故事。

② Simonds, J. O. Landscape Architecture: A Manual of Site Planning and Design[M]. McGraw Hill Book Company, 1983. 转引自俞孔坚：理想景观探源 [M]．北京：商务印书馆，1998：64

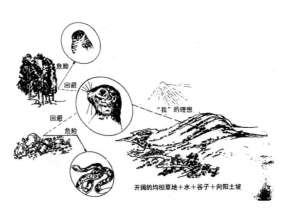

开阔的均相草地＋水＋谷子＋向阳土坡

图 3.1　土拨鼠对于生存环境的选择

三、人的行为与产品使用

人的行为动作与产品使用有着直接的密切联系，产品都是在人的操纵下进行运作的，完全不受人的控制而自行运作的产品目前还没有。由于人类具有自主意识，人的行为显然不是低级的机械反应或者说应激反应，但也不都是高级的情景反应。"前者作为物理事件，是先行条件的函数，并因此在客观的空间和时间中展开；后者并不取决于物质意义上的刺激，而是取决于情景的意义，这些意义似乎为该情景预设了一个'视点'，预设了一种探索，它们不再属于自在秩序，而是属于自为秩序"①，也就是说，人是具备情境意识的。设计领域的专家和从业人员都试图辨析清"情境意识"语义中含混的内容，一种非常简明的理解认为，情境意识就是在一个情境下具有的适当的意识（Smith and Hancock，1995）。现在的理解主要有3个层面：1. 信息处理的框架。这种观点认为情境意识是对于环境当中的大量时空元素的感知，是对这些环境条件信息的理解以及对它们在不久的将来的状态的预测（Endsley，1988）；2. 强调反馈的性质。这种观点认为情境意识是个体对于情境意识上的动态反应，它提供对于情境的动态定位，不仅是对过去、现在、将来的反应，而且是对情境的潜在特性的反应。这种动态反应包括理性、想象的层面和促使个体形成对外在事物的概念模式的意识与潜意识的成分（Bedny and Meister，1999）；3. 内含世界观的理解。这种观点认为情境意识是人对环境的映射系统中的不变量，它帮助人产生瞬间的认知和行为以达到目的（Smith and Hancock，1995）②。这些理解都有助于设计师了解产品与人的关系，人对产品的动作既不会机械被动地反应，因为人毕竟有能动性，即使像乒乓球运动员那样快速、机械地挥拍（如图3.2），也不是被动地反应，因为在必要时他们马上就会变线；另外，人也不可能都对产品产生情景反应，这不是对任何人、任何事、任何产品、任何时间都

图 3.2　打乒乓球时快速地挥拍

① （法）莫里斯·梅洛—庞蒂. 行为的结构 [M]. 杨大春等译. 北京：商务印书馆，2005：192.

② N.A. Stanton, P.R.G. Chambers, J. Piggott. Situational Awareness and Safety[M]. Safety Science, 2001, 39:1919.

成立的，人使用产品虽说会受到情境的影响，但不是每个动作都需要沉浸在场景之中，有时拿起锤子敲钉子，把钥匙放入口袋（图 3.3），并不需要场景的触动，就是下意识的行为，是在"无念"状态下进行的。

图 3.3 用锤子敲钉子，将钥匙放入口袋

人的行为习惯并不是先天注定的，而是在与产品的互动当中不断积累和变更的，这本身就是人类学习的重要内容。虽说人类行为的变化并不通过生理遗传，即通过遗传物质和染色体来传递，但是，人们又确实看到习惯可以遗传，通过传统、文化等方式得以遗传下去。也有学者假设："行为的变化与身体的变化是平行的，前者是作为后者偶然变化的结果，但它很快会引导进一步选择的机制进入既定的路线，因为它自身利用了最初的优势，只有在同一方向进一步的突变才具有选择价值。但随着新器官发展起来，行为越来越与其紧密相连。你不可能从不做具体劳动而拥有一双灵巧的手。"现在越来越多的证据表明人这一双无与伦比的灵巧的手主要得益于人设计制作工具参与实践活动，虽然产品还无法改变人的基因、染色体，但是工具的确在人的机体进化当中扮演了重要的角色。"我们绝不能认为'行为'总会逐渐进入染色体结构并在那里获得位置。但是，携带习惯和使用方式（行为）的是新器官（它们已在遗传上固定了下来）自身。如果没有生物体自始至终地通过有效使用新器官来协助，那么选择作用在'制作'新器官时就会无能为力"[1]。事实上，人的行为还受到文化形态的影响，这也是人类所独有的，生理并不是促使人行为的唯一原因。古代没有汽车，显然古代的人们没有开车的行为，也无从谈起使用电脑和手机，甚至中国清朝晚期的人们看到火车都很惶恐，但是他们能骑马、射箭，用毛笔写得一手好字。这些人类行为都是与当时的人类产品紧密相连，与产品相应的习惯会以文化的形式流传，但也会随着人类历史的发展而改变。

人类制造和使用工具是人区别于其他动物的一个重要特征，人依靠自我意识当中的理性发展出自己的知识体系，并运用这种知识来为人类服务。培根就强调科学技术的作用，他深信，人类统治宇宙万物的能力深藏于知识之中，知识总

① （奥）埃尔温·薛定谔. 生命是什么 [M]. 罗来鸥等译. 长沙：湖南科学技术出版社，2003'' 110-111'

是由对事物及其发展规律的研究、发现和解释构成的。他在《新工具》中明确指出：在思考中作为原因的东西，在行动中便构成规则，如果不知道原因，结果就不能产生[①]。培根揭示出人的行为背后理性的因素，产品应当是人类理性实践的一种结果。薛定谔则指出了这个理性实践的具体过程，"当人们制作一个精致的物体时，假如很急躁，在它完成之前就试图反复使用它，那么大多数情况下会毁掉它。而大自然以完全不同的方式运作，她无法制作出新的生物体或新的器官，除非它们被连续使用，它们的效率被不断检查。但事实上这个类比是错的，人类制造工具实际上相当于个体发生，即个体从种子发育到成熟。这里太多的干涉是不受欢迎的。幼小的必须被保护，在它们获得该物种拥有的全部力量和技能前，决不能让它们开始工作。"[②]这里所说的就是产品实际如同在自然进程中同样被连续使用从而得到改进；但这种改进不是单靠使用，而是依赖实际获得的经验和改进的需求来完成的。

第二节　人的物性——人是机器？

一、人只是一部生命机？

探讨人的物性，是因为人的身体的运作有些类似机器及其运作的方式，因此用人们熟悉的事物来类比，有助于人们对人体这方面的了解。这种认识的确自古以来就有许多学者是这样认为的，从笛卡儿、莱布尼茨到拉·梅特里都持有"人是机器"等类似的观点。比如说："生命机首先是一部热机，它把葡萄糖、糖原或淀粉，脂肪和蛋白质燃烧为二氧化碳、水和尿素"。拉·梅特里说："人并不是用一种更贵重的料子捏出来的，自然只是用了一种同样的面粉团子，它只以不同的方式变化了这面粉团子的酵料而已。"[③]维纳批判了这种观点，认为从严格意义上如果认为人是机器的话，就不应该忽略人的肌肉，也包括动物的肌肉的工作温度比一架同样效率的热机的工作温度低一些的事实。人区别于其他动物是人的自由自觉的生命活动，但是"人从动物界脱离的事实已经决定了人永远也不能摆脱兽性"[④]。因此，人的本质的双重性决定了人具有双重的需要，首先是直接的生理需要，其次是人类的社会活动。人存在于自然，并且改造着自然，因此，人还是能动性与受动性的统一。这里只提"人的物性"而不讲"人的自然化"，是为了避免抹杀人与动物的区别，马克思曾就此批判过费尔

① 李征坤等. 西方科技价值观的嬗变 [M]. 桂林：广西师范大学出版社，2004：34.

② （奥）埃尔温·薛定谔. 生命是什么 [M]. 罗来鸥等译. 长沙：湖南科学技术出版社，2003：111.

③ 拉·梅特里. 人是机器 [M]. 顾寿观译. 北京：商务印书馆，1959：43.

④ 马克思恩格斯全集 [M]. 北京：人民出版社，1979：3：18.

巴哈。讨论人的物性也并不是说就认为人只是机器，像机器一样具有能量转换的机能，而是认为人体也是物质构成的，要了解人体的安全，首先需要了解人体的物性。

谈到人的物性，不能不论及哈维的发现——血液循环理论。1628年哈维出版了他的开创性著作《论心脏的运动》，其中关于人血液的循环流动的研究（图3.4）

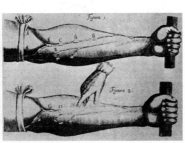

完全改变了以往人对于自己身体的认识。血液循环和他后来在呼吸方面的发现给人们一个新的角度看待身体的生命特征，即血液每时每刻都在流动，呼吸也是人体一刻不能停下的，原来人体内部是在运动中存在的。人们仿佛在那一刻猛然间领悟了"生命在于运动"的内涵。哈维把身体描

图3.4 哈维的血液循环研究

绘成一个抽吸血液的大机器，这种循环机械学的观念造成了当时人们对身体的世俗理解，他们开始抛弃上古观念中灵魂（anima）是生命能量来源的说法。于是身体成了一部机器，笛卡儿支持哈维的观点。而对人类产品的影响而言，这种观念最早影响了城市规划，人们开始关注公共卫生，并且开始注重城市的道路建设，认为城市的一个重要功能就是让人们可以自由地移动和呼吸。现代的人们就处于这样的城市设计中，完全无法体会早期城市的空间概念。但是这种所谓的自由移动也给人们带来潜移默化的影响，它"降低了感官对于场所中的人所引发的知觉能力……为了要更自由地移动，你不能有太多感觉。今日，随着想要自由移动的欲望已经战胜了感官对空间的主张，身体移动了，但现代流动的个人却也遭受到触觉上的危机，行动让身体的感觉能力降低了。"[1]可以看出，人的肉体感觉还是人的一个主要的知觉来源，对于安全而言更是如此。

人首先是作为一个物种存在的，人以其存在的生理结构形式直接反映了人类自然的历史渊源，马克思称之为"类存在"。因而人的生物性对于人的行为与实践会有潜在的影响。心理学中的行为学派对此研究颇多，其创始人华生在《行为主义者心目中的心理学》一文中阐释了行为学派的观点："行为主义者力图获得动物反应的一个统一的图式，认为人兽之间并无分界线。人的行为虽然具有精细而复杂的性质，但也仅仅是行为主义者的总研究计划的一部分"[2]，这种将

① （美）理查德·桑内特：肉体与石头[M]．黄煜文译．上海：上海译文出版社，2006：253-257

② （美）约翰·布鲁德斯·华生：行为主义[M]．李维译．杭州：浙江教育出版社，1998：7

人的生物性作为人的动机的解释是还原论者的研究方法，从纯粹物性的角度看待人类不无偏颇，但也揭示出人作为物存在的一面。笛卡儿创立了动物机器的理论，拉·梅特里（La Mettrie）则把它推及到人。虽然今天不应该再把机器看作是自我创新的生命体（Maturana，Varela，1972），人的确比最复杂的机器还要复杂得多，但华生领导的心理学行为学派完全从生物性来解释人的行为，还是给予产品安全研究以启迪，行为学派的这类研究从物性的角度揭示了人类安全需要的原因。在华生的代表作《行为主义》中，他写道："人体可以从事许多工作，然而，其功能的可能性也受到一定的限制。这些限制主要取决于那些构成人体的物质，以及这些物质构成的方式。我所讲的这些限制包括：我们奔跑的速度是有限的；我们能举起负荷的重量是有限的；我们在不吃不喝不睡的情况下，存活的时间是有限的……人体虽然可以巧妙地从事许多工作，但它绝不是万能的宝库，而只是一架合乎常规的器官机器（organic machine）。所谓器官机器，我们意指比人类至今创造的一切要复杂数百万倍的某种东西"①。这里，华生虽然承认人类具有世界其他存在物所无法比拟的能力，但归根结底，他还是认为人只是复杂点的机器罢了。

从生物的角度，人的安全可以从生命机来看待。埃德加·莫兰将人类等生物称为"生命机"，而将机器产品称为"人造机"。人作为生命机的安全要从稳态理论讲起，坎农 1932 年提出的稳态理论主要是说人体的生理常态稳定性，他认为机体具有克服外来干扰以保持机体形态和内部环境常态的能力。对于人体来说，它不仅仅意味着体温的恒定、体内体液的 PH 值恒定，还包括机体免疫能力等一系列的稳态。所以，人体的稳态不仅意味着机体的常态平衡，还意味着人体作为生命的存在，也就是人的安全。

但是将人等生物称作生命机并不是在机能上将人体与机器等同，首先组成元素的不同促使生命机和人造机在由稳定走向失稳时的机理不同。"一架没有调控的人造机能够继续存在下去，即使它不再运转；而一个没有生理常态稳定性的生物，也就是说一个失去了复杂的调控反馈机制的生物，作为机器和存在便会立即解体。"这是由于"人造机靠其材料的物理质量来对抗衰退，通过选择和加工，这些材料应最大限度地具有可靠性、坚韧性和耐久性。然而构成机体的材料却极不可靠，其特点是极端地不稳定和不耐久，它在一个从道理上来讲必将深深

① （美）约翰·布鲁德斯·华生. 行为主义 [M]. 李维 译. 杭州：浙江教育出版社，1998：53.

① （法）埃德加·莫兰．方法：天然之天性[M]．吴泓缈、冯学俊译．北京：北京大学出版社，2002：198-199．

地干扰它的环境中保持自己的常态"①。生命机还有一点与人造机不同，就是人造机的产品和功用外在于人造机，它不生产自己的部件，也不生产自己。而生命机生产自己的部件，并用来对自己进行重组。可以将生物体的新陈代谢看作是这样一个过程。所以，生命机的稳态就变得与生物体的这种经常性的自生产不可分离，反过来说，一旦生物体由于种种原因不能进行自生产了，整个生命机就失去了稳定性。就人来说，可以认为是人生病了，人的细胞不能进行正常的新陈代谢，如不进行自生产或胡乱自生产（癌细胞可以视为此类），都会导致人体的失稳状态——人生病了。

② 韩民青．物质形态进化初探[M]．太原：山西人民出版社，1984：155．

③ 韩民青．当代哲学人类学[M]．南宁：广西人民出版社，1998：1：43-45．

人的物性应该理解为是在物质系统的高度上提出来的，人确实如其他动物一样是由有机大分子和细胞组成的，但是人的系统要独特得多。"任何形态的物质体系，都是性能与结构的有机统一体。所以，人类作为一种特别高级的物质形态，就是劳动、思维机能与'肉体-工具'结构的有机统一体。从机能上看，人的本质特征就是劳动和思维能力，从结构上看，人的本质特征就是'肉体-工具'。"②过去对人的物性的狭隘理解没有注意到人的物性是个系统，而仅仅看到了人的肉体，把人当作智慧的生物。而从"肉体-工具"的体系系统地看待人的物性时，人类就不仅仅是一种生命形态，而是更高意义的物质形态。这有助于设计师在产品设计中把握人的本质。韩民青认为，人的"肉体+工具"结构的物质形态，本质上就是"动物+文化"结构的物质形态，除了动物方面，文化也是构成人的一个组成部分。人类不是以纯动物的面目存在着，而是以"动物+文化"的统一整体存在着。也就是在物质生产中，人类作为肉体与机器的统一力量而存在，如农民＝肉体+农具，工人＝肉体+机器，科学家＝肉体+仪器，小一些的分类也是如此，猎人＝肉体+猎器，保洁工人＝肉体+拖把（图3.5），运输工人＝肉体+车辆，宇航员＝肉体+航天器③。

图3.5　保洁工作者、手持猎枪者

人的物性还在人的思维上决定了人本质上是一个直觉主义者。最直接的例子就是人们常说的"眼见为实",人们总是相信自己能够直接观看到的、直接触摸到的东西。后来,随着人类的活动范围越来越大,需要明显超出直觉的界限,人们才不得不相信仪器和工具,但是这种相信直觉的思维方式还是在各种领域中潜藏了下来,科学工程领域也不例外。即使是在数学这个纯粹理性的科学中也是这样,现代数学基础研究中存在三大流派:直觉主义、逻辑主义和形式主义,直觉主义最明显的观点就是时间的次第性。而这种直觉的方式导致人类产生了自己的生活物理和通俗心理,并且形成自己的先验模式,当这种模式不符合产品的设计模式时,人就很容易出错,导致不安全。

二、人的物性对认知和设计的影响

唐纳德·诺曼(Donald A. Norman)在他的著作《设计心理学》(The Design of Everyday Things)中谈到他对人为错误的看法:"如果某种错误有可能发生,就一定会有人犯这样的错误。设计人员必须考虑到所有可能出现的错误,在设计时尽量降低差错发生的可能性或是减轻差错所造成的不良后果"[1]。这不禁令人想起本文第一章开始介绍的"墨菲定律",这个生活定律的确揭示出日常生活中人类个体习惯操作行为的一些惊人的相似。这些相似甚至跨越时间、地域的限制,使得多少年来,各个不同地区的人们对一些产品的操作行为都一样。这就显得很有意思,这样的行为可能反映了人类这一物种共同的思维组织和运作的方式,因为有些错误人们犯得很相似,这类的错误往往同个体的智商和学识关系不大,有知识的工程师也会犯些生活中的小错误,谁犯错误只是他适逢其会罢了。这样一来,研究就要更多地关注人们为什么会出错,产品设计的重点应该是设计师了解普通个体的习惯思维而去改造他们的设计,而不是将产品说明书写得很厚、很全,教育用户如何使用产品。"亚里士多德就曾总结出一整套物理学家认为是奇怪可笑的理论。然而它的理论更接近常识和人们的日常观念,我们从学校书本上学到的物理学知识则是抽象高深的理论。亚里士多德的物理学可被称为通俗物理学。我们只有在研究过艰深难懂的物理世界后,才会明白为什么通俗物理学的观点是错误的。"[2]可是难道要世界上所有的人都学好了物理之后再去生活吗?答

① Donald A. Norman. The Design of Everyday Things[M]. Basic Books Inc. 1988:34-35.

② 参见上书,第 36–37 页。

案是不言而喻的。当然通俗物理学只是诺曼临时给亚里士多德安上的，并不是一门学科。这里姑且称作"生活物理"。

这种"生活物理"是人作为生物个体从直接生活经验中总结的经验物理学，是普通个体概念模式的一个重要来源。鉴于工业产品是为了给更多的人服务这一理想的目标，产品设计师显然应该更多地了解"生活物理"形成的概念模式。例如生活物理认为运动的物体只有在外力的推动下才会继续保持运动状态。现代物理学家认为这不对，物体继续运动是没有外力的作用，之所以停下来是摩擦力等施加于物体的结果。但是现实生活中推过重箱子的人只知道，你不用力推

图 3.6 用力推箱子的人

它，箱子马上就会停下来（图 3.6）。

人的物性主要表现在个体直观判断受其生理条件的限制，但似乎还存在深层的生理机制，只是科学家目前仍然知之甚少，有些现象看上去就带有几分神秘感。科学家曾对一位名叫唐（Don）的人做过试验，唐因为常年头痛做了手术，结果他的左眼视觉受到伤害，完全看不到左侧视野中的物体。一些心理学家凭直觉判断，唐不一定完全看不到左视野的物体，他们要求唐通过猜测用左手食指指出光点的位置，结果唐对在左视野中出现的光点的定位和在视力正常的右视野中出现的光点的定位几乎一样准确。这种现象被称为盲视，即在不能对客体进行有意识视觉觉察时，他的行为也是由视觉指导的。可以认为当皮层损伤时，仍然完好的皮层下结构可以对任务进行一定水平的视觉分析，这是在无意识状态下进行的[①]。这是一个视觉功能分离的试验，证实了人体有一定的机体补偿功能，研究也证实眼睛高度近视的人听觉能力会有所提高。这些当然对于个体安全地使用产品有帮助，但设计师更应该注意类似这种个体自身都没意识到的身体机能，如像这个事例中机体的补偿功能对使用产品有好处当然是好的，可假若类似的机体反应是不利的，那就需要设计师在设计产品时考虑尽量避免激发

①（美）理查德·格里格等. 心理学与生活[M]. 王垒等译. 北京：人民邮电出版社，2003：81.

机体的不安全反应。

坎贝尔的文章"知识进化论"详细分析了有机体乃至人类发展出所谓理性认知的生物学基础。正是这种物性，令有机体和人类可以获取安全，如果说，这种认知方式会带来不安全的话，那也是这种物性造成的，正所谓"成也萧何，败也萧何"，任何事物都具有两面性。他认为，人类一切类型的认知和感知，都是用来间接感受世界的手段，是直接接触的替代手段，这对人类的安全和进化有利。在生命起源的起点，单细胞有机体和简单阿米巴虫认识环境，靠的是直接的身体接触，这种获取知识的方式既精确又危险。说它精确，因为阿米巴虫感触到的东西肯定是存在的。说它危险，是因为它们很容易撞上对自己有害的东西，就再也没有机会从认知中得到好处，也无法避免危险。简单生命体常常因为这种准确的知识而献身。于是，有机体进化了它们的认知方式，采用了更安全的间接的方法，"也就是听觉、嗅觉和视觉的方法，走向间接方法提供的，是无需直接接触的情况下获得表示世界的信息。这类间接感知方式和直接接触相比，准确度要低一些——眼睛比手更容易使我们受到愚弄——但显然是比较安全的……在人类身上，位于间接认识世界方法顶端的，是思维、想象、抽象等心理功能。实际上，它们提供的方式是代表的代表（representation of representation）。这种极端间接的认知方式对'不精确：安全'的比例式中的两个子项，都有所加强。这些间接的认知方式提供的是第二代的世界图像。一方面，这些图像更加容易出错，另一方面，它们又使我们回应外界并最终控制外界的能力大大加强，虽然图像的表达是很不完美的。"[1]坎贝尔的富于逻辑的分析令人很好理解人类的认知是如何发展的，可以说人类安全是主要的驱动力。当然发展出多种的认知手段之后，人类就需要选择的手段，现在称之为"理性分析"。在这个过程当中，人类发现自己有许多认知方式可供选择。这些认知方式有：从一般不会错的、具体的触觉感知，到间接感知，再到（前技术的）抽象心理活动。人这个物种都沉浸在大量的认知可能性当中，浸泡在真假莫辨的经验相互竞争的表现之中。这样人类就必须找出办法介入和评估这些浩如烟海的可能性，判断哪一种是现实的最佳代表，这是生物学上的必然结果。这样也就发展出人类理性的力量，它在大量的感觉、印象、思想和理论中进行裁决，分辨正确和错误、适用和不适用，把间接经验的产物分成我们认为恰当的类别[2]。

① [美] 保罗·莱文森 思想无羁 [M] 何道宽译 南京：南京大学出版社 2003' 26-27'

② 参见上书 2003' 26-27'

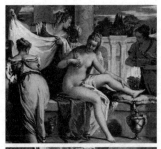

图 3.7 上：古罗马人沐浴，下：现代人沐浴

图 3.8 现代人家中的浴室

① 〔美〕理查德·桑内特．肉体与石头 [M]．黄煜文，译．上海：上海译文出版社，2006：260．

正是由于人的物性具有生理上的一些特性以及本能认知的直觉性，人类的设计活动也呈现出一些相应的特征。比如说人们在认识到身体血液的机理后发展了相应的城市规划理论，而皮肤呼吸的理论则极大地改变了人的观念，进而改变了建筑设计和人的行为习惯。由于理论认为皮肤的呼吸让身体吸进并吐出空气，尘土因而成为需要远离的东西，空气通过皮肤进出身体的运动促使人们重视起皮肤的清洁。继古罗马之后，人们又开始热衷于洗澡（图 3.7），而这是中世纪一度消失的习惯，因为当时医生认为这会造成身体温度的不平衡。估计在这时，住宅的浴室在城市兴起，"将身体的排泄物仔细洗掉，成了城市与中产阶级的习惯。18 世纪 50 年代，中产阶级开始在排泄后使用可丢弃式的纸张来擦拭肛门，夜壶每天都会清理。害怕清理排泄物是一种城市性的恐惧，这是受到新医学知识中有关皮肤不洁的影响所致。"①现在除了居住在世界上极度偏远的地区的人们，全世界的人们都具有了这样卫生的习惯。然而，如果真能回到中世纪看上一眼，人们就会发觉其实这些行为的生理卫生作用远比想象的要小得多。但是，这并不影响现在人们都在卫生间安装各式的坐便器，几乎所有的住宅中卫生间与浴室（图 3.8）都是必不可少的内容。

人的物性对于人 – 产品 – 外在系统的安全影响还在于人的生理本质特征显示人的生理和心理在一天中不是固定不变的，而是不断地在变化。为了保证人的安全，需要关注人体的周期式的感觉敏锐程度，在人体反应迟钝的时间段，可以安排休息和娱乐活动来调节，只有在人体状态较好时才能减少系统中的不安全因素。正是因为人是这个系统中较为活跃的因素，既可能因为不同的使用者参与到系统中，导致系统的不安全；也可能因为同一个使用者在不同时段身体敏感度的不同，令系统对人有危害。许多产品设计师总是要么将产品安全性交给使用者，要么在发生事故后将原因推给使用者，这种做法都不符合真正的产品安全要求。真正的产品安全应该是产品本身就能防止失误的出现，而不是把人的失误作为借口。真正的产品安全是不存在人为失误这一概念的，可称之为产品的本质安全，也许目前还不一定有这样的产品存在，但是这应该成为设计师努力的方向。

第三节　设计与人身的逻辑

从产品安全来看，和人联系最紧密的、第一层次的安全就是使用者的人身安全，因为使用者是直接与产品发生关系的。产品设计考虑产品对人的安全性时，最先应该考虑的，也是产品与人关系中最直观的就是产品对直接使用它的个体生理安全的影响，即产品是否会对个体的身体产生直接的肉体伤害，这应该属于一般人普遍认可的安全范畴。这类人体机能与产品的关系主要体现在两方面：

1. 产品功能需要满足人体的需要；

2. 产品对于人的指令的反馈状况。

因此，一般设计师在设计产品时，主要都会考虑 3 方面的情况：

1. 使用者的人体尺寸，当然这只能是大致的分类；

2. 人使用产品时会有哪些动作；

3. 人体感官对于设计的反应，一方面是使用时的动作反馈，另一方面是该产品给人带来的生理感受。

这些都是属于人身安全的范畴。

一、手的特殊意义

关于人的身体的独特性和重要性，芒福德的论述很独特，他认为技术并不是人类所特有的东西。很多动物早于人类就做了大量的"技术发明"，如乌鸦堆积石子喝瓶子里的水，燕子用唾液和树枝筑巢等。因此，如果只把技术能力作为人类的标志，那么，人就永远只能停留在与其他动物并列的尴尬位置。"早期人类的技术在它被语言符号、社会组织与美学设计所修正时，并没有什么特别的东西……人之所以为人，是因为他拥有一个比任何后来的装备更重要的、能够

① 李征坤等．西方科技价值观的嬗变 [M]．桂林：广西师范大学出版社，2004：55.

② 韩民青．物质形态进化初探 [M]．太原：山西人民出版社，1984：130–132.

③ 苗力田．亚里士多德全集 [M]．北京：中国人民大学出版社，1994：5；131.

服务于所有目的的工具，即被自己的心灵激活的身体。"①人的身体被激活的过程，目前人们理解为人类的进化过程。"动物机体的机能与结构的矛盾运动，造成了动物的进化，这主要就是肉体的进化、身体器官的进化……可是，任何机体的器官都是有限的，任何肉体结构器官又都有其特定的机能和作用范围……这就是一般高等动物都只能以自己的身体适应自然而不能改造自然的原因。"因此，古猿也面临着使机能发展到一个能够对环境发生改造作用的程度和肉体结构的局限又不允许机能发展到这种程度的矛盾。但是古猿"在肉体结构的基础上，却发展出能够掌握和运用其他物体的机能。由于有了这种能力，肉体工作器官就可利用其他物体对环境发生间接作用。"②这个其他物体就是工具。可以说，正是对工具的使用堵死了古猿发展成为其他生物的道路，踏上了向人转变的过程。这样，单纯的肉体结构转变为"肉体＋工具"结构，在这个结构中，肉体和工具得以共同进化。

众所周知，人类直立行走对于人从动物中提升出来具有重要的意义，它有助于人体其他器官的形成和进化，人的一双自由、灵巧的手就是这种背景下的产物。正是由于人手的形成，使得人可以完成许多动物所无法做出的动作，特别是人手的拇指的形成使得抓握更加容易。"手的形态结构适合于按人的方式做各种动作，可以不确定地用各种属人的方式掌握事物，制造各种工具，获得各种技艺。手的结构和机能可以说是人的智慧和理性的一种感性呈现。"亚里士多德曾说："阿那克萨戈拉声称，正是人类有手，才使自己成为最有智慧的动物。但合乎根据的说法是：正是因为人类是最具有智慧的动物，他才有手。手是一种工具或器官，自然像有实践智慧的人类，把每种器官赋予能够使用它的动物。"在亚里士多德看来，手"是作为工具之工具"，是所有工具中"用途最广泛的工具"，因而人是一切动物中"最能够获得最多技艺的动物"。③托马斯·阿奎那指出："人有理性和手，他能够用它们为自己制造武器和衣服，以及种类无限丰富的其他生活必需品……为自己制造无限多的工具。"康德则认为，人的理性特征是通过手的结构和机能表现出来的，"大自然由此使他变得灵巧起来，这不是为了把握事物的一种方式，而是不确定地为了一切方式，因而是为了使用理性；通过这些，人类的技术或机械性的素质就标志为一个有理性的动物的素质了。"坎农认为："在人类，充分完善的机能分化达到这样的地步，即后肢专司运动而前肢和手专司捉拿。手能执行一切方式的动作……手创造了工具和器械——镐、锯、刷子、手术刀、车床、汽锤以及不论其他什么东西，这些东西惊人地提高了手工操作的强度和精巧度。"[①]图 3.9 所示为现代经过人体工程学设计的手工工具和器械。从控制论的角度，手就是人体机器的效应器，它与感受器（皮肤等外部感觉器官）以及人的中枢神经系统结合起来，共同来完成人的实践活动。

图 3.9　锯子、锛、手术刀

克拉克·威斯勒这样论述人体与工具的密切关系，特别是手与工具的直接的关系。他说："在人类的衣食住行中都应用了工具。我们寻求的是人类自身与这些独立结构之间更为基本的关系。从这个角度看，并把注意力集中在最广为人知的工具类型上，就可以看出它们大多数都与手相适应，或者被设计成手用的，或者拿在手中的，而最明显的是，它们都是用手制作出来的。那么，手臂与手的肌肉组织就是工具综合体依赖的基础之一，而且是主要基础。"[②]由此可见，手对于人类使用产品的特殊意义，其实只要略为回想一下，人们可以很清楚地意识到在自己使用过的产品当中至少 99% 的产品是用手来完成的，或者是手参与完成的。

手作为人直接与产品发生关系的肢体，在人与产品的关系中地位突出。埃利亚斯·卡内提（Elias Canetti）从人类学、生物学和社会学的角度分析了人手及其功能的形成，并由此引申出人手与工具的关系及其社会性。现援引如下[③]：

手起源于在树上的生活。手的主要特点是大拇指的单独分开。大拇指的有力发展以及与其他手指之间的空隙，使得过去曾是爪子的手能够抓住整个树枝，这样就可以在树上来去自如地活动……但是，我们对于手的作用的认识还不充分，那就是手在攀援时有不同的功能。两只手绝不是在同一时间做同样的动作：当一只手抓住新的树枝时，另一只手仍牢牢地抓住原来的树枝。死死抓住老枝具有极重要的意义，在迅速的运动中只有死死抓住老枝才不会掉下来。在任何情况下，担负着全身重量的手不能松开它原来抓住的东西。手在这一动作中获得

① 夏甄陶. 人是什么 [M]. 北京：商务印书馆，2000："78-81

② （美）克拉克·威斯勒. 人与文化 [M]. 钱岗南等译. 北京：商务印书馆，2004："84

③ （德）埃利亚斯·卡内提. 群众与权力 [M]. 冯文光等译. 北京：中央编译出版社，2003："149-150

了高度的坚持性，而这一点与原来死死抓住猎获物的做法似乎是有区别的。当一只手臂够着一个新的树枝时，另一只手臂就必须松开抓住树枝的手。如果两只手不迅速倒换，那么生物就无法移动自己。因此，迅速松开是手的一个新的能力。以前从来没有松开猎获物的情况，只有在极大的压力下，在违背整个习惯和欲望的情况下才会松开。

因此，攀援动作由两个交替的动作完成：抓住和松开；另一手做同样的动作，但是错后一个阶段。猴子同其他动物的区别就是这两个动作的迅速交替。抓住和松开互相紧随，使猴子具有了人们十分羡慕的灵活性。

……

由于在树枝上生活，手学会了一种不再为吃东西的握法。由此从手到嘴这段短而没有什么改变的路被截断了。手折断一根树枝，就产生了木棍，人们可以用木棍挡住敌人对身体的进攻，木棍在也许最像人的原始生物四周创造了一个空间。从树上的生活来看，木棍是手边最近的武器，人类始终信任木棍，从来没有放弃它。人用木棍来作战，把它削尖变成一根矛；把它弯曲后两头一绑成为一面弓；把它削成箭。但是，尽管有这些变化，它仍然是开始时所是的那个东西：人们用来创造距离的工具，利用这个工具人们可以远离接触和所担心的抓触。

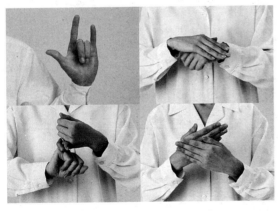

图 3.10　各种手语、哑语姿势

但是手不仅仅是靠这样粗鲁和原始的方法进化的，在手的进化历程中，最重要的还不是它在狩猎过程中锻炼出来的动作的速度，一个重要的里程碑是手完善了它的耐性。这种耐性成就了手的动作的精确性，并将手指的动作细分成许多精细的小动作，人的手可以做各种动作，是动物当中最灵巧的。不光是可以握、摘、抓、拎、挤压，还可以通过形成的形态构成意义，甚至还可以形成各种手语、哑语（图3.10），体育运动和军事行动中常常可以见到手语的运用，日常生活中的划拳（图 3.11）也展现出手的丰富动作。

人的拇指的相向性在人类当中是最发达的，这决定了与人类最接近的长臂猿和猩猩的手的灵巧度都远不及人类（图3.12）。人们很早以前就知道手的妙用，为古罗马皇帝服务的希腊医生盖伦曾说："人生下来的时候，无论在精神上还是在肉体上都是'一无所有'。但是，人在精神上具有理性，在肉体上具有手。人正是受这两件宝的驱使，才获得了令人吃惊的智慧和坚固的铠甲。理性是人最引以自豪的伟大的能力，手是被赞誉为人体所有器官中最为重要的器官。"①

图 3.11　划拳、沙滩排球的手语

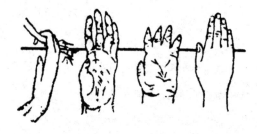

图 3.12　猿与人手的比较（黑线表示手指与手掌的分界）自左至右：猩猩、黑猩猩、大猩猩、人

人体的非特定化在人手上得以最充分的体现，最明显的是后天习得可以使人手形成的技能有所不同，比如中国人用筷子，西方人用刀叉。但是人手潜在的技术性、机械性作为人的理性的一种内在体现，它是与人脑的思维和感官的感觉有机地联系在一起的。

二、使用动作与下意识行为

（一）个体下意识行为及其机理

许多人都有错误使用产品的经历，特别是一些日常不太关心最新产品信息的人，在遇到这样的挫折之后，就总是自嘲太笨了，怎么会不理解设计师的构思呢。可是专家对于此类事件的调查结果却耐人寻味，这些产品的使用者并不真的是笨手笨脚，他们只是在操作设计得很糟糕的产品时才出现了失误。人为失误和工业事故有一部分是设计缺陷引起的，设计师在设计产品的时候采用了自己的概念模式。概念模式是人们试图理解周围事物的方式，人们总会把周围的一切同自己熟悉的事物比较，并且下意识地套用已知的知识体系，形成概念模式。如果这个概念模式与产品的操作模式一致，那还好办，如果这个概念模式

①（日）佐藤方彦．人为何是人——基于生理人类学的构想[M]．高崇明等译．北京：北京大学出版社，1990：111-112.

与产品的操作模式不一致的话，那么麻烦将接踵而至。设计师由于在产品的工程领域是专业人员，熟悉产品的功能与工作方式，因此，他的概念模式在自己设计的产品上是与产品的操作模式完全一致的。但是，设计师如果只按照自己的思路而忽略了普通个体的思维、行为习惯，那他就很可能设计出令人头痛不已的产品来。这种会让人产生挫折感、内疚感的产品设计不应该是使用者的错误，设计师和制造商应该对此负责。

很显然，当一个使用者在使用产品时犯错，设计师可以不太在意，他们心里会想使用者可能是一位粗心的人。可是当成百上千的使用者都犯错误，特别是同样的错误时，设计师就不能无动于衷了。他们应该检讨自己怎么没考虑到使用者的习惯行为，肯定是存在这样的习惯行为，才会出现许多人犯同样的错误。以我自己为例，有一次到朋友家做客，告辞的时候，朋友送我到大门旁，我一边告辞，一边伸手去旋防盗门上的圆钮（图 3.13），顺时针旋转门没有动静，

图 3.13　防盗门的拉手

我马上尝试逆时针旋转，心想："这次应该没问题。"出乎意料的是门仍然没有动静，这下我茫然了，停在朋友家门前十分窘迫。好在朋友反应快，伸手拉了一下圆钮，说："这门，一般人都打不开，防盗功能真好。"我自嘲地笑笑，告辞出来。事后回想起来，这个设计师就没有考虑到普通个体的习惯行为，显然我也属于普通个体的一员。将防盗门内部的旋钮（把手）做成圆形，这可以理解，因为大家都知道现在居室大门的防盗门大多是朝外开，出门不需要拉，推就可以了。但是作为开锁的设计，这是很不成功的，最主要的是没有按照普通个体的行为习惯设计开门装置，产品操作的视觉传达模糊、不清晰。按照常人的习惯，看见门上的圆形物，首先会认为这是个旋钮，考虑用手左旋还是右旋，而不会首先想到去拉这个旋钮。一是因为这不符合人们的生活常识形成的概念模式；二是用手去拉这个圆钮的确有些别扭，即使是门把手，人们在拉（PULL），还是推（PUSH）的行为上，也有习惯的区分。一般人们总是去拉竖直安置的把手，而去推水平安置的把手，所以，一般是在朝内开的门上安置竖直的把手，而在朝外开的门上安置水平的把手，可如果设计师以美观的名义不小心将它设计反了，不能肯定这会发生什么安全问题，但是一定会给使用者带来一些麻烦。

利用个体的生活习惯来设计产品，往往会收到事半功倍的效果。例如，设计师如果在产品上巧妙地设计提示，这些提示又充分考虑到人们的习惯行为，再将这种提示和产品的风格、装饰结合起来，就会是一个很好的设计。像一些宾馆大堂的平推门，或者是外包门框中间夹玻璃，或者是整块玻璃四角包不锈钢夹具，无论是哪一种设计都应该对门的开启端有设计上的提示，比如门的左右两边外观一致，门框宽窄、形态、材质、色彩都一致的话，人们将无法得知应走向门的哪一边去推（拉）开它，但如果门设计成一边玻璃磨边，另一边是木板或是不锈钢，那么绝大多数人都会用手去推（拉）玻璃的那一边，因为经验告诉他另一边是门轴安装的位置。此外许多公共场所的门为了进出方便都采用双开门，因为人们碰到门的第一反应就是用手去推，但如果是双开的弹簧门则有反弹打伤人的情况，这些也是设计师要考虑的。为了达到这些要求，设计师首先要分析人体的机能甚至是缺陷，以便使产品适应人的特性；其次需要研究"人的行为"作为参考，其目的不只是像以往那样孤立地看待人体各部分机能，而且要认真研究使用者的概念模式，包括行为姿势、注意力、推理等在现有知识中已被认可或已被认识的行为习惯（de Montmollin，1995）[①]。

普通个体所表现出来的这种第一反应、下意识反应的相似性具有生理上的依据。人体神经系统分为中枢神经系统（Central Nervous System，CNS）和外周神经系统（Peripheral Nervous System，PNS），中枢神经系统是处理信息的中心，但它并不是处理所有的个体活动，它由外周神经系统保持与外界的联系。外周神经系统又包括两部分：躯体神经系统（Somatic Nervous System）调节身体骨骼肌的动作，像在电脑键盘上打字；自主神经系统（Automatic Nervous System，ANS）维持肌体的基本生命过程，像睡眠时的自主呼吸等活动，不需要个体主观地介入。这类受自主神经系统控制的个体行为就属于通常人们所说的下意识行为。个体的习惯行为等实际上就是在潜意识作用下的显性表现，"潜意识是一种很难为主体自觉体验和意识到的，然而又业已存在并形成于心理世界之中的一种隐蔽意向，它安居于人的显意识之后，是一种潜在的心理指向"，其结构也比较复杂，有着多向的来源："既有渊源于和人与生俱来的遗传成分（在这一点上，弗洛依德的泛性主义是片面的），又有根源于与主体需要活动相关的人生经历、经验的潜移默化，还有常常被'实验心理学家所

① Jean-Claude Sagot, Valérie Gouin, Samuel Gomes. Ergonomics in Product Design: Safety factor[M]. Safety Science 41, 2003:138.

① 邹成效等．试论思维的动力系统 [J]．系统辩证学学报，2005．4．69．

② 柳冠中．事理学论纲．长沙：中南大学出版社，2006．24．

忽略了的另一种颇为重要的阈下感知'"①。个体行为虽说和心理不同，但不可避免要受到心理的影响，相同的生理结构使得人类个体间尽管有差异，但又存在相似的潜意识反应，这种反应让个体在面对产品时表现出相似的行为，相似的行为就是用户模式的形成基础。此外，参照过去的记忆去预测未来是人类大脑共同的生理机制，相似的经验也就让人们形成相似的反应。北京科技报 2007 年 1 月 17 日报道：最新研究表明人类预测未来与回忆过去的经历密切相关，美国华盛顿大学圣路易斯分校心理学系博士卡尔·苏普纳尔，利用核磁共振成像技术研究人的大脑活动，发现志愿者们在回忆过去和展望未来时用到的脑部区域惊异地完全重合，这可能对人们预测未来的大脑机制的研究带来深远的影响。因此，上述用户的概念模式可以理解为这种人的大脑的生理机制的外在表现，人们习惯于记忆过去的经验表象，同时对于未来的预测反应也建立在此基础之上，实验观测到的脑部活动区域的重合正好说明了用户概念模式的形成。

（二）人体动作的机理与设计原则

人使用产品，外在地表现为动作，柳冠中认为包括两方面的动作，即人的动作和物的动作。"人的动作是人的生理机能在生存需要指示下的延伸，即人的生理器官的动作要使某个物——产品产生相应的形态变化、位置变化，产生某种信息，而实现人的肢体和意愿的延伸、加强、实现……物的动作是使用过程中人的动作在物上的反应。这包括器物的位移、变形，或新的物或信息的产生。这种空间运动与时间运动的一致性令使用的意义脱离了其简单的物质性质，而赋予了文明的含义。"②像人们使用电脑按下鼠标或是敲击键盘，人手的运动带动产品部件的运动，然后接通电路的电流从而将人的指令传达给电脑。

从人使用产品的动作来看，不论是有意识的动作还是下意识的行为都可以看成是接收 - 反馈机制的结果。但是生命系统区别于一般物的信号的定向主动性，使得活的机体并不是按照"刺激 - 反应"模式运作的一般的自动装置，以人为例，他还具有心理特性和功能。因此在研究人的行为时，不能排除人的能动性，单纯地将人当作反应机器。奥尔费耶夫等学者认为生物的行为是按正向联系和反馈联系的模式来采取调节和控制的，首先，来自外界的作用经感受器进行选择和初步分析；其次，来自感受器的信号在大脑中进行加工并发出一系列命令；接着，按照这些程序和模型——周围环境的映像——执行行为，即调节主体在周围环境中的行为；最后，感知行为的结果（反馈）并将这些结果同所制订的命令（行为的操纵者）加以核对，然后在这个基础上实行行动的控制和校正①。如果人的接收－反馈机制出现病变，就会产生动作上的障碍。最明显的有两种病，这两种病人都肌肉强壮，但是都不能调节自己的动作，也就是运动失调。第一种病是脊髓痨，病人用来传导各种感觉的脊髓后索遭到了损坏，他对于外来的信息应答迟钝，丧失了本体感觉或运动神经感觉的重要部分。第二种病人没有丧失本体感觉，但是他受伤的部位是另外一个地方——小脑，因此患有小脑性震颤②。可能由于小脑具有一种调节肌肉对本体感觉输入应答的机能，这部分发生病变，肌肉就无法应对输入的信息，表现为不能做出正确的动作，只是不停地震颤。从这两个例子可以很清楚地看出，一个产品要能够安全地运作，仅仅是执行机构完好还不够，还必须具有良好的反馈机制。上述两位病人的执行机构——肌肉都完好，但是反馈系统发生了问题，前一位是信息的输入机构出现问题，信息无法输入到达处理器——大脑；后一位是信息的处理与输出机构出现问题，对输入的信息无法正确处理并且输出，结果都导致执行机构——肌肉无所适从、无法动作或无法正确动作。

就人的身体而言，对产品的使用主要是表现为身体的动作。从这个角度，产品设计中应该注意这么几个原则：

1. 人体动作经济原则。动作的级别越低，次数越少，耗能越少；动作的级别越高，次数越多，耗能越多。因此，产品设计的安全考虑应该尽量降低动作的级别，减少最多的次数。

2. 人体动作空间有利原则。人的肢体是有一定范围的，并且可以分为最有利范围、正常范围和最大可及范围，当产品能够让使用者在最有利范围中使用时，人体最不易感到疲劳，操作产品时的效率也最高。

3. 动作及其次序的合理性原则。具体用什么动作来完成操作，是设计师需要重点考虑的安全问题，因为人的手是可以完成抓、握、提、按等各种动作，但是各种动作的耗能和完成效果却是不一样的，从人体易疲劳的角度，根据具体的

① (苏) IO·B·奥尔费耶夫，B·C·邱赫金. 人的思维和【人工智能】[M]. 武铁平译. 北京：中国社会科学出版社，1986：33.

② (美) N·维纳. 控制论 [M]. 郝季仁译. 北京：科学出版社，1985：97–98.

功能需要来设计操控器以便使用者可以用最简单、不费力的动作完成。

另外，完成动作的先后次序也是可以考虑的，如果一个操作需要多个动作才能完成，就需要设计好操作动作的次序，以达到效率最高。

图 3.14　打乒乓球

使用产品的动作安全还需要关注人类的本能活动，因为很多人类活动都属于本能活动的范畴。"意志只是确定了活动的方向，而活动的执行则留给了本能。当我们行走的时候，一般来说，意志规定了路线，但我们却是本能地一步接一步地行走。很多活动，在开始时要求实践和有意努力地练习，而一旦当它们变得熟悉时，就几乎可以在专门的（exclusively）本能控制下实施。"这就像打乒乓球（图 3.14），一开始需要艰苦地训练，但是训练都是为了以后能够本能地打出好球。"任何已变成习惯化的活动都是本能地形成的。当然，意志的冲动在一开始就是必要的，但其效应却延伸到整个活动系列，而且每一种特定的活动在没有努力和知识的情况下发生：这种活动系列一旦开始，就会像反射活动一样，以同样的无意识确定性和目的性而持续到最后。"[①]

三、功能与安全

（一）安全是产品的必备功能

产品是有功能作用的物质结构，安全则是保证功能实现的前提，如果将安全也当作产品的一项功能的话，安全就是产品必备的基本功能。产品直接与人体发生安全关系是设计师很早就关注的问题。这可以在古代的工艺传说中发现相关的事例，从中可以看出古代工匠是如何考虑产品的安全的。《磁州窑的传说》中有个叙述工匠如何改进碗底烫手的故事，说是一个工匠承担了改进碗底烫手的任务，日思夜想不得方法。一日不慎将蜡烛燃着了衣服，他母亲过来用鞋踩灭了火，那位工匠却发现鞋底因有一块木头垫而不会烧着脚。他受此启发在瓷碗底部粘个泥垫儿，终于解决了碗烫手的问题。后来的工匠又将实心的碗垫改为一圈碗底，减轻了重量，并且让碗底和碗体似连非连，利用中间缝隙的空气隔

① （德）威廉·冯特. 人类与动物心理学讲义 [M]. 叶浩生等译. 西安：陕西人民出版社，2003：432-433.

热，效果更好了[1]（图3.15）。这个故事清楚地表明安全一贯是产品功能重要的内容，只是早期的产品多是将安全的内容定义为人肉体的安全，就如这个事例的考虑一样，这使得产品安全的范畴狭窄了。

图3.15　现代的瓷碗下都有一圈碗底隔热

即使是一个看上去很简单的产品，也需要考虑到许多安全功能的问题。服装是日常生活中与人们关系最紧密的一类产品，安全防护性是它必须考虑的功能。服装穿在人体外首先就是具有保温御寒的作用，"人类产生于温带，由于求食的需要，人类逐渐向南方的热带和北方的寒带移居……人之所以能如此，其中一个重要因素，就是人可以通过身上穿的衣物与那个地方的环境相适应、相谐调。"[2]因此，服装的安全功能主要表现为衣物的护身机能，狭义上指通过衣物使得人的肉体免于伤害，包括对自然物象的防护和对人工物象的防护，"前者除了对自然气候的适应外，还有对人类接触外物时肌体遭到碰撞、摩擦引起的伤害和其他动物的攻击的防护"。服装设计时防护机能需要考虑：1. 让人体适应气候，包括防寒、防暑、防风、防雨；2. 保护人体，包括防伤、防火、防毒、防菌、防污、防虫等。[3]这样看来安全不仅是产品功能的保证，安全自己就是产品必备的功能，而且还是产品最重要的功能。

① 杭间. 手艺的思想 [M]. 济南：山东画报出版社，2001：276.

② 李当歧. 服装学概论 [M]. 北京：高等教育出版社，1998：9.

③ 同上书，第152、168页。

（二）产品与安全设计

对于产品的安全设计来说，主要分为两方面内容，1. 克服因使用产品给用户带来的危害；2. 产品本身就能提供安全。两者满足的都是使用者的安全需要，但是绝大部分产品的安全设计属于前者，即产品不是以使用者安全作为唯一的功能，而是把安全当作提供主要功能的基础和前提。刮胡刀的发展历程很好地反映出产品与人身安全的关系，很早以前，男人们就开始剃须，如用蚌壳、燧石等天然工具，后来也有用青铜、铁质工具的，但都容易刮伤脸。直到1771年佩雷特发明了一种扁平的剃刀，只有刀刃与皮肤接触。1828年谢菲尔德又沿刀刃加了保护。1880年改进成锄形的剃刀已经很安全了，但是还是没有普及。直到一位美国人吉利特尔，他想到了替换刀片的做法，用钢片夹住刀片，只留出刀刃剃须，用钝之后可以拆开更换刀片。整个安全剃须刀呈T形，他申请了专利，1901年终于找到了投资商，创立了美国安全刮胡刀公司，这就是吉列公司的前身。这种安全剃

图3.16 安全剃须刀

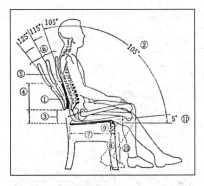

图3.17 座椅靠背与人体的夹角

① 王冲. 108影响人类的伟大发明 [M]. 哈尔滨：哈尔滨出版社，2004：61-64.

② （日）佐藤方彦. 人为何是人——基于生理人类学的构想 [M]. 高崇明等译. 北京：北京大学出版社，1990：90-94.

③ 丁飚等. 人类手、脚、脑的延伸——自动化技术 [M]. 北京：金盾出版社，科学出版社，1998：55.

须刀（图3.16）受到了男士们的喜爱，销量大增，并很快风靡全球。在进入电气时代之后，1928年美国退伍军官希克中校发明了电动剃须刀，由小马达驱动，刀头外有网罩更加安全。因为既方便又安全，1931年上市后也受到了男士们的追捧①。

剃须刀的安全改进是不断消除刀片可能给人的直接伤害，但是大部分产品却是因为人们长时间地使用而引发慢性伤害。疲劳常常是人操作产品时发生危险的原因，疲劳分为环境性疲劳和体质性疲劳，也可以分成由于劳动时间过长或劳动强度过大造成的过劳性疲劳和心理厌倦造成的厌倦性疲劳。尽管长时间使用产品总会产生疲劳，但是设计师设计产品的使用、操作方式时，应该使其尽量延缓使用者疲劳的到来。以椅子的设计为例，因为现代人采取坐姿工作的越来越多，所以椅子严重影响到人身体的安全，一个显著的证明就是现代人患有腰椎病的很多。早在19世纪瑞士和德国的研究人员就指出椅子靠背的形状是导致腰痛的原因，1948年瑞典本科特·奥克赫姆博士的《椅子和座位》出版，其中指明椅子应该在人伏案工作时，靠背向前、向下倾斜支持腰椎部位，而休息时，靠背可以向后倾斜成105°支撑人的上身（图3.17）。他认为保持腰骶部位弯曲是作为设计良好椅子的第一个条件，舒适的座椅姿势一定能保持腰骶部位的弯曲②。

产品的安全设计又分为主动安全设计和被动安全设计，主动安全设计是尽量预防事故的发生，消除安全隐患，如高速列车采用的自动控制系统由3部分组成：自动监控系统、自动保护系统和自动驾驶系统。监控系统收集各种运行资料，与实际情况相比控制列车运行；保护系统根据列车特性、线路条件及运行要求，确定列车运行的最佳状况；驾驶系统接受控制信号来直接控制列车运行③。而被动安全设计是在事故发生之后如何能够保全人员的安全，像轿车的安全带和安全气囊。又如日本东京羽田国际机场卫生间，既有防止摔倒的地面设计，又有安装在低处的求助按钮设计，以便人摔倒后能够紧急求助。

电子、电气产品是目前产品当中的一大类，在人们日常生活中占据日益重要的地位。以电能驱动使得这类产品在安全设计方面又有其特点，一般 6 个原则：1. 防电击；2. 防能量危险；3. 防着火；4. 防机械危险和热的危险；5. 防辐射；6. 防化学危险，总的考虑就是将产品的有害部件与人体隔绝。对于有辐射的电子器件的危害，这些年人们更多关注由于接触电子娱乐产品过于频繁而出现的 VDT 症候群，VDT 即视屏显示终端，包括显示器、手机等，现已广泛应用于各种工作场合及社会生活领域。随着电视及计算机技术广泛普及，人们接触电视屏和终端显示屏的机会日益增多，全世界每天观看电视的人数已近 8 亿人次，而每天在工作中使用视屏显示终端平均超过 3 千万人次。这些显示终端对操作者健康的影响已被公认，操作者可能出现眼及全身不适，包括眼、手、肩、足、腰部疲劳，称之为 VDT 症候群，如何防止使用者长时间使用显示屏是产品设计师应该考虑的安全问题，或者改进显示屏，使之不易让人眼疲劳；或者采取措施使显示屏具备一定时间就强制使用者休息的功能。

图 3.18
现代军用行军背包

安全设计还反映在产品功能和安全的协调统一。以军用背具的设计为例，由于军队战士经常需要负重长距离行军，安全合理的背具（图 3.18）十分重要。总后勤部军需装备研究所刘锡梅等科研人员与中国预防医学科学院劳动卫生与职业病研究所张乐丰等技术人员对军用背具进行了人体工程学研究，他们设计了 6 种质地相同、宽度各为 30mm、40mm、50mm、60mm、70mm 和 80mm 的背带，负重均为 20kg，为了解决散热、通风及受力均匀等问题，另加一个内背架，具体如图 3.19。实验表明双肩受力随背带宽度增大有减小的趋势，似乎应选用 80mm 的背带，但是使用者都反映肩带过宽压迫颈部，摩擦颈部有疼痛感，另外过宽的背带对于手臂摆动有制约，这些都成为不安全因素，综合两种因素还是 60mm 宽的背带适宜。而内背架使人体躯干受力均匀，负重不易滑动，转动惯性小，通风散热好，在满足功能的基础上考虑了安全[①]。可以看出，产品设计中有关人的安全最好与

图 3.19
具有内背架的背包

① 刘锡梅等. 人类工效型背具的研究[J]. 中国安全科学学报，1998，4：9-11.

产品本身需要具备的功能一起考虑，这种整体的设计思路不同于多功能的设计思路，它不是简单地把完成各个功能的部件凑在一起，而是考虑到部件整合成系统后可能的潜在隐患进行的安全设计，它是考虑到新质涌现的整体设计。

四、设计交互的逻辑

（一）交互信息应该容易识别判断

许多系统设计专家认为人－产品系统中人是最不可靠和效率低下的因素，他们努力研究用自动化的产品设备来代替人（Bainbridge，1987；Rasmussen，1988；Reason，1990；Parasuraman and Riley，1997）。比如说人与电脑的互动关系缺乏对于人体生理特点的关注，像产品信息反馈过于弱，操作程序过于复杂且顺序模棱两可，使用模式区别不清，告警信息含混等，这些都增加了使用者错误行为的几率（Obradovich and Woods，1996）[1]。因此，产品应该给予使用者明确的信息，让他们对产品功能有正确的判断，于是容易识别判断成为产品设计一个重要的安全原则，对于每一个使用者来说，安全的产品设计首先是提供了一个易理解的概念模式，并且让使用者容易识别。有学者认为产品语义学的目的就是让产品容易被使用者识别判断，使用者很快就能理解其使用方式。的确，产品设计中语义学的运用是一种达到让使用者容易识别判断的方法，但是这只是一种方式，其实所有可能便于使用者识别产品的反馈，并导致能做出正确判断的方法都可以归入到这个原则当中。但是现代产品特别是技术系统有日益复杂化的倾向，系统因而更加不透明，产品的高度复杂性使得用户对于其运作机制并不完全清楚，这使得个体在使用产品时存在安全隐患。

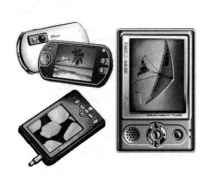

图 3.20　左：MP4 随身听　右：MP4 随身听的控制键

首先，产品的控制装置应该功能清晰，以 20 世纪 90 年代学生们学英语、听音乐常用的卡带随身听为例，它一般有 5 个键，依次是停止、前进、后退、播放、录音，几乎所有这样的卡带随身听都一样，并且按键上对应的符号也一样。这样任何一个使用过此类产品的人就形成了概念模式，并由于产品识别系统的高度一致，几乎没有人会误操作。如今已经很少有人使用卡带随身听了，21 世纪初一种体积更小、不需要用磁带的随身听取代了它，这就是 MP3、MP4 播放器（图 3.20），它

① Y.Toft, P.Howard, D.Jorgensen. Changing Paradigms for Professional Engineering Practice Towards Safe Design – an Australian Perspective[M]. Safety Science 41, 2003:267.

的优势和方便之处这里就不分析了，主要看看它的功能键。当时市面上这类播放器种类很多，按键的设置数量、位置、功能都不太一样，即使就单个 MP4 播放器来看，按键的功能设置也很混乱，比如播放器的停止键又是开关键，还是播放键，要看处于何种工作情况下而定。当然基于现代电子产品的优势，可以利用一块小液晶屏来完成产品与使用者的互动，但也正是这样的做法令产品反馈的方式可以很方便地设置，并且不同品牌产品按键上的符号也不尽相同，从而使得电子播放器的功能键与功能对应比较混乱。这使得一方面，用户需要一段时间的适应才能熟练操作；另一方面，用户使用其他种类的 MP4 播放器又要重新熟悉。在产品设计上，MP4 播放器就没有原来的卡带随身听易识别，给使用者在操作判断上带来麻烦。现在，手机上的虚拟播放器取代了这些产品，相应的虚拟按键不但延续了播放器一贯的设计符号，而且其位置的排布也回归到与卡带随身听相似的布置，用户使用时一般不存在障碍。

其次，产品也需要利用使用者的概念模式，这样会更安全。比如说现代电缆连接如果是有极性区分的，可以采用不同颜色的电缆外包来标识，就像电脑中的连线一样，需要相连的电线采用同样颜色的外包，这样的标识一目了然，不易出错，即使是第一次使用的人员也会很快就明白如何连接。飞机的操纵显示面板比较复杂，左右方向的指示，国外一般用"L""R"字母显示，在我国实践证明"←""→"分别表示左右更直观，不易误解。而飞机告警指示，国外多采用"W"字母显示，是 Warning 的意思。但在我国，飞行员更认可"闪电"符号的显示，觉得信号的刺激和经验的印象结合了起来，能提高飞行员的注意力，有利于排除险情[1]。所以容易识别判断的产品设计是安全设计在产品功能上的体现，它善于把握人们的习惯心理，从而巧妙地达到目的。图 3.21 就是一个很好地利用了使用者概念模式的设计。设计师将开关设计成与电线一体的形态，采用平顺和弯折表示开与关，完全符合人们日常生活当中的"折即断"的概念，就如旋钮开关一样，人们已经习惯于顺时针为关、逆时针为开。但有的设计一味求新求变，丝毫不顾及使用者的概念模式，只会让使用者感觉别扭，显

① 崔代革．飞机字符显示的编码方式 [J]．中国安全科学学报，1995，6，47．

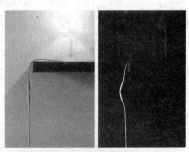

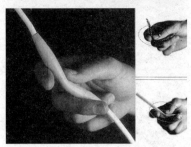

图 3.21　上左：开启状态　　上右：关闭状态；
　　　　　下左：操作手势　　下右：用户的概念模式

图 3.22 上图:圆剪 中、下图:使用状态

图 3.23 苹果公司的 iMac 电脑

图 3.24 美国强生血糖仪系列产品

得很糟糕。图 3.22 所示的剪刀如果不加说明,没人会知道这是一把剪刀,更不知道该如何使用。类似这种设计就属于没必要改变的设计,特别是这种改变不会提高产品的使用功能。

此外,还需要增强产品的可视性,可视性不是指现在一些流行的时尚设计用半透明塑料做外壳,如苹果公司的 iMac 电脑(图 3.23)一样,消费者可以看到里面的部件,而是指功能使用的可视性,一是让产品的可用功能在外观上有明显的显示;二是合理地使用液晶屏幕,增强产品与使用者的可视性互动。前者的实例有电脑的 USB 接口,原本电脑的 USB 接口都在主板上,安装进机箱后就处于机箱背端,使用者既不易看见也不便使用。许多使用者自己用 USB 集线器将接口接到方便插拔处,电脑机箱的设计师针对这一情况就在机箱的正面加上 USB 的接口,这样使用者可以很清楚地看到产品具有的功能。后者的实例就多了,现在的电子产品很多都配置了液晶显示屏这样价低质优的可视性互动装置,像手机、MP3 播放器、录音笔、数码相机等等,连电压表和血压计都有电子屏幕显示,方便使用者的阅读,图 3.24 是美国强生血糖检测仪。另外,声音和振动提示也可作为特殊的容易识别判断装置,比如手机的提示方式。现在英国开发出一种语音提示器,提示驾驶员离开汽车时拉紧手刹,由于驾驶员忘记拉上手刹引发的事故增多,现有的蜂鸣器的提示不足以让驾驶员警觉,所以研究人员开发出这种语音提示器,即使在关上车门以后仍可以听见语音提示,实践证明十分有效。

随着当今产品电子化的趋势,绝大多数的产品都有显示设备以帮助使用者可以更好地与产品进行互动。实际上,在本文的"人 – 产品 – 外在"的系统中,行为和信息是产品中介的两个主要媒介,人的行为与外在相应的行为等都由信息方式在两者之间传递,从而形成反应 – 回馈 – 再反应 – 再回馈不断地循环。产品实际就是行为(主要是人的行为,也包含一部分外在的行为)和信息这两种媒介的载体。在作为信息的载体时,显示设备是最主要的部件,它对于信息反馈的准确性、迅速性都最终影响到"人－产品－外在"的系统的安全。在一个产品具备多个显示器时，其位置空间设计应该遵从以下 5 个原则[①]：

1. 时间顺序原则。按照一定顺序读取信息的控制器最好按作用的时间顺序依次排列；

2. 功能顺序设计。功能顺序不一时，按主要功能依次排列。由左向右或由上到下，圆形排列取顺时针；

3. 使用频率原则。使用最多的显示器安装在最佳的信息接收位置；

4. 重要性原则。虽然使用不多，但很重要的显示器也应放在很好读取信息的区域；

5. 运动方向性原则。显示器和控制器在空间位置上，应符合绝大多数人的使用习惯。

（二）反馈与匹配

不断试错－反馈是人类实践的基本方式，也就是控制论的随机控制。一个众所周知的例子就是传说中的神农氏尝百草，古人就是在得病后尝用各种树皮、草根来发现对自己有益的能成为药物的东西。这个方法直接有效，但是速度太慢，有时有危险。现代人的解决办法是采用人工产品帮助试错，计算机加快了速度，而虚拟试错则让危险降至最低，像宇航活动中的地面模拟实验舱或是计算机虚拟核试验。当然，试错不是目的，有益的反馈是最重要的。"反馈就是一种把系统的过去演绩再插进它里面去以控制这个系统的方法。如果这些结果仅仅用作鉴定和调节该系统的数据，那就是控制工程师所用的简单的反馈。但是，如果说明演绎情况的信息在送回之后能够用来改变操作的一般方法和演绎的模式时，那我们就有一个完全可以称之为学习的过程了。"[②]也就是说，一个系统当中，不论是产品可以根据反馈的信息进行运作的调整，还是使用者根据反馈来调整对产品的操作，都是一个学习和经验积累的过程。

反馈是产品设计中使用者与产品互动的基础，没有产品的反馈，使用者总会怀疑自己的动作是否会产生预定的效果或者说自己是否操作了。许多事故都与产品反馈丧失或是反馈错误有关，在没有得到预期的反应时，使用者往往会重启机器或是再重复一遍操作，这就是反馈信息不明确的结果。

反馈在控制论和信息理论中的概念是"向用户提供信息，使用户知道某一操作是否已经完成以及操作所产生的结果"[③]。反馈有多种方式，比如视觉显示、声音提示等等，但是有时传达给使用者的信息还是很模糊。以人们常用的电话举

① 李红杰等. 安全人机工程学 [M]. 武汉：中国地质大学出版社，2006：116～117.

② （美）N·维纳. 人有人的用处——控制论和社会 [M]. 陈步译. 北京：商务印书馆，1989：46.

③ （美）唐纳德·A·诺曼. 设计心理学 [M]. 梅琼译. 北京：中信出版社，2003：28.

例，一般电话都有0~9十个键，为了让人们能够区分按下了不同的键，设计师赋予了不同的电子音，这应该比较好区分了。但是请您拨一下13336636663，一连串相似的音充斥你的耳膜，使用者很难分辨我按了几个3，又按了几个6？可能很不幸按错了一个，呼叫到一个陌生人。于是设计师又想办法给电话加上了液晶显示屏，这下好了，同时使用两种反馈方式，可是请拨一下这个售楼处的电话：68888888，人们还是需要小心地数七下，以确保没有多按或少按8键，这当然与设置电话号码的人有关，对于这个号码，有人开玩笑说："这是不让一般人拨打这个号码。"但是现在产品功能多、反馈不清晰也是不争的事实。

反馈的直观、便捷是保证产品安全的一个重要原则，有时它需要与其他的原则一起考虑，例如通过可视性、易判别性来提高产品的反馈性能。现在由于液晶面板的生产成本的降低，设计师能够在更多的产品上使用视觉反馈的方式，大大增强了产品与使用者之间的互动，也大大降低了使用者的误操作。但诚如前面所说，设计师还需要考虑到一部分视觉障碍的个体，以往声音提示的反馈也需要加强，如今的发声器件已经能发出多种悦耳的提示音，成本也不高，具有普及的可能。像现在微波炉工作时，打开门灯就会亮，加热时会有声音，完成后又"叮"的一声清脆的铃声，这一连串的反馈提示完全在产品与使用者之间建立了畅通的联系，久而久之，该用户与自己的产品之间就会形成良性的互动习惯。

反馈还需要适度，这对于产品传递信息的准确性至关重要。例如导弹打飞机是依靠负反馈调节实现的。虽然飞机不断改变飞行方向来逃避，但是导弹有个调节装置，将飞机的实际位置与导弹的实际位置进行比较，使差距不断缩小，直至击落飞机。但是反馈过度就会让导弹在飞机的左右摇摆，不能顺利地逼近目标，这就是调节装置调节过头形成了所谓的振荡效应。人脑受到损伤，手去抓物也可能出现这种左右摇摆的振荡，医学上称为目的性震颤。

匹配关系是指反馈的信息与使用者的概念模式是否形式吻合，是产品与使用者之间的关系，控制器、操作行为与产生的结果之间的关系。反馈的结果有两种可能，要么匹配，要么不匹配，只要有模糊不确定的都属于不匹配的范围。设计师的工作应该努力使产品对于使用者操作有匹配的反应，最好是自然匹配。"自然匹配是指利用物理环境类比（Physical Analogies）和文化标准（Cultural

Standards）理念设计出让用户一看就明白如何使用的产品"[1]，可以看出产品设计要达到自然匹配，设计师要对产品使用的环境与使用者的文化环境都有了解，并且应该遵从使用者的生活物理和通俗心理，这在后面还有论述。"自然"有自然而然之意，即要达到普通个体的习惯行为会匹配的结果，比如人类天生有空间类比的本性，控制器与它相应的产品部件空间位置对应将有助于人们的使用，一般很少会出错。如向右推杆或顺时针旋转表示增加，向左推杆或逆时针旋转表示减少（这和世界上右撇子占80%强有关）。奔驰轿车的座位调节器就是自然匹配的完美事例，它的形状与座位完全相同，以相应的水平推杆控制坐垫，斜推杆控制靠背，因此，自然匹配就是控制器最好与被控制部件形状相似且具备相似的的空间位置关系，最好一个控制器控制一个部件，这样使用者不容易出错。这种便利的控制器很快被许多汽车采用，图3.25就是大众迈腾的座椅控制器。

图3.25　大众迈腾汽车座椅调节控制器

① Donald A.Norman.The Design of Everyday Things[M]. Basic Books Inc, 1988:23.

尽管设计师都会在设计中考虑产品的匹配因素，但是不匹配的控制在生活中也比比皆是，例如使用电脑撰写论文，许多人喜欢用紫光拼音输入中文，但它在中文"、"（顿号）的输入上总令人出错，原来它将"/"键作为"、"（顿号）的输入键，其他的拼音输入法，如拼音加加、智能狂拼都是将"\"键作为"、"（顿号）的输入键的，这让人很不解，为什么紫光拼音不让它匹配起来？也许它可以改变键的设置，但是为什么不能在默认的设置中匹配好呢？在国外厨房中常可以看到4个灶的电炉，许多灶头是正方形排列（图3.26），然而4个开关却一字排开，这种混乱的匹配关系总要让人打几次火试一试才知道哪个开关控制哪个灶头，并且很容易忘记，下次又要重新试，这是很糟糕的匹配，在设计中改过来并不难，把开关与灶头的空间位置对应就可（图3.27），这并不增加成本，工艺上也不难，可是使用者会方便许多，他们不需要去记任何东西。

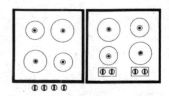

图3.26　电炉灶头与开关的混乱匹配关系

匹配还可以利用人们对于约定俗成习惯的遵从，如前述的人们对开关方向的默认。但是有些地方的开关设置由于种种原因不合常

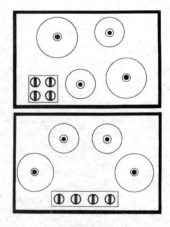

图3.27　灶头与开关的良好匹配

图 3.28 　左：正常关闭状态　　　右：正常开启状态

图 3.29 　左：修理后关闭状态　　　右：修理后开启状态

规，也会给使用者带来不便。图 3.29 是某卫生间的水龙头，水龙头的开关本来应该如图 3.28 所示，但是修理之后，形成现在的状况。使用者经常会使用完后，将其复位，由于不合常规，结果是将水放出来了。当然这只是漏水的事情，但在有的场合，操作反控制器就会带来灾难性的后果。反馈－匹配的产品安全设计就是控制器与控制对象之间需要有直接的空间对应位置关系，并且使用者能够及时得到操作结果信息的反馈。设计师应当利用自然匹配，确保使用者能尽快安全、合理地使用产品。

五、重要的可靠性

考虑安全的产品设计应该首先研究和预测使用者的习惯行为，而不只是一味遵循设计师的思路，两者应该在设计中权衡统一，并且使用者的行为习惯和概念模式应该放在首位，哪怕设计师有时是去迁就这种行为习惯和概念模式。这种以使用者的概念模式为依归的产品安全设计，让使用者用得可靠，可称为可靠原则。前述的容易识别判断和自然匹配原则都可以归入这一原则当中，此外，产品可靠安全设计原则至少还有以下四种形式。

（一）提供多种的产品使用方式

在产品设计中应当注意同一功能，特别是应急功能的多种方式操作。这个安全原理与下面要讨论的冗余配置的安全原理相同，都属于一种备份设计，所不同的是冗余配置指：系统的重要部分或整个产品系统为了使用者安全的考虑另外还配置一套同样或类似的系统，以备一套系统不工作时，另一套同样能完成任务。而多方式使用指：一套系统中提供两种以上不同的操作，都可以完成相同的任务，也就是多种方式实现一个功能。比如说交通工具（飞机、火车、长途汽车等）的舱门、车门的开启，特别是紧急疏散门的开启，必须保证如果需要能及时开启以便人员撤离，不会因意外无法开启而导致人员伤亡的事故发生。假如是单扇门页，应采用双弹簧活门页的推拉门或滑动侧推门，这种推拉门有内拉外推两个开启方向，即便一个方向受阻，而另一个方向可以开启，保障门洞畅通。其自由状态常处于关闭状态，也可以固定在一侧，使门洞处于开启状态，因此可以满足锁闭和隔离及保洁御寒等要求[1]。现在高层建筑越来越多，作为高层建筑的主要垂直交通的工具——电梯是必不可少的，但是由于种种原因，电梯伤人、困人的事故也屡有发生，特别是因为临时停电导致乘客困于电梯内十几个小时，并因氧气不足而窒息身亡的事故也偶有发生，是否可以考虑电梯门安装从内开启的紧急开关，或是门上留有透气孔，值得设计师研究。

另一个多种方式使用产品的实例是打印机，现在随着打印机价格的下降，越来越多的家庭购买了打印机，但是一般打印机都是下部纸盒进纸一种进纸方式，一旦出现故障打印机就无法使用。于是设计师和制造商为了克服这个不足，引入了多方式使用的设计方法，一些打印机采用两种进纸方式，使用者可以任选一种。如佳能的喷墨打印机 PIXMA IP4200型，这是款中端产品，提供顶部进纸及底部纸盒进纸两种进纸方式（图 3.30）。使用者可以任选一种进纸方式，不但在一种方式失效时还能使用打印机，而且在空间受限制的情况下，底部纸盒不方便展开进纸时，可以从顶部进纸，节约了空间，又不影响使用。

图 3.30　佳能打印机 PIXMA IP4200

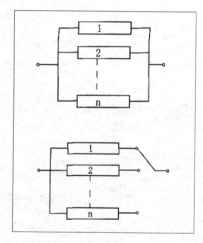

图 3.31　上：并联设计逻辑框图
　　　　　下：备份设计逻辑框图

提供多种使用方式的安全设计类似可靠性设计中的备份设计，而下文叙述的冗余配置的安全设计则类似可靠性设计中的并联设计。"并联设计是将关键设备或分系统采用并联方式，当参与工作的设备或分系统全部失效时，整个系统才失效……这种系统的特点是所有设备同时参与工作，可靠性很高，但造价也高。备份设计是指关键设备或分系统、易出故障设备或分系统留出备份，当工作设备或分系统失效时立即转换成备用设备或分系统工作……这种系统的特点是工作设备或分系统未失效时，备份设备或分系统不参与工作，可靠性高，价格低于并联系统"[2]（图 3.31所示逻辑框图）。显然多方式的使用不仅方便了用户的操作，设计师对个体生理安全的考虑也可以采用这个原理进行设计，就如上述车门的事例一样，在关于安全的设计中，这不失为一种有效的方法。

① 欧阳文昭. 论门与安全[M]. 劳动保护科学技术，1995' 6' 30'

② 彭喜东. 可靠性设计在安全防范工程设计中的应用[J]. 中国安防产品信息，2002' 3' 25'

图 3.32　精美的产品包装盒可以被用于多种用途

提供多种使用方式还可以理解为一个产品在完成它既定的任务之后，还可以有其他的用途，这也能一定程度地减少废弃物，做到物尽其用，即多种方式实现多个功能。一个明显的事例是许多人在选购饼干时，总爱买印刷精美的铁皮盒包装的大盒饼干，经过调查询问，一般都回答饼干吃完后还可以装其他的食品。这不禁让我想起很多次在朋友家看到各式的精美酒瓶被当作花瓶使用，现实生活中的例子还有许多，图 3.32 所示是零食饼干盒以及各种茶叶的精美包装盒，产品使用后完全可以用于盛放其他物品。也许人们见多了就习以为常，但是好的产品设计的确可以，也应该考虑人们的这种多方式使用的要求，毕竟不论是饼干盒还是饼干筒都不会影响装饼干的功能，它的大小和形状可以变化，同样酒瓶也可以有形状和材质的变化，只要是个容器就能盛酒。

（二）冗余配置

前文所述及提供多种使用方式的安全设计时，曾提及冗余配置的安全设计，并对两者做了区分，冗余配置的设计应该属于并联设计的范畴。所谓并联设计就是系统（产品）中有不止一套部件来完成一个功能，在一些重大项目中，甚至整个系统都有一套备份的部件，是为"应急辅助系统"，通常是对于系统中很重要的部件预备一套备份的部件，以防不测。这种备份的系统一般与原系统相近或完全相同，可以完全替代原系统的相应部件，平时不运转，所以说与原系统部件是并联关系。当然在经济上说，这类冗余配置的设计是费用高昂的，一整套部件的重复肯定费用也会翻番，只是这极大地提高了安全性，在诸如航天航空飞行等领域由于危险系数很大，这种设计是很有必要的，例如飞机的多驱动和副油箱的配置以及压力容器的安全阀等。而像美国的航天飞机、俄罗斯和我国的载人飞船更是都采用冗余配置的安全设计，主要救生逃逸等关键部件必须准备两套以上的冗余配置系统以应对突发的情况。我国的神舟六号飞船就有多数系统采用了冗余配置的安全设计，飞船的 3 个舱上共有 52 台发动机，原因是推进舱有 28 台发动机，返回舱有 8 台发动机，轨道舱有 16 台。各舱发动机都是偶数，原因是都有主机和备份机。这些特殊领域的产品设计能够更清楚地说明冗余配置的安全设计原则已被广泛运用于一些高安全要求的特殊产品，虽然日常产品无法承受如此高的成本，但是在产品设计中考虑这一原则，尽量在条件允许的情况下运用到产品中，将有助于极大地提高产品的安全性。

（三）增强产品可靠性

可靠性安全设计是产品安全设计中一个常用或常提的原则，前面所论述的安全设计原则落实到具体产品中都要具备可靠性，否则安全设计就会毫无意义，当然那是指广义的可靠性设计，这里谈的安全可靠性原则范围略窄一些，是指产品设计中具体提高产品安全可靠性的措施。这种措施根据不同的产品种类和用途会有不同的手段，以下还是从具体的设计实例中来看一些成功的产品安全可靠性设计。

首先在轿车安全设计中，现在有许多提高轿车可靠性的设计措施。像前文谈到的轿车主动安全装置有：防抱死制动系统（ABS）、驱动防滑系统（TCS/ASR）和自动避撞系统（CA）等；被动安全装置有：安全气囊、安全带和各种吸能装置。以四轮转向为例，由于汽车后轮转向装置很复杂，导致防止汽车转弯时不稳或侧倾的装置技术目前还难度大、成本高，除了在运动赛车上使用外，民用车极少使用。针对这样的情况，法国雪铁龙汽车公司开发出一种功能类似的车轮转向技术——后轮随动技术（PSS），这种技术成本低，原理简单，适于普及，成为该公司独步天下的轿车专利安全技术。现在轿车多是前轮驱动，前轮是主动轮，后轮是从动轮。这种装置的技术特点是前轮在转向时，后轮不是被动从动，而是能够主动转向与前轮相同的方向（根据前轮转角调整转角）。图 3.33 所示，这样车身比普通汽车转向时平稳很多，更主要是不会侧翻，从而更安全。它在保持一般入弯时后轮做跟前轮反向的偏转来帮助过弯这种特性的同时，又能在某些特殊情况下，后轮会随着前轮做同向的偏转来增加转向不足以保持车身的稳定性，比如在高速切换车道以及高速出弯的时候，后轮都是向着前轮的方向进行偏转

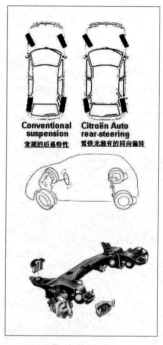

图 3.33　后轮随动技术示意图

的。也就是说带后轮随动技术的轿车既能保持入弯的犀利，又能兼顾高速出弯的稳定性。

图 3.34　数码相机通用 SD 卡

可靠性设计还有一类方式可称作"限制性设计"，如图 3.34 是现在数码相机常用的 SD 卡，这个长方形的卡只有一面有触点，为了让使用者无法误操作，设计师在读卡装置和 SD 卡上做了限制性措施，可以看到卡的一角切成一个折角，当用户将卡正确地送入卡槽时，会听到"咔嗒"一声，并且手指有柔软的反作用力告知 SD 卡已正确入位。反之如果使用者将卡反向插入，他不但听不到任何声响，而且最后手指会感应到强硬的反作用力，无法继续插入，反馈的方式有点粗暴，但是明确传达给使用者被拒绝的信息。这种限制性设计的确能够帮助使用者很好地减少误操作，被拒绝的刻骨铭心也会使他们主动探求正确的使用方法，而这种习得的记忆往往是长久的。

可靠性对于产品的部件是指质量的可靠，但对于使用者的行为就是限制不安全的动作。例如，火车上常见的三角形锁孔，这种异形的锁孔配异形的钥匙，通常外人就无法开启。同样在笔记本电脑上，也有许多六角形紧固螺丝，一般用一字螺丝刀和十字螺丝刀无法开启，甚至有的制造商为了使用者只能按规定在自己指定的维修处修理，专制异形的螺丝，像螺丝帽为弧边六角形等，没有专用工具无法开启，也属于安全的"限制"吧。再比如说，电池是人们使用电器时常用的动力，可是常有人因种种原因安装反电池，这样一来，小则电器不运作，大则烧坏电器，于是有人设想能否制造一头圆一头方的电池，这样就不可能装反了，当然这只是个设想，除了专用电池，通用的电池已不可能改变形状了，但这样的设想就包含了"限制性"的可靠性设计原则。

（四）给特殊个体提供安全

这里界定的特殊个体不仅包括传统意义上的残疾人士（肢残、肢废、盲人、聋者等），还包括有些身体内在缺陷的人士，他们都应属于产品的潜在使用者。采用"特殊个体"这个较为中性的词来称呼这些非均质的人群，是因为很显然应该把这些原本在设计中相对考虑不多的人包括在产品设计的目标人群中，以往的大多数产品都只考虑被当作均质人群的所谓正常人，而为残障人士设计专用的产品，这也是前些年提倡的"无障碍设计"的主要方法，即在一些主要的公共场所设置给普通人群使用的产品设施之外，给所谓的残障人士另外安装专用的产品设施。这两年国际上提出"普适设计"的概念，提倡不把特殊个体和普通个体区分对待，提出要设计目标人群更广泛的产品，争取特殊个体能够像普通个体一样来使用这些产品，也就是说尽量能使他们在使用产品时不被人觉察到他们的特殊性，这样在心理上，他们感觉能够获得和常人一样的认可与接纳，这在人类社会普遍提倡"以人为本""人性化设计"的今天，应该是产品设计领域终极的人文关怀。

有人说普适的设计会有吗？这里先澄清一下，"普适设计"的含义并不是指设计的产品能够让地球上所有的人一样使用，这是绝对化、理想化的理解。其实"普适设计"应该包含这么两方面内容：1. 设计师应该朝这个目标努力；2. 使用者不应该强调一个产品能够适用于全球60多亿人，显然这里"普适"的概念是针对以往将普通个体和特殊个体区分成普通人群和特殊人群来说的。塞尔温·戈德史密斯把这种设计过程的方法称为自下而上的设计法，相比较而言，一开始就考虑了残疾人的特殊需求而做的设计，而后进行修改以适应正常人的设计过程被称为自上而下的设计。"广义地讲，普适设计是指设计师的产品具有普遍的适用性，能提供所有人方便地使用。为了达到这个目的，最初主要是针对大多数身体各方面能力正常的人所设计的产品，必须随着所考虑的适用范围的扩大进行精心的推敲和修改，以使产品适于其他潜在使用者的需要，这些人包括残疾人"[①]。因此，普适设计比无障碍设计的视点更高，产品的适用面也更广。

将普适设计的方法运用于产品设计当中，已有一些好的实例。例如飞利浦9@9型（图3.35）手机当初是以待机时间超长（正常使用，24小时待机可使用1星期）而闻名的，但这款外观并不出众的手机还有一个体现人性关怀的设计就是手机屏幕上显示的超大字体，这种拨打电话时较大的数字显示对于弱视、老花等视力不佳的特殊人群实在是福音，非常适合老年人使用，有人就开玩笑称之为"老人手机"。飞利浦的969型、989型系列手机也具有相同的优点，这个优点充分显示了飞利浦公司注重内在品质、注重人文关

图 3.35　飞利浦 9 @ 9 手机

① （英）塞尔温·戈德史密斯．普遍适用性设计 [M]．董强等译．北京：知识产权出版社，中国水利水电出版社，2003：1．

怀的理念。现在已经有许多手机设计师和制造商把飞利浦手机的这个优点拿来，让手机具有调大字体的功能，但是人们不应忘记首创者，这个设计最让人叫绝的地方在于它并没有专为这个功能增加特别的部件，也就不用担心新部件涌现的安全隐患。它只需要手机软件的程序编写人员修改或增加几句程序罢了，这当然是电子产品的特色，但也体现了设计师对于特殊个体的关怀。另一个很好的实例就是鸣叫热水壶的设计。迈克尔·格雷夫斯设计的时尚不锈钢的热水壶

图 3.36　鸣叫水壶（迈克尔·格雷夫斯设计）

（图 3.36）因为有鸣叫的功能成为少数时尚设计中兼顾到无障碍设计的例子，这样的鸣叫热水壶不但可以让普通的家庭主妇不必守着灶台烧开水，更重要的是给盲人提供了警示水烧开的方式，而这种警示方式不仅仅是提供一种方便，更重要的是一种安全的措施。但即使是这样，在普适设计看来还是不够的，能否在这一个产品上实现可以让更多人使用的设想呢？日本一部青春偶像剧《跟我说爱我》中有个镜头也许可以给设计师以启示，电视剧中丰川悦司扮演的男主角晃次是一位耳朵失聪的画家，听不见任何声音，能鸣叫的热水壶对于他来说与没有鸣叫功能的热水壶是一样的，但是他作为有独立精神的男性，想了一个办法，给热水壶安了一个装置，不是把水沸腾后的蒸汽动力转化来推动哨子鸣叫，而是转化为启动开关，驱动一个类似警灯的不断闪动的红灯，这样耳聋的他也可以自己烧开水了。如果这个功能能够整合进热水壶的话，不但盲人可以通过鸣叫来得知水沸腾，而且聋者也可以通过闪光来获得提示，就不必一直守在水壶旁边，也不至于让水烧干了导致事故。

其实，在产品设计中的确需要更多的互动提示，尽可能多地提供可选择的提示方式应该是普适设计需要考虑的内容，利用动物天然具有的感官渠道是可行的方法。生物学认为动物普遍具有以下 5 种通信的渠道：

1. 化学通信。大部分动物会释放外激素进行沟通，其优点是传播能透过黑暗，超越障碍，耗能少，效率高，传播距离远、范围大，其缺点是传播速度慢，会逐渐衰弱；

2. 听觉通信。声音耗能介于外激素和视觉通信之间，传播距离也比光线远，其

最大的优点是使用灵活，声音的细微区别很好构成信号；

3. 触觉通信。基本所有动物的接触交流都很发达，但是这种方式有很大的制约，传播距离有极大的限制，传播信息细腻但内容不丰富；

4. 视觉通信。最常用的通信方式，但传播距离不长，易受阻，有方向性，视觉信号会迅速衰减，没有任何动物只靠视觉通信；

5. 电通信。一些动物发出电场来通信，不需要光线，不怕障碍物，但是对环境有要求，有很高的方向性，可是私密性也很强[1]。

对于人而言，化学通信和触觉通信不太现实，常用的是视觉和听觉通信，电子通信现在也成为人类产品主要的通信手段，产品设计可以尽量把这么几种通信方式巧妙地结合起来，会极大地增强产品的安全。有人会问为什么不提供不同的有针对性的产品给不一样的目标人群？前面已经谈到让特殊个体能感受到与普通人一样的待遇和认同是产品设计领域的人文关怀。这一点现在手机的提示设计颇为值得借鉴，现在市场上所有手机除了最基本的铃声提示外，都有振动提示功能，大部分手机还提供了指示灯闪烁或变换颜色的提示方式。这3种提示方式不但可以单独设置使用，还可以两两组合使用，这样使用者有极大的选择余地来安排提示的方式，不但适合了各种场合的需要，还方便了特殊人群的使用。

第四节　设计与人心的逻辑

人的心理的本质是人的有意识的心理活动，"是由感知、记忆、思维、意志、情感等活动组成的一种高级的、复杂的对外界和体内的客观信息进行识辨、储存、评价、加工改造、选择结构并创造出新的主观信息的过程"[2]。

产品制造出来以后，就成为一个独立的存在，并以它具有的特性影响着人。就产品安全而言，产品不但影响着直接使用者的身体，而且还影响着所有处于其场域中的人的心理。美国学者立恩哈德形象地讲述了他对母亲使用过的一台缝纫机的感受：我母亲一生都未曾用电动缝纫机取代这台产于1905年的脚踏缝纫机。她喜欢使用这台机子时那种手脚的配合。"我喜欢这铁制台架新潮精美的艺术设计，喜欢那桃木缝纫机机板的天然纹理，也喜欢那漂亮木制装饰线条。我

① 阳河清. 新的综合——社会生物学 [M]. 成都：四川人民出版社，1985：192-197.

② 陶富源. 人的本质新解 [M]. 哲学研究，2005（2）：109.

知道只要我用力推一下，它就能开始工作。我喜欢这种感觉"[1]。这种感觉是复杂的，既包含对产品功能的嘉许，也包含着对产品艺术感的赞赏，还深含着一种对亲情的眷恋。

当然，对于产品的感受还具有历时性，是处在变化过程中的。一方面，人的感受、判断标准会随着时间而变化，另一方面，新产品也会不断地给人们以影响，即使有些人一下还不能够接受它。例如英国"维多利亚时期，写信是一种礼节，也是一种风俗。当时，写一手好字是绅士淑女身份的象征。而一封打出来的信仿佛就是广告印刷单。甚至连蛰居乡下的农民第一次收到这种信也会感觉受到了怠慢。他会回信说：'您没必要把信打出来，俺读得了手写体。'"[2]因而刚开始打字机制造商的生意十分惨淡。几乎在所有这样的新旧产品替换期，都需要人们调换自己的心理以适应新的产品模式。

那么人的心理的本质究竟是什么？著名心理学家冯特是这样回答的："我们的心理只不过是在意识中由我们的内部经验、观念、情感和意志所集结而成的统一体，并且出现在一系列发展阶段，在自我意识思维和道德自由意志中达到顶点。"[3]可以看出，人的心理是个体主观意志的反映，但是这并不是说所有人类个体的心理就没有相似之处，正是人类心理具有共性的成分，对于心理的研究才得以成立。

一、产品对人的心理影响

最早明显影响人的心理的产品应该是服装，关于服装是如何诞生的，许多人类学家、服装学者、考古学家都有自己的看法，也有多种起源说，每种都从一个方面反映出服装起源的缘由，这里只介绍其中的一种。当人类社会发展到尊卑观念确立以后，"人的肉体能使人成为某种特定社会职能的承担者。他的肉体成了他的生活权力"[4]。贵族的地位使他们的肉体也具有了尊贵的含意，为了以示他们的肉体有别于奴隶的肉体，他们禁止裸露。这样，肉体具有了精神人格的含义。遮蔽，也就成为一种保存人格的外在手段；相对之下，裸体就具有了人格丧失的含意，并由此泛化为人类衣物遮羞的心理。可见，裸体羞耻并非原发于性心理，而是原发于阶级人格的倾斜，它本质上是阶级社会的产物，是

① （美）约翰·H·立恩哈德. 智慧的动力 [M]. 刘晶等译. 长沙：湖南科学技术出版社，2004：311.

② 同上书，第310页。

③ （德）威廉·冯特. 人类与动物心理学讲义 [M]. 叶浩生等译. 西安：陕西人民出版社，2003：492.

④ 马克思恩格斯全集. 北京：人民出版社，1979：1，377.

阶级意志的一种表现形式。只是到了出现女性卖淫的现象之后，裸体羞耻才与性心理相联系①。服装的确是人类的一种特有的产品，这种特有产品的产生却能揭示出人类心理安全的范围之广，并且这种心理安全的内涵也是在不断变化的。

① 孙嘉禅等：服装文化与性心理，北京：中国社会科学出版社，1992：24-25

将服装视为人类的"第二皮肤"，不仅仅是指服装包裹在人体皮肤的外层而替代皮肤，还具有给人带来心理的类似皮肤的感受，即穿着什么动物的皮毛，就具有了部分该动物的特性，豹皮服就带给人野性的感觉。皮革、皮毛类的衣服（图3.37）很能说明这方面问题。"皮革对人类的诱惑至少有3方面的原因，一是它具有的难以仿制的视觉迷惑力；二是它具有让人类感到舒适、兴奋的皮革香味；三是皮毛所具有的柔软细腻的体贴风格，对人类来说恰恰是'缺席'的。"原始人更是将动物皮毛与动物的裏性结合起来，从而使动物皮毛成为"实现天人合一的最佳催化剂"。如果是"披着狼皮的人"与"披着羊皮的人"进行决斗，早已经在原始人心中分出了高下②。

图 3.37 女性皮草服装

图 3.38 现代女性流行穿着的尖头鞋

因此，产品作为人类活动的结果，其诞生后在未来存续过程中扮演的角色是极其复杂的，可以是未来存续过程的对象、手段或生产者。例如，一台电视机是物质生产活动中外在客观化了的物质产品，但它制成之后将作为物质手段或条件，为收看电视的主体所产生的精神过程服务。建筑设计是精神生产活动通过物质符号而外在客观化的精神产品，但它建成以后会成为物质生产活动的精神条件或基准。因此，产品的设计并不能仅仅考虑生理的安全内容，如果这样你就无法理解为什么有些设计会出现。就拿目前流行的尖头鞋（图3.38）来说，这种鞋穿着并不舒服，脚趾被挤得很紧。另外，由于前面长长的尖头使得鞋太长，行走也不是太方便。可是目前这种鞋很流行，据说是与"9·11"事件有关。"9·11"事件后，人们内心的恐慌给予了设计师灵感，他们想利用产品带给人

② 南希·蕾 鞋的风化史[M] 蒋蓝译 成都：四川人民出版社，2004：310-311

① 南希·蕾. 鞋的风化史 [M]. 蒋蓝译. 成都:四川人民出版社, 2004: 271.

② (意) 布鲁诺·赛维. 建筑空间论 [M]. 张似赞译. 北京:中国建筑工业出版社, 2006: 134.

们和平的希望与快乐,因此,浪漫、颓废、随性、不拘的波希米亚风成为 2001 年开始倡导的时尚潮流①。

布鲁诺·赛维曾经总结象征主义的移情作用论(Einfuehlung)关于形式的心理作用,这种理论认为建筑只是制造某种预定的人类反应的一个机器而已。例如他们认为水平线让人体验到一种内在感、合理性、理智;垂直线象征着崇高;直线代表果断有力;螺旋线表示升腾、超脱;立方体显示肯定感;圆给人以平衡感、控制力,一种掌握全部生活的力量;球体代表完满(如图 3.39)等②。这些表明人类的产品除却它的功能作用外,人们对之会产生很强烈的心理感受。

图 3.39 罗马蒙托里奥圣彼得修道院的小礼拜堂(坦比哀多),半球形穹窿顶代表完满、终局确定的规律性

产品对人的心理的影响并不仅仅是正面的,其产生的来源很复杂,对人心理的影响也有很复杂的内容,还包含隐性的不安全。首先生产产品的操作工人在现代流水线的作业当中,心理可能受到隐性的伤害。流水作业的最可置疑之处,就是它的效率来源于劳动中的重复性动作,这就导致施加于人与单一的重复性劳动相伴随的心理强制,这种心理强制不但不能消除人的忧虑,反而容易使劳动者陷入一种压抑的无意识之中。而在产品的使用过程当中,产品也会因为造型、风格、材质、颜色等因素给人们带来各种心理感受,这种心理感受还受到使用者或观看者的本民族文化、习俗、社会观念、意识形态的影响,最后综合成为人对于该产品的总体心理感知。因此,产品蕴含的文化内容十分复杂,一种产品在不同文化背景的区域就有可能遇到麻烦,由于对产品文化的理解不同,轻则产品在该地区不受欢迎,重则引发较大的文明冲突。当然,这些复杂的文化内容并不是明显地附着在产品的表面,设计师有时很难注意到相关的情况,但是当一个产品是明显有针对的目标群体的时候,设计师就必须考虑相关的内容,而在全球化的今天,一般的工业产品都已经为世界各地的用户所接受,就像世界各国的人们都会喝可口可乐(图 3.40)一样。

图 3.40 可口可乐罐装饮料

二、人的心理对使用产品的影响

（一）通俗心理的安全影响

自古以来，世界上绝大多数产品生产出来都是给客户使用的，设计师自己使用的几乎可以忽略不计，这就是为什么产品设计的研究应当把主体确定在普通人群、普通个体的原因，也是研究产品设计中有关个体（包括生理、心理）安全的基本立足点和出发点。而普通个体最大的特点对于产品来说就是非专业性，他们有一套自己认知外界万物的方式，可称作"概念模式"，这种"概念模式"有生理的基础，但更多地表现为心理的活动。

唐纳德·诺曼在产品与个体心理的关系方面作了一些开创性的研究，他的《设计心理学》（*The Design of Everyday Things*）《情感化设计》（*Emotional Design*）两部著作也是这类研究的经典著作。在《设计心理学》一书中，他援引了 W·H·梅奥尔《设计原则》中关于"物质心理学"的概念和事例，并指出所谓"物质心理学"应该是研究物品预设用途的学问。"预设用途是指物品被人们认为具有的性能及其实际上的性能，主要是指那些决定物品可以用来作何用途的基本性能"。[①]这里有个体先天的因素，还有后天的因素，使用者运用"概念模式"判断产品的预设用途，这一过程不需要任何的图解、标志和说明，仅靠外观、控制器形状（图 3.41）、材料质地、色彩、反馈等摸索产品的使用方式。比如像控制器的拨杆、推块、旋钮等，99% 以上的使用者第一次会执行来回拨动、左右推动和顺逆旋转的动作，一般不会有交叉的情况出现。心理学家让·皮亚杰对于儿童思维的理论揭示了个体生存初期的认知方式，儿童最初理解世界的框架，他称之为"基本理论"（Foundational Theories），例如认为狗比鱼更会睡觉等。儿童自觉地把他们关于心理状态特征的知识总结为心理理论，有人称为"朴素心理学"。成人的认知通过学习和经验会形成更成熟的心理，但并不是说儿

① （美）唐纳德·A·诺曼. 设计心理学 [M]. 梅琼译. 北京：中信出版社，2003：10.

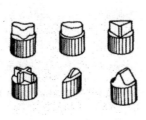

图 3.41　各种不同形状的控制器

童时期的心理没有一丝遗留，因为后天的习得是因人而异的，因而，这也是普通个体"通俗心理"的来源之一。

为了更清楚地了解普通个体的心理和思维模式，有必要先探讨一下学界对人类思维的研究和实际个体思维的差异。大部分科学研究认为人类思维是理性的、合乎逻辑的、有条理的，例如经济学、法学等。大部分的法律是以理性思维和行为这一认识为基础的，经济学理论也大多建立在这样一种模型上，即理性的人会追求个人利益、功利或舒适的最大化。但现在心理学家越来越认为这种认识缺乏生态学态度，应该更多采用自然研究范式，这样的研究成果在现实生活中才更有意义，实际上，梅奥尔的"物质心理学"和诺曼的"通俗心理学"就建立在个体心理的自然研究范式基础之上。其实个体思维与经验记忆有关，后天的习得一般也要经过经验验证才成为概念模式。但是每个人的记忆并不是像图书馆的书籍那样有条理，也不可能与事物一一对应，记忆的内容具有相互参照的联结关系，这是由人的大脑生理结构决定的。虽说现在科学家对人脑的具体运行机制的细节还不清楚，可是对它的运行原理的认识已有了很大的进展。人脑是由数十亿个神经细胞（神经元）组成，每个细胞体上有很多树突并以此与其他成千上万个神经细胞相连接，因此，神经细胞是以网状分布的，而不是简单的线性连接，它的运行很复杂，可以同时处理很多工作，有点类似现在的"并行处理"的计算机，只是复杂得多。每个神经细胞可以同时与许多细胞联络，通过生物电位以调幅或调频的方式传递信息，具有正值的信号称作"兴奋性信号"，负值的称作"抑制性信号"。每个神经细胞会对接受的各种信号整合后再传送给其他细胞，但不是所有的这些神经冲动都会让个体意识到（这里的意识当然指显意识，因为只有显意识对于个体才有控制意义），更不要说试图去控制它。"神经细胞之间的相互作用是自动进行的，并且速度很快，我们感觉不到这一过程，能感觉到的只是相互作用的最终状态"，许多神经冲动就在人脑显意识之外过去了，也许它们导致了一些个体的下意识行为，但个体无法控制它。所以，"我们所拥有的知识大多隐藏在思维表层下面，它们不为意识所察觉，而是主要通过行为表现出来"[①]。"开车，像许多技能与习惯一样，几乎是在自动引导下进行的。这类记忆称为隐性记忆，因为我们无须主动、有意识地记住如何干某件事：我们只是坐上车驾驶而已。当你接近红灯时，你的脚就会'自动地'去踩刹车。与这种过

北京：中信出版社，2003：120
① （美）唐纳德·A·诺曼．设计心理学[M]．梅琼译．

程相对照，对事实和事件的记忆被认为是显性记忆"[1]。图 3.42
为脚踩刹车示意图。可见，人的有意识行为是由个体显意识控
制的，一般这类行为引发的安全问题较好解决，因为个体都有
趋利避害的趋势，通过教育和总结经验可以避免不安全行为；
而下意识行为是由潜意识激发的，不由个体主观控制，这类行
为引发的不安全行为尤其值得关注。

与有意识思维相比，下意识思维更倾向于一种模式匹配过程，个
体总会自觉或不自觉地拿新事物和记忆当中的旧经验作比较，然
后做出相应的动作。有意识思维要缓慢费力一些，因为它在这之
间加入了有意识思考的过程，收集信息、比较、判断，然后做出
反应，这样更不易犯错。下意识思维要迅速得多，它是自动进行
的，无须思考，行为就自然而然直接做出了，但是容易建立不恰
当的匹配，更易犯错。比如一部国外的警匪片里面有这么一个情
节：一位想洗心革面的女贼因小孩被黑社会老大劫持，而被迫同
意帮其偷盗银行的库房。由于该银行有十分先进的预警设备直接
连到市公安局，为了麻痹当地的警察，作案当晚女贼和她的同伙
三番五次地故意弄响报警器，警察们冒着大雨一连几趟奔进银行
检查，未发现任何可疑迹象，最后认为报警器坏了，准备第二天
让人来修。就在警察最后一次离开银行后，女贼和她的同伙溜进
银行偷了库房，警报器再一次响起，可是警察再也不会上当了，
他们没来。这个情节说明新情况被下意识地匹配了，个体总习惯
于下意识地解释许多事情，尽管有些事情并不简单，但人们意识
不到，于是自我解释一番就搁在一边，不予理睬，反而一些无关
紧要的小事会引起人们的关注和担心。其实这并不奇怪，每个人
都有类似的局限，可能就是人作为个体的缺陷，这不禁又让人想
起"墨菲定律"。虽然本书在写作上做了生理和心理的区分，但
这只是为了表述的清楚和分析的方便，实际上在影响个体的具体
行为当中，两者都会发挥作用，而且会相互影响，生理特征会影
响心理判断，心理思维会影响身体行为，像人的生理局限如视错
觉等，就会让个体发生错误的判断。

图 3.42　脚踩刹车示意图

① 苏珊·格林菲尔德. 人脑之谜[M]. 杨雄里等译. 上海：上海科学技术出版社，1998：90-91.

（二）注意力的安全影响

注意力是指使用者专注于操作产品的程度。但是由于人体本身的生理局限，个体的大脑意识水平是在不断变化的，人的生理机能在一天中也有高低的涨落，因此个体不可能在一天的任何时候都保持高度集中的注意力，即使个体在主观上总是提醒自己保持高度的关注，也还是会有走神的时候，何况生活中还有许多干扰的因素。

了解了个体注意力的这种生理特征，就有助于用户合理安排使用产品的时间和持续的长短，如果是在生产场所就有助于管理者合理地调整每个工人的工作时间，以保证个体需要的休息时间，同时增加安全系数。注意力包括注意的强度和范围两个因素，"注意的强弱也叫注意的紧张度或强度，注意的范围也叫注意的广度。两者的作用是对立的，即注意的紧张度越高，注意广度越小；反之注意的范围越广，注意的紧张度越低"[①]。所以要保证使用者与产品互动的安全性，必须有适当的注意紧张度和广度的均衡。注意力对于个体心理安全的影响还表现在注意的选择性、稳定性和分配性上，在考虑产品与个体心理安全的关系时，也要考虑它们之间的平衡。

因此，要提高使用者的注意力，强化其情境意识十分必要，这是根据人类信息加工的过程和活动机制提出的，在设计上，产品的视觉信息传递应该集中、清晰；相互之间的关联明确；一次信息量不能太大；合理利用环境信息；多感觉道输入信息的方法有助于信息的保持。

（三）主观判断的安全影响

主观判断也叫臆测，是指个体对事物无科学的把握，只是根据以往的经验（即前文所述"概念模式"）推测所作的随意性判断。下意识地按照习惯经验对身边的事物进行主观判断是普通个体最大的特征，这也是个体心理缺陷的一方面，因为主观判断不是正确的判断或科学的判断，即使判断正确了也是随意性的产物。以这种臆测作为现实生活的指导是个体生活中出差错的根源，当然不安全是其中之一。

① 臧吉昌. 安全人机工程学 [M]. 北京：化学工业出版社，1996：88.

个体主观判断易产生不安全因素在以下 4 种情况下表现得尤为明显[①]：

1. 急于求成。由于达成目的的愿望过于强烈，或是心情烦躁的时候，容易出现此类主观判断。例如急于完成手头的事情而敷衍了事，注意力也就不集中了，甚至该完成的步骤、程序都主观简化，终因马虎酿成大祸。

2. 缺乏知识。对于新产品，尤其是科技含量较高的产品，普通个体不具备完全了解产品的知识，但是好奇心又驱使个体有强烈的使用产品的愿望，就在获得和掌握的信息和知识不完备的时候，想当然地行动，结果铸成大错。

3. 片面经验。过于信赖甚至于依赖以往的经验，因为以往的经验都没出错或取得成功就形成先入为主的成见，忽略新产品中新质的涌现，老眼光对待事物，以重复行为使用产品，导致安全事故。

4. 侥幸心理。个体天性中的冒险心理，特别是年轻人，喜欢按照自己的意愿随意地安排行为或是跟着感觉走，总抱着"应该没事吧"的存幸，后果往往令人惋惜。

（四）个性、情绪的安全影响

人的个性是指个体不同于其他人的独具的性格。个性在事故致因研究中的位置一直颇有争议，早在 1919 年，格林伍德和伍兹对工厂伤害事故进行调查分析后总结出"事故频发倾向"理论，认为个体的个性对于产生不安全行为至关重要，后来有学者修正为"事故遭遇倾向"理论，在人的个性之外加上了生产条件的因素，但都认为个性是令某些个体容易出现事故的原因，而被认定具有这种易发不安全行为的个体也就被宣布了不适于从事操作机器的死刑。这种结论有些草率，现在坚持这种事故致因理论的学者不多了，但是这种个体最显著的心理特征显然与个体使用产品时安全或不安全的行为有关。

个性包括性格、气质等方面，在研究具体个体与产品使用的心理安全方面，可以从自卫心理、人道感、荣誉感、责任感、自尊心、从众性、竞争性、希望出头露面、逻辑思考力、渴望精神和物质奖励等内容进行综合评价。当然在分析上述心理特征时，要兼顾以下情况：经济地位、家庭情况、健康状态、年龄、嗜好、习惯、性情、气质、心情以及对不同事物的心理反应。狄尔曼和霍伯曾研究了 40 名汽车驾驶员，发现其中有半数人多次发生交通肇事；另一半则从不发生意外。研究发现，易出事故的汽车司机在气质上多有冲动性、无耐心的特点；在情感上，

① 臧吉昌. 安全人机工程学 [M]. 北京：化学工业出版社，1996: 88-89.

① 隋鹏程等. 安全原理 [M]. 北京：化学工业出版社，2005：178—180.

② 臧吉昌. 安全人机工程学 [M]. 北京：化学工业出版社，1996：89.

道德感和责任感都较为低下而且有个人侵犯性①。美国学者对公共汽车司机的个人心理特征的研究也表明：反应冲动、易受挫折、不能做出适当判断的个体容易发生事故。可以看出，心理素质不适应，做事"缺乏动力和积极性，道德品质较差，对社会和群体的适应性不好，协调合作精神差，法纪观念淡薄"②的个体的心理是值得设计师关注的，虽说产品设计不可能包容那么多的内容，但假使设计师能够让产品可以简易舒适地使用，这些个体犯错误的几率会小得多。关于个性对发生事故的影响，许多学者提出了自己的理论，博伊德·菲舍尔（Boyd Fischer）提出了与发生事故有关的心理学五因素，格林伍德（J.P.Guilford）把人的素质的反应指向性分为3大类12个小类，还有学者将素质的反应指向性分为6类。

个体的情绪是个性之外对个体使用产品的安全性产生影响的另一个重要因素。情绪是个体心理状态的反映，个体使用产品时，他的情绪有可能因产品而起，也有可能因其他外在的因素激发，不论原因如何，个体当下的情绪对于他能否安全地使用产品会产生影响。像过度紧张和过度松弛、省略行为和近道反应、焦躁不安和单调作业都会令个体在与产品的互动中产生安全隐患。图 3.43 显示出情绪也是引发事故的原因之一。人的情绪是情感、意志、气质等诸多因素综合作用的结果，它有易变性，随时都在变化，因而情绪的波动很容易成为一些本不该发生的事故的起因。例如沈阳某厂一个化验工人，技术相当熟练，但有一段时间却经常发生轻伤，安全人员以友善的态度与其谈心，终于发现他家中有人卧病在床，老少三代负担沉重，以致心情沉闷、心境恶劣③。这类事例还有许多，如果设计师在产品的容错性上再多下些功夫，增强产品的使用安全性，即使操作者偶尔走神也不致发生事故，便可称作人性化的安全设计了。

③ 刘晓东. 浅谈人的不安全行为安全生产 [J]. 中国安全科学学报增刊，1998：51.

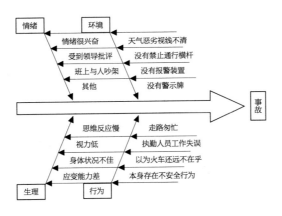

图 3.43　事故的个体致因鱼刺图

（五）消费心理与使用心理的区别

研究产品有关人类安全的课题，有个问题是长期以来被学者、设计师所忽略的，或者是制造商、设计师所不愿面对的，就是产品与个体关系中，产品的消费者与使用者的区别，实际上也就是个体的消费心理与使用心理的区别。为什么说这个问题很重要？是因为现在产品设计师在考虑用户的安全设计中，基本以考虑消费者的消费心理为主，这当然与目前商品经济对社会的主导相关，实际上更关键的是在使用者意识指导下的使用行为未得到应有的重视，而这才是产品与人的安全关系中最关键的。设计师服务于厂商、制造商，制造商主要寻求产品热销、利益最大化，他们会考虑产品的安全性，但这也是为了产品有更多的市场。这就不可避免地影响到设计师对于使用安全的顾及，而更多地考虑消费者的心理安全。

消费者心理与使用者心理有重叠的成分，也有不同的地方。其不同主要表现在两方面，一方面，现代社会消费者和使用者并不一定是二位一体的，有许多消费者购买产品是给别人使用，例如送人、交往等，并不是自己使用，消费者就不可能知道使用者独具的个性以及他与产品的互动关系，这里面的差异就会导致安全隐患；另一方面，即使消费者和使用者是同一个人，他在消费和使用产品时的心理、行为也有很大的不同，也许不可能在极短的篇幅中阐述清楚这个问题，但还是可以简单区分一下。个体在消费时的心理可能更多地倾向于占有，"哦，它看上去不错！""哇，它真漂亮！"等是人们在商场或其他消费场所常听到的话语，个体看到喜爱的产品会想拥有它，并不太会过多考虑"它是否有用"或"它是否好用"之类的问题。这方面的事例只需去调查一下女士们的衣橱（图3.44）就可以了，她们肯定会略带羞涩地告诉你某件衣服当时看上去怎么像是为她量身定做的，只是很遗憾一拿回家就不是这样了。偶尔她们也会承认当时购买那件衣服时是昏了头，可这是应该被原谅的，因为那时她们起码已经在商场逛了不少于五六个钟头。而在使用产品时，个体的心理可能就更多倾向于舒适方便了，有迹象表明，当人们不是欣赏一个摆在那里的产品，而是拿在手里使用时，感觉就不再是以视觉为主的美感，而代之以触觉为主的握、拿、提、按等各种操作动作的舒适感。如果一件看上去不错的产品给个体的使用造成了很大的麻烦，它所具有的视觉美感也会

图3.44 整体式衣橱

大打折扣。

设计领域的研究人员现在越来越关注市场的状况，这当然是很必要的。他们研究消费者的生活方式、态度、兴趣和观点，"消费者的生活方式反映了消费者如何生活的现实状况：他们认为什么最重要，他们如何花费时间和金钱。给这些生活方式贴上标签"[1]，这有利于设计师了解不同的消费人群。制造商也在很大程度上促使设计师分析自己产品的目标消费者，或是干脆在设计任务书中明确这一点。但是这种行为往往因为"提供－购买"这一简单纯粹的消费关系而异化，制造商或设计师在产品被购买之后就与产品的使用者毫无关系了，现在只有靠"实行三包"或"召回"这样的制度来弥补，但实际操作当中效果并不好。这样，一切似乎只能靠消费者自己了，购买产品之后的消费者身份一下就转变为使用者，个体也从购买的短暂喜悦中清醒过来，他们需要直面产品的操作问题。

使用者在产品使用当中碰到的问题有时很微小，但小问题的确又会给他们带来很大的不便，因而存在适用性的问题。设计师有时对这类问题确实很难顾及，就连设计大师也会犯类似的错误，例如美国著名的建筑设计师赖特在纽约设计的古根海姆博物馆是一个空间上独具匠心的设计，圆形的大厅从 1 层到 4 层都由螺旋形走道连接，但他忽略了一点，来博物馆是参观墙上挂着的艺术作品，并不是溜冰，博物馆也不是立体停车场，倾斜的地面让观众与墙上的作品总是形成一个令人不适的夹角，而墙壁的倾斜也使得画框自然后倾，许多观众反映不适应这里的观看环境。建筑师本人却说："如此一来，这幅画就像仍然放在画架上一样。"显然这话没人相信。

设计师犯这些错误的原因有这么几种：1. 设计界普遍存在着把美观作为首要标准的误区，以至于那些使用不方便的产品仅仅因为美观就被当作设计中的精品。2. 设计师不是普通用户，他们对产品很熟悉，但设计师的概念模式不等同于用户的概念模式；3. 设计师需要取悦自己的客户，这是商品经济的特点，而这些客户却未必是产品的使用者。[2]那么产品设计师应如何才能使产品具有使用安全性呢？设计师只有与实际的使用者沟通交流，让他们试用，才能一定程度地预知可能的安全隐患。这种试用应该是真实的，即在自然环境中观察个

① 习玮. 架起用户研究和设计定位之桥 [D]. 北京：清华大学，2004：4-17.

② Donald A. Norman. The Design of Everyday Things[M]. Basic Books Inc, 1988:151-158.

体对产品是如何使用的，而不仅仅是回答提问或问卷。"主题小组讨论、问卷和调查是了解行为的拙劣工具，因为它们与实际使用脱节。多数行为是潜意识的，人们真正做的与他们认为自己做的可能差异很大。我们人类喜欢认为，我们知道我们为什么像我们做的那样行动，但是我们不知道，无论我们多么喜欢解释我们的行动，本能反应和行为反应都是潜意识的，这一事实使我们意识不到我们真正的反应和它们的原因。"① （美）唐纳德·诺曼. 情感化设计 [M]. 付秋芳等译. 北京：电子工业出版社，2005：63.设计师认为自己也是人，当然了解使用者，事实上，他们对技术了解得太多，对其他个体的生活和活动方式了解得太少。一个事实可以说明这样的情况，即在高档运动器材和手工工具的产品上，这种产品缺陷相对少得多。这是因为设计师直接了解产品的使用者，他的习惯、爱好，产品可以有针对性地设计、制造。木工、园艺师的手工工具（图3.45）经过上千年的反复修正，今天可以做得很适手，个体使用时自然得跟长在手掌上一样，这反映出设计师如果不仅仅停留在对消费者的考虑上，而能进一步关注使用者的使用行为，那么令用户喜爱的产品就有可能诞生，产品的安全设计也同样如此。

图 3.45　园艺师的手工工具

通过本节的论述，可以得到这样的一个公式：

设计师、制造商 ≠ 消费者 ≠ 使用者

那么，设计师对于产品安全的考虑只有做到下列公式所表示的，才能真正提高产品对于使用者的安全性：

设计师、制造商 ≥ 消费者、使用者

三、人对产品的心理需求

（一）满足情感的需求

安全感是情感需求的一种，马斯洛需求模型将之放在倒数第二层，可见这是人类很基本的情感需求。可是人类的情感并不是像人们区分的那样各自独立，安全感的获得也有赖于个体其他情感需要的满足。在产品设计中，产品能否给使用者以安全感取决于外观、材质、颜色等诸多因素，例如就外观而言，立方体、棱角分明的物品给人以理性、质量不错的印象，但感觉不够亲切；而圆形或边角倒圆的物品就给人以可爱、亲近、更安全的感受。产品运用的材料由于不同的质地也会给使用者带来不同的感受，比如，绒布、皮革、木材给人以温润可靠的感觉，而石材、金属、玻璃则给人冷峻、淡漠的感觉，这当然与材料给人带来的触感有关系，后 3 种材料的热传导系数大，传热快，人身体触碰到时常有冰冷的触感，这会引起人体本能的反应，远离有冰冷触感的物体。这点在动物身上也很明显，"动物心理学家哈洛的'罗猴'试验中，由温暖的'布母猴'抚养的幼猴在遇到危险时会紧紧地抱住它，似乎寻找到一个安全的依靠；而由冷冰冰的'金属母猴'养大的幼猴在这种情况下，则显得十分焦虑不安，在笼子中来回跑动或是躲在笼子的一个角落"。[1]这只是产品给予个体的最直观的心理安慰，还有更深层次的情感需求有待产品给出相应的答案。

的确，人们购买产品是想使用它的功能，但是购买产品又不仅仅是出于对它的使用，有的人会因为购买它而骄傲，产品成为个体炫耀自己财富或地位的工具，这是那些豪华品牌和奢侈产品存在的原因；有的人则珍惜自己使用过的每一件产品，它是一种象征，记录着自己走过的那段岁月，产品在这里成为积极的精神载体、快乐的往事回忆或隽永的自我展示。对于前者也许话题需要扯远一点，20 世纪 90 年代以来，品位和格调频频被提及，又出现波布族（波希米亚＋布尔乔亚）等小资人类，这说明经济发展到一定阶段人们对生活有情调上的要求，保罗·福塞尔《格调》一书的热销充分反映了人们对于提升自己生活品质的愿望，在一个讲究人人平等的现实社会里，靠什么与"他者"区分而显示自己的独有个性是每个个体面临的课题。在这种背景下，产品被赋予了功能之外的意义，几乎所有的品位、格调的展示都伴随和借助于产品的力量，那些昂贵的、稀缺的产品担任了社会学家称之为"符号"的任务，既像权威的绥

① 余晓宝. 安全感设计 [J]. 艺术百家, 2003' 2' 127.

带，又像地位的翎毛，以此向周围的"他者"无声地宣告身份，当然一些富豪购买世界超豪华的房车更成为这种情感需要的一个注脚。而对于后者，个体的印记更加明显，常常可以在友人家中看到很独特的花瓶、小陈设，都很别致但不工巧，每次问起，友人都可以告知一段个人的、有趣的、值得回忆的事情，这绝不同于在某地旅游从地摊上带回的到处一样的纪念品，它是仅属于个人的，与个体的特殊经历密切相关，旁人很难理解其中的情感联系，但就是这个物件满足了这个个体特有的情感需要。还有的物件并不是由于独特的经历被人留念，而是在日常的生活中长久地陪伴在个体的身旁，像一首歌中演唱的"和你一起慢慢地变老"，这种日久生情的情感纽带往往是中老年人能够深切体味的。

在对安全感的需求上，不同年龄、不同性别的人群是有区别的。根据零点调查公司 1998 年对 18 岁以上人群的抽样调查结果，安全感与性别相关，男性的安全感稍高于女性，19.4% 的男性感觉不安全，而在女性中为 25.9%。安全感也与年龄相关：年龄越大感觉越不安全，年龄越小感觉越安全。所以妇女和老人相对于青壮年男性而言更需要安全感。[①]这就促使设计师在设计一些妇女或老人的用品时，要考虑更多的安全感，例如色调的温暖、材质的亲切，形态不必追求时髦，简洁易用会令人更有安全感。

（二）自我控制的需求

自我可控是指产品要让使用者感到自己完全可以正确地使用它，哪怕只是心理感觉也是需要的，不能让使用者一接触到产品就有畏难的情绪。设计得好的产品会使人摆正自己的位置，即使用者是主导，产品是为人所用的，而不会反过来，让人围着产品转，所谓"为物所驭"，这一点对于个体安全地使用产品非常重要，它会树立使用者的自信，而自信的心理就能促使个体冷静沉着地对待产品的操作，即使遇到紧急情况也不慌张。

人的可控心理一部分来自经验，一部分与人自身的生理结构有关。比如说前庭觉（Vestibule Sense），它"告诉你的身体——特别是头部——是如何根据重力作用确定方向的。这些信息的感受器位于内耳中充满液体的导管和囊中的小纤毛。当快速旋转头部时，内耳中的液体流动并压迫纤毛从而导致纤毛弯曲。

① 余晓宝. 安全感设计 [C]. 艺术百家，2003' 2' 127

①（美）理查德·格里格等．心理学与生活 [M]．王垒等译．北京：人民邮电出版社，2003："96．

内耳迷路中的球囊和小囊负责直线上的加速和减速运动。3 个导管，被称作半规管，它们相互垂直，因此能够告诉你在任何方向上的运动。当你旋转、点头和倾斜的时候，这些结构会告诉你头部是怎样移动的"[①]。图 3.46 为人耳的生理构造，在此基础上可以做出适当的推理，3 个半规管相互垂直（图 3.47），是否就像人脑中天然的笛卡儿坐标呢？为什么普通个体生来就习惯于以三维坐标看世界，即使现在要让普通个体从四维坐标看万物，还是没人做得到，这是否是生理因素决定的？如果设计师在设计产品时，考虑人类个体的这类因素，使用者会觉得这是他们习惯的物品，自己有信心能够控制它。

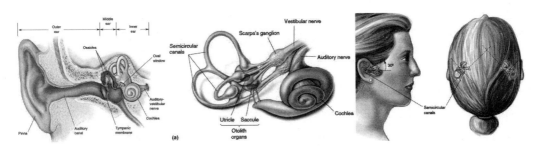

图 3.46　人耳生理解剖图　　　　　　　　　　　　　　图 3.47　人耳半规管的位置与相互空间关系

图 3.48　SONY 公司的手摇充电式收音机适用于电力不足的偏远地区

一类很好地解决了使用者关于自我可控需求的产品应该当属现在流行的手机等电子产品了，整个产品体系的设计思维体现了让使用者自我可控的理念，这是因为手机提供了一定容量的存储空间，使用者可以根据自己的喜好任意存入影音文件，比如学生可以存入英语听力文件，年轻人可以存入流行歌曲，中年人可以存入古典音乐，老年人可以存入京剧戏曲，甚至僧侣可以存入梵呗。这就实现了个体自主选择的需要，即产品极大地服务于个体的自由意志，这也使得产品具有尽可能大的目标消费群体。类似的产品如数码相机同样因为满足了用户自我选择、自我控制的心理而获得市场的成功，相比较而言，用户可控程度不大的收音机（图 3.48）现在几乎没有什么市场，这就说明能够体现和满足用户自我可控的需求的产品才能够获得用户的喜爱，在生存竞争当中才不会落败。

自我控制的失败在最严重时会导致被称作"冲动性攻击"的个体不安全行为，这是个体对于特定情境的反应。其中有种"挫折－攻击"假设，"根据这个假设，挫折在人们获取目标受到妨碍的情境下出现，而出现挫折后人们比平时更可能表现出攻击性行为"[①]。这也说明产品传递给使用者安全好用的信息很重要，而产品具体的操作在提供给使用者操控的愉悦感时必须有个度，这主要是指类似游戏机这种故意提供一定的操作难度而达到游戏性的产品，否则操作太复杂常给使用者挫败感，势必会导致个体气急败坏的不安全行为。预防此类安全隐患的设计通常与操作的简单化、容易识别判断等原则一起考虑。

（三）归属与认同的需求

归属、认同在马斯洛需求金字塔中处于安全需要的上层，马斯洛认为寻求归属感、认同感是所有个体的本能需要之一。作为群居性、社会性的动物，人类总是希望在一个较为固定的团体中获得相应的位置，渴望与其他人建立一种充满深情的关系，这种归属感是与被人认同统一的。马斯洛进一步阐述道："我相信我们社会的流动性，传统团体的瓦解，家庭的分崩离析、代沟，持续不断的都市化以及消失的乡村式的亲密，还有美国式友谊的肤浅加剧了人们对接触、亲密、归属的无法满足的渴望，以及对战胜目前广为蔓延的异化感、孤独感、疏离感的需要。"[②]在这种社会大背景下，明显个体的归属需要比以往更强烈，而产品可以在此发挥独特的作用，例如现代的通信工具——移动电话，是很有意思的产品，它的普及速度之快几乎超出了所有人的想象，而且在发展中国家的普及速度（不是普及率）甚至超过了发达国家，短短几年间人人都用手机联系。一个关键的因素就是这种产品满足了这个特定历史时期个体归属感的需要，现在个体流动性大了，分布在天涯海角，但是可以和家乡的亲人、朋友随时通话就使个体觉得仍然归属于那个群体而不会有孤独感。这类产品出现本身就消除了个体可能因需求无法满足带来的挫折感，一定程度地消除了个体的不安全行为。

另一种归属、认同的做法来自于个体学习的方式，心理学中个体行为的学习有多种方式，其中有一种个体主动的求知向善的方式，称作"观察学习"（Observational Learning）。"观察学习为社会学习的基础，其产生乃是由学习者在社会情境中，经观察别人行为表现方式以及行为后果（得到奖励或惩

① （美）理查德·格里格等．心理学与生活 [M]．王垒等译．北京：人民邮电出版社，2003：517．

② （美）A·H·马斯洛．动机与人格 [M]．许金声等译．北京：华夏出版社，1987：50．

① 张春兴. 现代心理学 [M]. 上海：上海人民出版社，2005：184.

② 刘文. 异化、误认与侵略性：拉康论自我的本质 [J]. 求索，2005（12）：132.

③ 李征坤等. 西方科技价值观的嬗变 [M]. 桂林：广西师范大学出版社，2004：56~58.

罚）间接学到的。间接学习的历程，称为模仿。"①这种模仿学习也是认知方式的一种，而且是个体本能的行为，个体在模仿时一般会将被模仿者的行为及其结果定为自己行动的标准，以此衡量自己行为的效果，如不对应就修正，是为自我规范（Self-regulation）；如对应了就加强，是为自我强化（Self-reinforcement）。于是在个体与新产品的关系中，个体也会产生对能够熟练使用产品的人的模仿，这种行为即是学习个体的归属行为，自觉地向其他个体靠拢；也是被学习个体被认同的过程，学习个体认同所归属群体的规则。个体的归属认同有时外在地表现为从众行为，这种行为可以使个体消除焦虑，达到心理平衡，有利于个体发挥自身的作用，有利于生活群体凝聚力的形成。因此，产品使用者的这种心理是值得设计师考虑的，一是可以考虑提供满足个体这种需要的新产品、新方式，如上述的移动电话；二是可以考虑在产品中满足目标消费者的这种需要，如针对一个民族、一种文化、一个地区的设计，运动品牌的标志化就可以满足不同个体的归属、认同的需要。

1. 认同感的需要

一个人的自我认同只有在人类生活中才有意义，只有在与他人的相互关系当中才能体现出来，脱离了社会的自我认同只是一个形同符号的东西而已，"我是谁？"就成为面临身份危机而去寻求生活意义的人绝望的呼喊。身份是认同的外在符号，每个人出生后不断习得和培养的就是他的身份，这也是获取认同感的来源。拉康就认为，认同是"主体在认定一个形象时，主体自身所发生的转换（Trans-formation）"②。芒福德认为"人通过日常符号文化的苦心经营来实现对心理的控制，是比对外部环境的控制更为迫切的需要。"即使到今天，"技术仍来源于我们整个人类与环境的交往，在这种交往中人们使用自身的才能，最大限度地利用自己的生物与心理潜能"。早期人类的活动尤为明显，但是他们"最勇敢的技术实验可能并不与外部环境的控制有关。它所关注的是人体的解剖学的改变与皮肤的装饰，其目的是性、自我表现与集体认同"③。

服装是最能体现人的认同需要的产品，伊丽莎白·赫洛克谈到原始时期的服饰时认为，自我夸耀和试图赢得别人赞誉的心理是服饰起源的主要动机之一。例如巴西的申古部落人只有首领和胜利的武士才能带羽毛帽，构成了部落内的等级差别。萨摩亚人和塔西提岛人则用特殊的花纹形式表示社会等级。因此，她认为原始人的装饰并不是为了体面，或作为一种防护物，而是为了炫耀[1]。实际上，这种炫耀就是个体希望得到认可和尊重，应该说人类的装饰是起源于这种需要，美的追求还是后面的事情，某种程度可以讲，服饰在人类产品中最能表现人的认同需要。赫洛克在分析一种"穿衣的忧虑"的社会现象时说："毋庸讳言，大多数人赶时髦并不是出于自己的真心，而是因为他们害怕社会的非难……因为自己的服饰与众不同而害怕受人嘲弄；担心别人认为自己穷得买不起时装；担心别人认为自己甘愿穿过时服装而缺乏自尊；担心别人会认为自己不注重仪表，不懂得仪表的价值。于是，为了减少烦恼，许多人就甘愿受时髦风气的支配，尽管他们知道这种行为荒唐可笑。有趣的是，人们通常是不知不觉地产生了'穿衣的忧虑'，而且大多数人并没感觉到自己受到了这种忧虑的支配。"[2]而且这种和大多数人一致的心理还导致了一个有趣的现象，就是人们既喜欢尝试新的产品，但又害怕这个产品过于新潮。"新的服饰样式与人们已经习惯的样式不能相差太大，害怕新奇的心理严重妨碍了人们冒险的愿望。尽管人们对新颖的服饰式样比较感兴趣，但是又害怕接受式样变化'出格'的服饰，因为担心会受到其他人的嘲笑。"[3]

论及现时代产品给人产生的认同感，现代产品的同质化对此功不可没。从个体的个性需要的角度，产品的同质化是令人厌烦的，它使人淹没于群体大众中，找不到自己的定位。然而，某些情况下，这类产品又必不可少，它能令人产生强烈的认同感，比如说军队中的制式军服和军靴。人们都在电影里看过各式军队的队列（图 3.49），可以说自古以来的军队统帅就知道用整齐划一的制式装束来统一军人的意志，让他们无条件地服从命令。全部一样的笔挺的军服、军靴、各式装备、枪械等营造出一个高度统一的团体，发亮的钢盔、高亢的口号和整齐的步伐传递出不可战胜

图 3.49　各国军队整齐划一的队列

的强大力量，仿佛世界上没有不可征服的地域，没有不可到达的地方。个体在这种同质化的产品营造的秩序氛围中，完全会迷失自我，但是他并不缺乏自豪感和幸福感，认同使得肾上腺激素大量分泌，亢奋的激情促使他随时愿意赴汤蹈火。这当然是一些较为极端的状况，可是看看现代社会中曾经存在的胖友会（Palm 产品持有者）、蜥蜴们（使用 CE 系统的 PDA 产品持有者）和各种车友

① （美）伊丽莎白·赫洛克. 服饰心理学 [M]. 孔凡军等译. 北京：中国人民大学出版社，1990：22-23.

② 同上，第 37 页。

③ 同上，第 45 页。

会，就能发现上述因产品而产生的认同感的依稀的影子，由于使用同样的产品，人们较容易产生亲近感，会将其纳入自己的圈子。

2. 归属感的需要

尽管人是一种动物，首先必须满足自己赖以生存的物质需求，但是只满足人的物质需求，其他情感需求无法满足的话，人也无法正常生存。这其中人的归属感是必不可少的。马斯洛在他的人类需要层次理论中将归属需要列为高于安全需要的地位，但是由于本书是在产品领域研究人类安全，还是将归属需要划入心理安全的范畴。阿德瑞（Ardrey）的著作《必须服从土地》深入剖析了人类具有的结群、形成团体和需要有所归属的动物本能。马斯洛受其影响，认识到归属需要是人类心理安全的先天需要，现代人"将希望获得一个位置，胜过希望获得世界上的任何其他东西……此时，他强烈地感到孤独，感到遭受抛弃、拒绝、举目无亲、浪迹人间的痛苦"[①]。这可以解释为什么人们有往大城市聚集的趋向，尽管大城市存在诸多弊端，可是待在以往相对闭塞的小乡村的人们只要一想到不知道世界上其他的人们到底正在干些什么就会心慌，他们会有被其他人类抛弃的感觉，如果由于种种原因不能离开去闯世界，他们也必定会对从外面来的人询问和了解外面世界的状况。即使是陶渊明笔下在桃花源中生活得怡然自得的人们也渴望了解外面世界的变化，纷纷询问到访的稀客，尽管他们并不乐意融入其中。

产品作为人与外在的中介以及人类世界的符号载体，自产生以来就负载着归属、认同等心理功能。赫洛克对欧洲大学制服来源的分析揭示了服装是如何成为制服，从而表达出穿着者的归属感的。从来源看，欧洲大学的制服是由中世纪的教师——牧师们的披风改成的，当时是为了抵御寒风，牧师们披在身上。后来校园里披风就具有了特殊的含义，还以不同的颜色表示一个人学位的高低，这就是现在的学位服。

建筑是人类产品中令个体的心理产生归属感比较明显的一类产品。中古城镇和城市在基督教的保护下得到重生时，教堂的石头也变成了基督徒对自己所生活的地方表达终生不渝情感的慰藉物。即便是在一个小镇里，一座高耸而巨大的教堂（图 3.50）的建立，也代表着对这个地方的承诺。现代的人们同样会有类

① （美）A・H・马斯洛. 动机与人格 [M]. 许金声 等译. 北京：华夏出版社，1987：49—50.

似的感受，人们不论远行到何处，心中总保留着一幅家乡的图景，而居于这个图景中心的肯定就是家乡某个或某几个有代表性的建筑。乘火车或飞机回家的话，一看到这些建筑，人们心中都会涌起回家的温暖，这些建筑往往被称为地标，成为某个地方的标志。实际上，现在每个世界著名的城市都有自己的标志性建筑（图3.51），随便说上几个城市，像北京、上海、纽约、巴黎、伦敦、莫斯科等，人们马上就能围绕那个标志性建筑构思出那个城市的风貌。的确，这些建筑使得它所在的城市居民产生强烈的归属感，对自我所在有个地域上的认定。

我国现在正处于农村的城镇化时期，这似乎是每个现代化国家都会经历的阶段。城镇化改造伴随着大量的农村人口流动，这种快速的移动会降低人对外界环境的感知能力，人会觉得与他人更加陌生了，难以交往。在这样的状况下，人们都会产生与人交流的愿望，于是跨空间的联系方式成为大多数人的需要，无线通信联系可以让人越过自己身边的人而与远方的家人、朋友联系，这极大地缓解了现代人的心灵孤独，他们在与熟悉的人们的通话里找到了自己的归属感，手机制造商把握到了市场的脉搏，迎合了人们的需要。但是这也产生出另一个问题，就是人们越来越困缩于自己原来的小圈子，无法打开新的生活圈，实际上真正每天接触的人，反而无法成为朋友，人与人直接的交往反而生疏了。

当然，产品设计师需要注意的是归属需要并不意味着人与人的紧密接触，人与人之间总是需要有距离的，保持一定的距离也是一种归属，美国人类学家埃德伍德·霍尔将距离分为4种：紧密距离、个人距离、社会距离和公众距离。一般情况下，人们使用产品都习惯于与他人保持一定的距离，一是私密的需要，二是方便对产品的操作。因此，设计产品时还需要考虑保持人与人之间的恰当距离，特别是需要多人操作的工业产品。

图3.50　德国科隆大教堂

图3.51　巴黎、莫斯科、纽约、伦敦、悉尼的地标性建筑

（四）保护个人隐私的需求

隐私本来属于个体私密性要求，但是现在人们越来越发现产品与人类安全的关系中应该包括隐私安全。这是因为现在诸如电子产品的微型化、功能多样化，新的安全问题不断涌现，电子集成技术的高速发展使得普通民用电子产品都像以往间谍专用产品一样，可以在不被他人察觉的情况下完成操作。例如现在经常可以在电视上看到记者为了曝光社会问题，微服私访，使用藏在衣服纽扣、饰品当中的微型摄像机拍摄画面，这有助于执行舆论监督的功能。可是当在网络上看到一些不法之徒别有用心地偷拍别人在私密空间的行为时，例如在浴室、换衣间安置针孔摄像机偷拍视频或照片然后在网络上传播，这就不得不让人反思所谓现代产品能否在高科技的支撑下任意地发展。有人说，这类产品本身并没问题，关键是看使用者的行为。虽然目前国家还没有将这类产品纳入管制范围，但如果某种产品负面用途确实太大且影响广泛的话，国家很可能会出台限制性规定。

毋庸置疑，每个个体都是需要一定的私密空间的，每个人都有保护自己隐私的要求，无论他是国家元首，还是乡村老农，人的社会性、聚居性反过来又决定了个体的私密性。这似乎与上述的归属认同原则相抵触，其实不然，世间万物正是在对立统一中存在，不存在绝对单一性的事物，人们常说事情具有两面性，人也是一样。个体的内在需求同时需要归属认同和隐私安全，只是有时这方面需求大些，有时那方面需求大些。因而设计师在研究产品的开发时，就需要兼顾这两条原则，新产品不仅要尽量避免被使用者用于侵犯别人的隐私，而且也要避免因为不注意而透露了使用者自己的隐私。比如现在的移动电话都具有拍照功能和摄像功能，随着产品的更新换代，有的产品即使在暗处也能拍出比较清晰的照片，因此常被一些人用来偷拍别人的隐私。按说这是侵犯了他人的隐私权，但是被摄者很难发觉或指证，因为拍照者往往以发短信为掩饰，若是拿个相机明目张胆地对着他人拍就会被制止了。所以说设计师可以考虑在产品设计时有意将发短信和拍照设置成不同的操作姿态以制止偷拍的行为，如图3.52所示 Nokia N73 和三星 SGH-i718 两款手机，三星手机可以竖直拍摄，与发短信

图3.52　左：Nokia N73 手机
　　　　　右：三星 SGH-i718 手机

的操作姿态一致，模糊了行为意图。而 Nokia N73 手机只能将移动电话横过来才能进行拍摄操作，这样被拍者可以明显发觉拍摄者的意图以决定是否制止。现在，手机生产厂家已经意识到这类设计的缺陷，一些新产品注意采用横向拍摄的方式，而最新的 Nokia N93i 手机，更是采用了独特的摄像机式的拍照方式，其姿态的意图示意更加明显，如图 3.53 所示。此外，产品还需要防止使用者大意透露自己的隐私，据报道，在一次各国元首的国际会议上，险些由此导致不良后果。在这次关于伊朗核问题的会议间隙，美国总统小布什和英国首相布莱尔私下谈话，他们都没意识到身旁的话筒并未关闭，结果两人私底下交流的意见由麦克风（图 3.54）广播到全体会议人员，场面很是尴尬。如果设计师开发这样一种麦克风，它的拾音器具有感压线路并且控制着开关，只要压力未达到一定的数值，麦克风就不会工作，这样也许可以避免出现粗心的使用者所担心的问题。

图 3.53　左：索尼爱立信 K790c 手机
右：Nokia N93i 手机

图 3.54　各式会议用麦克风

四、设计的手段与目的

（一）激励刺激安全行为

心理学的行为主义观点（Behaviorist Perspective）秉持这样一种认识，即特定的情境刺激会控制个体的特定行为。因此行为主义心理学家研究个体行为的方式是首先"分析先行的环境条件——那些在行为出现之前出现，而且为一个机体产生反应或抑制反应提供活动场所的条件。其次，他们把行为反应（Behavioral Response）—— 研究的主要对象——看作是要理解、预测和控制的行为"[1]。虽然行为主义心理学只是心理学领域的一类研究方法，但是它对于理解人类行为的心理产生过重要的影响，并且影响到教育学的领域。例如对于更人性化的儿童教育方法的制定，强调正强化而不是惩罚来鼓励学习，这就是本小节要论述的激励原则。

激励是一种人类很早就认识到的教育方式，由于其相对于惩罚更正面，有助于

① （美）理查德·格里格等. 心理学与生活 [M]. 王垒等译. 北京：人民邮电出版社，2003'' 10

① 林泽炎等．预防事故的行为干预技术及应用 [J]．中国安全科学学报，1998，2，28．

团体凝聚力的形成而为明智的团队领导所使用。从根源上说，激励有人体生理的基础，最重要的是人体的应激反应，与所有动物一样，人体有各种感官，能够对外界的刺激产生反应，而且大多数反应都是下意识的、本能的。这类生理的反应通常被用于个体的后天学习，也称作经验的积累。当一个反复的刺激伴随着一个好的结果，在人脑中渐渐就会形成一个固定的思维模式，这种行为（操作）对己有利，也就是前文所述的概念模式。于是，"在干预人的行为时，心理学家认为：对人施以严格的控制并不是好的方法。有研究表明，对人控制得越严，生产效率会越低，安全管理效果会越差。相反，若使用积极的强化会比惩罚和约束更为有效。积极的强化，就是奖励人的某些行为的措施，以鼓励其良好的行为再次出现"①。惩罚属于负面的教育，不在激励的范畴内，这里不予涉及。激励是正面的强化，又分为阳性和阴性两类，一个行为之后伴随着喜欢的刺激的出现，属于阳性强化；一个行为之后伴随着讨厌的刺激的消除，属于阴性强化。而当此类的刺激属于人为有意设定时，激励作用也就产生。这种行为也由生理的应激反应转变为心理的激励过程。

对于个体出现的类似不安全行为可以采用激励刺激行为的方式，激励他们的安全行为，从而避免不安全行为的出现。激励的形式可分为物质和精神奖励，一般激励呈现出 4 种规律：

1. 相似原则。如果以前有种刺激成为人的行为获奖励的机会，今后的刺激越像那次刺激，人们越喜欢做出相似的反应。
2. 强化原则。一个人的行为越是受到奖励，他和别人就越乐意从事该行为。
3. 价值原则。人从事的活动获得越多的价值，他就会更加遵照所奖励的行为方式去行动。
4. 衰减原则。一个人获得的奖励越频繁，该奖励的价值越小。

产品设计师在运用激励安全行为的方法时需要综合考虑以上原则，在用户正确操作产品之后，产品要能够以积极的反应回馈给使用者，或者很好地完成功能，或者给使用者以心理奖励。但在产品使用过程中，特别是民用产品的使用过程中，精神激励还是应该放在首要位置上，因为精神激励基本适用于一切个体，并且更可靠，更及时。一个较为通俗而又明显的例子是电子游戏机，这种产品善于抓住个体心理，设计的游戏既有难度，又在恰当的阶段（游戏被分解为很多关）给予使用者一定的精神奖励，刺激使用者继续不断地使用下去。这种产品把激励个体精神运用得如此之极致，以至于很多游戏者上瘾，沉湎于其中不能自拔。这种激励过度导致伤害当然是应该引起警惕的，但是同样的方法完全可以合理地运用到刺激个体安全行为上，有助于预先从心理层面杜绝安全隐患。

（二）对特殊个体的关照

特殊个体由于身体机能的障碍，不能像普通个体一样使用产品，并且产品的使用经历本身就会令他们产生与普通个体不一样的感受，这使得产品设计师在设计一些给特殊个体使用的产品时要考虑到他们的心理需要。曾经在网上看到这么一则消息：2005 年，在中央电视台春节联欢晚会上一举成名的舞蹈节目"千手观音"，表演者是中国残疾人艺术团的演员，21 位演员中有 18 位是因为幼年药物（主要是抗生素）过敏而致耳聋，人们都惋惜于这些优秀的青年遭受到本可以避免的灾祸，而这些演员的家长们则是从自己孩子幼年耳聋后就一直想办法医好自己的孩子。报道中家长们提到一种叫"人工耳蜗"的产品，说人工耳蜗（图 3.55）属于高科技产品，价格比较贵，购买一只并植入需要花费 20 万元以上，一般家庭很难负担，于是这些演员有时还是使用助听器。为什么这些耳聋演员的父母，肯定也包括他们自己本人，那么

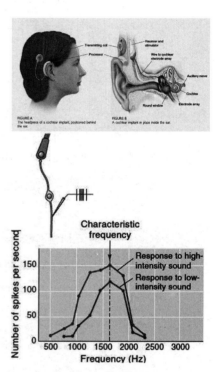

图 3.55　人工耳蜗产品及工作原理

希望能够植入人工耳蜗，而不太愿意使用助听器呢？这里一方面是改善听力的效果问题，即人工耳蜗由于直接替代了原先肌体被损害的耳蜗，使得患者基本可以恢复到和普通个体一样的水平，听到外界的各种声音；另一方面也不应该被忽略，就是这种直接植入耳朵的人工耳蜗在外表基本上看不出来，使得外观上和普通个体一样，当他们能够听见声音时，外人完全不会把他们当作残疾人对待，这种平等对待也许是这些特殊个体内心所真正渴望的。

以上这个鲜活的事例清楚地揭示出关于产品给予特殊个体心理帮助的作用，产品设计师不应该只是一个"技术人"，更应该是一个"自然人"，设计师在设计

产品的时候，不仅仅需要在物质功能的角度，还需要在精神功能的角度站在使用者的立场上，这样做出来的设计才可以称得上"人性化的设计"。因此，对于产品设计的安全应提倡一种对个体心理的帮助，这是基于一种"大安全观"的立场上，尽管是以特殊人群为例，但实际上，这个原则对所有的产品目标群体都应该适用。前文在论述产品设计中的个体安全问题时，谈到了产品应该给使用者以亲切感，不应该冷冰冰；应该给使用者以自信，从而充满信心地去研究如何使用，而不是自卑、不知所措，毫无头绪地乱翻使用说明书。个体使用产品是为了更好地生活，融入社会，从事实践活动，实现自我。设计师如果只是一心扮演技术上的"上帝"，只会让使用者产生习得无助感（Learned helplessness），对产品和技术产生恐惧症，甚至会导致忧郁症。这种使用者的自责会让他们陷入畏手畏脚的怪圈，从而进入不自信和出错的恶性循环当中。

五、人人都是设计师

在结束关于产品与人心的安全的叙述时，有必要再阐述一下"人 – 产品"系统中人所处的角色，虽然本书论述主要是从产品设计的角度，但不可否认的是，安全问题都是在产品使用过程当中发生，因此就安全而言，使用者的参与是一个重要的环节。

个体与产品的关系在日常生活中随处可见，人们布置自己居室的家具，摆放自己手袋中的小物品，都揭示出个体对产品的使用和参与。当然每个个体在与产品的关系中还是有差异的，但是差异可以暂时先放在一边，因为安全是人类个体间不多的共性之一。所以说，对于个体，应该强调的视角是个体使用产品时的独立性，而不是强调个体差异。

唐纳德·诺曼对于个体和产品的关系有几段精辟的论述，对于了解个体对产品的"私有化"改造很有帮助，现摘录于下[①]：

尽管我们不可能在我们购买的许多物品的设计上进行任何控制，我们却可以对我们选择什么，怎么使用，在哪儿使用和什么时候使用进行控制。

最好的设计不一定是一个物品、空间或者结构：它是一个过程——动态的和可

① （美）唐纳德·A·诺曼. 情感化设计 [M]. 付秋芳等译.
北京：电子工业出版社，2005：198-199.

以修改的过程。许多大学生通过在两个文件柜的顶端放上一个平板门而制成一张课桌，盒子变成了椅子和书柜，砖块和木头做成了架子，地毯变成了墙帷。最好的设计是那些为自己创作的东西。这是最恰当的设计——实用、美观。这种设计与我们个人的生活风格相和谐。

我们都是设计家——而且必须是。专业的设计家可以制作美观好用的物品。他们可以创作美丽的产品，使我们第一眼看到时就会爱上它们。他们可以创作满足我们需要的产品，它们容易理解，容易使用，它们以我们希望的工作方式进行工作。看着舒服，用着高兴。但是，他们不能使某个物品变成个人的，使物品与我们联系起来。没有人可以为我们那样做：我们必须为我们自己做。

我们都是设计家——因为我们必须是。我们过我们的生活，会遇到成功和失败，欢乐和悲伤。我们建立我们自己的众多生活世界以终生支持我们自己。

从这段优美的文字中可以看到诺曼对于具体生活中产品和个体关系的强调，归根结底，在产品使用时总是具体的个体与产品发生关系，图 3.56 显示了使用者如何参与产品的最终设计，这些产品仿佛都焕发了新的生命力。实际上，无论我们多么脱离不开聚居的生活，我们仍然必须作为一个个体生存着，任何人都无法代替他人生活，当然也无法指望别人来代替他，这注定了我们必须设计自己的生活，也只有你自己才能从事这一设计活动。在人与产品这个系统中，人参与进来组成系统才是这一系统的最终完成，因此，必然是使用者也只有使用者才是产品安全的最终设计者和实现者。

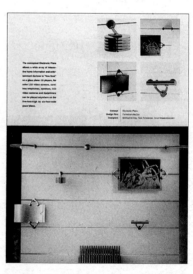

图 3.56　上图：供使用者 DIY 的各类挂件
　　　　　下图：使用者自己的设计

第五节　设计与人类的逻辑

一、 设计是一种价值观

人的存在是人的第一价值，"人们为了能够'创造历史'必须能够生活。但是为了生活，首先就需要衣、食、住以及其他东西。因此第一个历史活动就是生产满足这些需要的资料，即生产物质生活本身。"①人的发展也是人的价值，但它是基于人的存在这一价值的。对价值的理解，首先要防止把价值等同于实体对象，其次要防止把价值等同于需要与满足的关系。其实，价值是人类所特有的一种绝对的超越指向。因此，价值不只是"有价值的"，也不仅是使用价值，而应该是一种超越实体的应然的状态和境界。就是说，价值是人类社会和人类发展追求的方向，但是价值也存在异化的情况，"价值的异化则意味着价值对理性的拒斥和否定，即把绝对的价值尺度当作一种超历史的抽象目标，恐惧和怀疑一切理性手段和方式，拒绝一切历史的实际发展。"②所以说，价值的实现也是历史的、过程的，人的价值根据人的本位的变化而变化，早期人的价值本位在群体，服从群体的利益；后来价值本位在个体，追求个人独立和自我实现；未来的价值本位在群体和个体的统一，追求人类本质的实现。在人类向着应然的理想社会前进的道路上，理性与技术是必需的手段，一切对于它们的批判只能看作是人类安全对于它们的要求。

技术作为人类实践活动中的主要手段从一开始就负载着人的价值。产品作为人工自然物，其中蕴涵了人的意志、愿望和期望。每一种产品的存在都体现了人类的价值所涉。在制造产品的技术实践之中，先天地植入了人的主观意志。技术远不是价值无涉的尤物③。科学和技术建立在人类价值观的基础上，并且科学和技术本身也是一种价值系统。人类的需要给了科学以起因和目标，任何这样一种需要的满足都是一种"价值"，这也适用于对于安全的追求。"然而，我们现在认识到，防止人类的价值观干扰我们对自然、社会以及自身感觉的唯一途径，是始终对这些价值观有非常清醒的意识，理解它们对感觉的影响，并借助这种理解的帮助，做出必要的修正。"④

在这种价值观前提下，人的科学安全、技术安全和产品安全是实现人类所有其他价值的手段和基础，比如产品制造商希望降低售后成本，减少产品因安全问题所花费的成本，就在于产品进入流通之前消除和减少产品可能引起伤害的危险，这是很明智的做法⑤。同样，能够帮助人们很好地实现其他价值的设计也可以看作是安全的设计手段。比如在产品设计当中一些设计师采用的、令用户感觉更舒适的方法，实际上，产品的舒适可以理解为产品的隐性安全状态。以椅子为例，古希腊、古罗马时，椅子就是有也不是主要的家具。而在中世纪，近

① 马克思恩格斯全集［M］．北京：人民出版社，1979：3，31.

② 鲁鹏等．历史之谜求解——人类生存的十对矛盾［M］．南宁：广西人民出版社，1996：141，158，159.

③ 乔瑞金．试论技术作为人工自然的客观存在及其进步［J］．洛阳师范学院学报，2004，3：20.

④（美）保罗·莱文森．思想无羁［M］．何道宽译．南京：南京大学出版社，2003：7-8.

⑤ Lanny R. Berke. Design For Safety - The Next Hot Button[M]. Machine Design, 2005:48-50.

图 3.57　理性时代以来，家具商生产的各式沙发椅

① （美）理查德·桑内特. 肉体与石头 [M]. 黄煜文译. 上海：上海译文出版社，2006：342-346.

乎于蹲的方式成了一种社交姿势，那时椅子似乎都是礼仪的需要，起到了等级区分的作用。到了理性时代，椅子才成为放松坐姿的工具。舒适的椅子表明人在坐着时可以自由地扭转和活动，并且身体能够放松地与人交谈。这种需要促使椅子的设计制造业兴旺起来，制造商开始给坐垫和椅背填充柔软的毛，并且扶手也包围起来，这种椅子让人放松①（图 3.57）。

舒适不应仅仅理解为一种身体的随适和放松，舒适还代表产品使用过程的简明清晰，这也表明舒适与安全之间并没有特别明显的界限，舒适可以看作是安全与伤害之间的状态，也可以理解为一种特殊的安全状态——隐性安全状态。对于产品事故的调查表明，使用者在操作产品失误时绝大多数都是因为该产品设计得过于复杂所致，如果在设计中适当地考虑人为因素，这种差错可以明显减少。

二、符号对设计逻辑的影响

一直以来，学界在什么是区分人与动物的标志问题上有所分歧。或者说，这是一个研究不断深入，答案也随之改变的问题。较早期人们认为会制造和使用工具是人与动物的区别，但已经有许多学者提出反例表明很多动物都会制造和使用工具。又有人认为会劳动是人与动物的根本区别，这种说法也欠妥，如果说有意识的实践活动是人与动物的区别还勉强说得过去，但是劳动的概念太泛，猪拱土、鼠刨地算不算劳动？它们也在获取食物。还有人说应该是语言，没听说动物会说话吧？这个观点也有专家提出异议，首先，或许真有动物语言，只是我们不知道；其次，语言只是个表象，涵盖内容太小；最后，

图 3.58　东芝生产的 W&D 电动剃须刀

语言只是符号系统的高度发展的形式，符号系统更基础，正处于人与非人的交接点上。所以从尤里安·赫胥黎到贝塔朗菲等学者都赞成"符号"，因为包括了更一般的文化活动，应该是人类行为的一个首要标志。的确，研究人类有史以来的产品就可以发现，产品正是这些符号的物质载体，并帮助人们建立起符号的关联，它们构成了人类的符号世界。良好的产品与人的符号互动会增添产品的意味，并且增加其安全性。图 3.58 所示的电动剃须刀设计利用了剃须胡泡和洁面乳的外观特征，很容易使人联想到"洁面"的意味，较好地利用了符号关联传递给使用者正确的信息。当今对符号的研究越来越多，这些研究可以清楚地让人看到原来"人是一种自始至终都在创造符号、使用符号、并受符号制约的动物"[①]。现在生物学家公认，符号体系是人的唯一标准，人之所以区别于其他生物的高级思维都建立在符号体系基础之上。人的心理失调包含符号机能的失调，在生物医学领域，精神分裂症基本有以下几种形式：联想结构的松散、自我边界的打破、讲话和思想失调、观念的定型化、去符号化、原始逻辑的思维等[②]。这种观点最有力的证据支持是动物不会有符号机能的失调，因此极少观察到有精神分裂症的动物，而人类的生物驱动力和符号价值体系的冲突，也就成为人类所独有的病症。

虽然现在人们认为是符号赋予了产品意义，但事实上符号正是从古至今的产品积累而成的文化意义，符号都有其物化形式。比如早期人类的重要劳动工具——石斧，后来就转化为象征权力的权杖，汉字的"王"字也正是从作为权杖的石斧（图 3.59）转化而来。"符号化的认识使人类那些直接依附于物质刺激的心理活动得到了延长、巩固和强化，事物的映象有了物质形式后获得相对独立性成为物我中介。"[③]可以这样说，符号组成的文明和文化内容使得人可能超越自身的生理局限，具有了感应间接物的能力，这既拓展了人的实践范围，也使得符号对人类具有了安全的意义。卡西尔曾说："没有符号系统，人的生活就一定会像柏拉图的著名比喻中那洞穴中的囚徒，人的生活就会被限定在生物需要和实

图 3.59
上：现代人仿制的石斧　下左：模仿用石斧制独木舟
下右：良渚文化时期的石斧

① (奥) 冯·贝塔朗菲，(美) A·拉威奥莱特. 人的系统观 [M]. 张志伟等译. 北京：华夏出版社，1989：48.

② 庞元正，李建华. 系统论控制论信息论经典文献选编 [M]. 北京：求实出版社，1989：112.

③ 张晓虎. 从工具、符号看实践与认识的关系 [J]. 求实，2004：3：44-45.

际利益的范围内，就会找不到通向理想世界的道路——这个理想世界是由宗教、艺术、哲学、科学从各个不同的方面为他开放的。"①

人类不可能将身心关系割裂来认识事物，"人类对应存在物的体验实际上都是在心灵与身体的共谐作用下完成的，不可能从对某一级的认识中获得对存在物的全部认识。"②但是，现代工业社会因受到商品经济和人类欲望的异化却表现出一种身心关系割裂的倾向。怀特海看到了科学与人文的割裂，便构建了一套价值理论，以"样式理论"来揭示价值的客观性和普遍性，以"感受理论"来展现价值的主观性和特殊性③。这就同时强调了产品的物质价值和精神价值，其中最主要的内容就是产品的物质安全和精神安全。产品自古以来就是构成人类符号世界的主要内容，因此在关注产品的物质安全——人身安全之外，必须关注产品的精神安全——人心安全，产品设计当中赋予产品的符号意义帮助人们将对象与映象区分开来，并且通过人的自我意识形成对外在的认知和对行为的理性控制。

符号是人类特有的文化内容，"符号是自由创造的、代表某种内容的并通过口头来传递的记号。所谓自由创造，意指在记号和它所代表的事物之间有一种联系，但绝不是生物学上所强调的那种联系"。"除了直接满足事物需要以外，人不是生活在事物的世界中，而是生活在符号的世界中。"④也正因为如此，世界的符号化也成为人类的双刃剑，首先，人类的符号是由人类创造的，它和事物之间不具有天然的、本质的联系，形象地说就是两者之间不是完全重叠的，很可能有错位，看上去很细小的缝隙就会埋下不安全的种子；其次，人进化为高等动物的标志既然是符号，就说明人类再也不准备像以往那样去以身试错了，人已经预备好了退居二线，用概念化的符号去尝试，这样人更安全，更经得住失败；最后，单个的符号是贫乏的，只有形成一个符号的系统它才对人类社会有意义。因为它可以建立和维持系统的秩序，以确保系统功能的实现，并实现人类特有的目的性。

① 〔德〕卡西尔. 人论 [M]. 上海：上海译文出版社，1985：53.

② 郑晨. 怀特海哲学的后现代维度 [J]. 山西高等学校社会科学学报，2006，8：92.

③ 董立河. 怀特海价值理论初探 [J]. 天津社会科学，2003，6：50-55.

④ 〔奥〕冯·贝塔朗菲、〔美〕A·拉威奥莱特. 人的系统观 [M]. 张志伟等译. 北京：华夏出版社，1989：7.

三、人类可持续是终极目的

亚里士多德在《形而上学》中谈到，对仅仅具有经验的人而言，他对事物知其然，而不知其所以然，然而，一个巧匠知道它为何如此。这就是在任一行业中，熟练工匠被人高度尊敬的原因，人们认为他知道得更多，因而也就比一位技工更聪明，因为他明白所做之事的原因。理查德·帕多万由此分析到，"感觉只可能是一种解释和选择过程，通过实践，我们在这一过程中变得更加富于技巧。我们的世界图像是我们自己所理解的世界的图像。"①就人的本质安全来说，认识这一点的确非常重要，一方面，设计师要认识到产品作为人类实践的技术手段是必需的，但是它不是万能的，放低自身的姿态，有助于人类的安全；另一方面，使用者和产品的局限性，使得既不能无保留地相信产品，也不能一味地相信自己的感觉，人类的世界只是人类认识的世界，怀着一种敬畏之心对待未知的世界有助于人类的安全。

自工业革命以来，科学技术的飞速发展给人类带来了前所未有的力量，也证明了科技的昌明，但是现代技术表现出一种明显的对象化思维方式，海德格尔认为它看似是对形而上学的消解，实际上是对之的完成。终有一死的人们否认有终极的生存，现在他们把自己称作"人力资源"。这种把自己或他人对象化成物的认识引发了对于当今人体技术的思考，人们早就试图运用技术来改进人体，像器官移植（包括器官培养、克隆和变性手术等）、植入设备（包括人体与电子产品的嵌合等）、基因重组（包括基因改造、克隆技术等），这使得人有可能被自己改造成非人。

现在，人类已经意识到科学技术的这种偏颇，它给予了人类理性，但缺乏人类同样需要的感性成分。艺术作为人类实践中重要的部分被学者称为"神性的提示者"，于是关于产品的艺术设计也因为满足人类感性的需要，而具有与产品的技术设计一样的安全内容。"艺术与科学的互逆互动、互补互益的关系，成为现代生活中最具人文意义、最富人文弹性、最显人文深度的一种关系……世界的科学化通过人类生存状态的或显或隐、或喜或悲的改变，使艺术被特别地赋予一种'神性'的本质，将古代宇宙观下的精神架构，继续薪火传承。"②因此，人类的最终安全无法依靠科技来获得，还需要艺术的重要补充，在产品的安全

① （美）理查德·帕多万. 比例——科学·哲学·建筑. 周玉鹏等译. 北京：中国建筑工业出版社，2005：121.

② 杭间，吕品田. 艺术：科学【神性】的提示者 [J]. 装饰，1999，1：24.

第三章 人何所安——设计中关于人的逻辑　105

领域，艺术设计成为给予人们感性安全或神性提示的角色，并由此成为产品安全的重要内容。此外，产品安全还需要依靠人类自己的认识，战国时期思想家墨子对人造物与人的道德之间的关系早就有论述，他认为，"社会动乱的根源在于缺少'义'，不义是因为'利'的不平衡造成的，而利的不平衡集中表现在统治阶级奢侈的生活方式所导致的社会财富的巨大浪费，要改变这种状况，就必须建立一种实用健康的日常生活行为法则"[①]。这套健康的行为法则就是人要舍弃自己对物的占有私欲，去与他人和自然生态一起获取安全。人类的安全的终极就是超越，这包括两方面：一是超越物质，达到物质、意识的一体化；二是超越个体，达到个体、群体的一体化。对于前者，艺术的加入可以成为很好的手段；而于后者，似乎更需要人道德观念的提高。归根结底，人的安全的终极是个人的高度自由，但是这种自由也不是仅靠个体单独取得的，而是在人与社会的高度统一中实现的。

① 杭间，曹小鸥. 设计的伦理学视野 [J]. 美术观察，2003'6": 4-5

第四章 物有物性——设计中关于物的逻辑

前一章论述了"人－产品－外在"系统中因人而起的安全来源以及产品设计当中需要考虑的人的因素，本章则论述这个系统中对于物的安全需求，以及产品本身具有的安全特性。从 3 个方面展开，首先，产品作为物具有本质上的一些属性，即材料和结构，阐述这两方面与安全相关的问题很有必要；其次，产品作为人工物，是由人设计制造的，这使得它具有一些自然物不具备的与安全相关的问题，比如功能要实现目的性，产品在安全上的先天缺陷等；最后，产品作为一个系统，具有系统的一些安全特性，比如需要保持系统的稳态，自身的可靠性、稳定性的要求。本章结尾探讨了物的人性问题，因为产品的智能化也会带来新的安全问题。

"物"，既有物质的含义，也有物品的含义。研究"物"，既不能脱离人类实践活动去抽象地谈物质性，也不能从静止的立场去看待，而应该从动态的实践出发研究具体的物。"在漫长的西方形而上学的历史上，物获得了 3 种基本的规定：其一，物是特性的载体；其二，物是感觉的复合；其三，物是赋形的质料。"①马克思主义哲学中"物"有 3 种形态，从认识的视角，是指事物；从本体论出发，是指物质；从唯物史观看，是指社会存在②。本章中的"物"也包含着这 3 方面的内容，但主要取物质、物品的含义。

第一节 产品的本质属性

③ 李达. 唯物辩证法大纲［M］. 北京：人民出版社，1978：287.

② 杨雷等. 马克思主义哲学【物】的三种形态［J］. 河南商业高等专科学校学报，2002，4：74～75.

① 徐明玉等. 物的本质乃光聚集［J］. 西南民族大学学报（人文社科版），2004，5：263.

何为"本质"？《辞海》（1989 年缩印本）释为"事物的内部联系。它是由事物的内在矛盾所规定，是事物的比较深刻的、一贯的和稳定的方面。"《现代汉语词典》（2002 年增补本）释为"事物本身所固有的，决定事物性质、面貌和发展的根本属性"。关于本质的概念，还需要区分"本质"和"质"这两个不同的范畴，"本质就是事物的内部的特殊矛盾；而质还不等于事物的内部矛盾，而是由事物的内部矛盾所决定的使这一事物与别种事物区别开来的特殊规定性"③。可以简单地把本质理解为系统内部的矛盾，而质是指系统与外部不同的规定性。在产品的本质属性中与安全密切相关的应该是产品的材料以及结构。

考察人类制造工具和产品的历史就能发现，许多产品的造型受制于结构，结构又受制于材料，换言之，就是材料决定了产品的结构，从而又影响产品的造型。比如古希腊人的建筑是梁柱体系的（图4.1），这是由于受木结构的影响，因为木材适合于这种结构，后来它们采用石材建造，石梁跨度不能很大，他们就用铁来辅助，即使是这样，现在看到的古希腊梁柱体系的建筑柱间距都不是很大，只是比古埃及的建筑大一些。而真正适于石材的建筑结构是承重墙体系的结构，古罗马和哥特式的建筑都是如此，这种建筑的结构除了承重墙就是拱券结构（图4.2），利用拱券来获取空间。这是由于石材的抗压性能好决定的，因为拱券是靠传递压力来获取跨度的结构，如果是木材，由于其抗挠曲性能好，适于采用梁柱体系，古今中外的建筑实例概莫能外。所以说，正是石材的抗压性能优秀促使了拱券、帆拱等受压型结构的出现，而正是这样结构的出现，才会出现拜占庭的穹隆顶、哥特式的飞扶壁，以至于这些结构最后演变成风格的样式。只要看看君士坦丁堡的圣索菲亚大教堂、法国的亚眠主教堂、梵蒂冈的圣彼得大教堂和伦敦的圣保罗大教堂的建筑结构就知道了（图4.3）。因此，考虑产品的安全应该从组成产品的材料与结构着手。

图 4.1　古希腊神殿的梁柱结构

图 4.2　哥特式建筑的拱券

一、产品的材料物性

（一）与材料相关的设计问题

材料是人类对于具有不同理化性能的物质分类的总称，其具体的分类有金属、木材、塑料、钢铁等，还可以继续向下细分。正是由于材料具有各种性质，人们才会将之运用到各类需要的场合，或是制作成各种产品，产品也就因为这些材料而具有一些特定的功能，这个可以称之为材料的物性。材料的物性最基本的有强度，像抗拉强度、抗压强度等，刚度、抗扭性能、抗挠曲、延展性、脆性、硬度、密度、导热性、膨胀系数、电性能、光学性能、反射、辐射和吸收等都是材

图 4.3
上：圣索菲亚大教堂
下：圣彼得大教堂

料的物性，此外，不同的材料还有一些自己所独具的理化性能。材料的物性还可以理解为材料自身的微结构特性而产生的，例如材料普遍具有的一个微结构特性——褶皱就存在很有意思的特性，近来受到材料界的关注。可以说构成世界万物的材料都有褶皱，褶皱使物体在需要时从二维结构过渡到三维结构，这使得空间可容纳内容成倍增高，如 DNA 双螺旋链全部展开有 2.5m 长，人们常见的折扇更是利用了这一原理。这只是褶皱最普通的应用，材料表面的微褶皱结构还使得它具有奇妙的自清洁和不附着性能，如荷叶表面不附着灰尘和水珠都得益于此，海豚和鲨鱼在海里游动很快就是它们表皮的微褶皱的奇妙作用，设计师据此开发出阻力很小的游泳服（图4.4）。而蛋白质的微褶皱结构意义更重大，它决定了蛋白质的性质，据研究，以错误方式折叠起来的蛋白质可能对人有致命的影响，像库贾氏病和疯牛病就是某种蛋白质折叠结构发生异常。因此，了解材料的微结构，利用材料的微结构特性对于产品设计安全十分重要，材料的物性就来源于它的微结构。

图4.4　荷叶表面的水珠

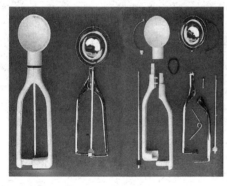

图4.5
左：冰淇淋挖勺　　右：挖勺部件拆解图

正因为如此，设计师应当关注产品采用不同的材料制作带来的不同的安全特性。如图4.5所示，左边是塑料部件构成的挖勺，右边是金属部件构成的挖勺。这两个产品的原理基本完全相同，都是靠挤压握柄来使挖勺转动，以便把冰淇淋倒出，但是塑料挖勺利用塑料自身材料的弹性来使机械复原，而金属挖勺则在握柄内安置弹簧来使金属握柄恢复原样，这不但使产品的部件增多而且也增加了不安全的因素。此外塑料制品可以采用注塑成形制造部件，节省人力，成本也低，更重要的是塑料由于自身很轻，故手柄可以做得宽大，握持很舒适，金属的则无法做到这一点。在产品的整体造型上，塑料的挖勺更整体，结构内敛更具美感。

不同的材料物性会影响产品安全，相同的材料采用不同的使用方式也会影响产品的安全。我们常常可以在早期的影片中看到一列火车只有 3~5 节车厢，一般认为是早期火车头的牵引力不足的缘故，其实情况不这么简单。之所以这样是因为自重只有3吨的火车头牵引过多的车厢会在铁轨上打滑无法前进，而加大机车的重量又会压断那时的铸铁铁轨，所以问题的关键还在铁轨上。后来有一段时期为了解决这个问题居然采用过带齿的车轮和铁轨，1821年约翰·伯金肖（John Birkinshaw）获得了熟铁轧制铁轨的专利，熟铁强度高，所以可以采用较轻的轨道。而美国人当时的铁轨是把扁平的熟铁带用钉子钉在木轨上，使用久了钉子就会松，在列车的重压下，扁铁轨往往会上翻穿透车厢地板导致旅客伤亡。于是美国人改进铁轨，用排得很密的枕木代替木轨，铁轨也不用扁平的，而是立起来，后来成为"工"字轨，才形成类似今天的铁轨[①]。因此，从火车车轮和铁轨的发展可以看出材料的物性对于产品的影响，包括对于产品安全的影响，这些因素最终会影响到产品的设计。

此外，材料自身的安全也可能导致产品的安全问题。这其中材料可能对人体的伤害和对环境的污染是最主要的安全问题。以塑料为例，当今人类运用最广泛的材料中，塑料是完全由人工合成的，可现在它也是给人们带来危害最多的。塑料制品的物性是不易降解的，这决定了它的污染性，因此，从根本上很难消除污染。例如塑料在加工成膜时必须添加大量的抗氧化剂、增塑剂、紫外线吸收剂或稳定剂等，这些添加剂本身就有毒性。其次，像广泛使用的聚氯乙烯塑料，聚氯乙烯本身无毒，但是它的原料氯乙烯会引起人体四肢血管的收缩并产生痛感，还有致癌、致畸的作用，对人类繁殖、发育有害。另外，塑料从石油中提取，难以降解。废弃后是蚊蝇、细菌的滋生场所，埋入地下又会导致土壤板结[②]，环境污染的问题严重。对人体有伤害的典型案例是现在争论不断的不粘锅涂层特氟龙（即聚四氟乙烯），在常温下是无毒的，但当聚四氟乙烯烹调器具温度达到500℉（260℃）之后便开始变质，并且在660℉（350℃）以上开始分解。这些剥蚀物可令鸟致死，并可使人产生类似流感的症状。杜邦公司在《有关使用杜邦特富龙不粘涂层炊具的重要知识》一文中承认，号称惰性的聚四氟乙烯在温度达到260℃就会发生化学变化，可能析出对人体有害物质。我国有学者指出，使用煎、炒、炸等烹饪方式时，锅子的温度一般都在300℃以上。

材料还存在着老化而影响产品安全的问题。一般的纯金属材料都是从矿石中提炼而成，但在空气中会氧化，银会失去光泽，铜会生成铜绿，铁会生锈，等等。

① （美）J·E·戈登. 强韧材料的科学［M］. 包锦章译. 北京：科学出版社，1982：232—234.

② 艾柯尔，马克. 人类最糟糕的发明［M］. 北京：新世界出版社，2003：5—7.

制作成产品需要进行防护处理，比如钢铁材料就有多种的方法：一是涂漆，现在广泛用镍铬镀层作表面防锈，提供一个铁件的保护层；二是通过改变铁的成分来产生整体性的保护层，铬氧化物可以使钢材具备抗氧化作用。而多用于建筑中的石材，例如花岗石和大理石，这两种石材都可以作为建筑装饰的面材使用，但是一般大理石只用于室内的墙面和地面，而室外建筑外墙的贴面多用花岗石。其原因就是大理石更容易受到酸雨的侵蚀，它的化学结构更不稳定，容易与酸发生反应，出现剥落和细小的裂缝，强度会受影响而降低。

（二）产品材料的安全作用

正因为材料的物性对于产品安全的作用，设计师就必须根据具体的情况来选择主要运用材料的哪个特性，因为就材料的特性而言，还没有一种材料可以同时在所有特性上具有良好的表现，至少在目前看来，超级材料还只是人们心目当中的梦想，正确把握和使用现有材料，谨慎地开发新材料应该是明智的选择。例如木材作为一种天然材料，有一种很优秀的品质，就是在发生真正的破坏之前，它的变形会发出一种吱吱嘎嘎的声音，给人们以警示，从而脱离危险。中国古代的建筑采用木材作为房屋的柱梁结构，地震时，木材在变形之前的声音会警示人们逃离，而柔性连接的榫卯结构又使得"墙倒屋不塌"，这种建筑在某种程度上比现代建筑的安全性高。而新材料的开发运用往往会带来人类制造业的革命，19世纪下半叶，高品质钢材的应用，使设计更大规模的结构成为可能：全钢装配件或加入钢筋的混凝土能够经受更大的拉伸负荷。其后，为了保持混凝土的凝缩黏固作用，采用了预应力钢材。20世纪，铝合金材料越来越多地应用于飞机结构、轻型车辆和沿海钻井平台、船舶的超级结构中[1]。但即使是这样，新材料也不可能在所有领域代替传统材料或天然材料，毕竟在材料物性上，它们各有所长。日常用品中，鞋靴设计的材料安全就很说明问题，鞋靴材料分为鞋面材料、鞋底材料和各种辅料。鞋面材料主要有天然革、人造革、再生革、合成革、天然纤维织物、化学纤维织物等。天然革是最好的造鞋材料，在理化性能上都优于人造革和合成革，主要是以下4方面指标：

1. 抗张强度。也就是皮革的结实程度；2. 透气性。天然革有优越的透气功能，这是其固有特性；3. 延伸性。延伸性好意味着跟脚，穿着舒适；4. 崩裂程度。这是皮革表面裂纹能承受的能力。

① （美）J·E·戈登 强韧材料的科学 [M] 包锦章译 北京：科学出版社 1982：154

可以看出，一个好的产品设计只有采用恰当的材料才能保证安全。

产品的材料一方面是影响产品本身质量的关键因素，帮助实现功能的主要手段，另一方面，它还是造成产品对人心理影响的关键因素。还以鞋靴为例，材质就包括材料肌理和材料档次两方面，优质的材料是高档鞋靴必不可少的组成部分。不同的材质给人以不同的视觉感受和手感，从而产生不同的材质美感。例如，胎牛皮和小牛皮纹理细腻、柔软，视觉、手感都非常舒服。鳄鱼皮、鸵鸟皮等鞋面材料稀少，本身就是一种高档材料，而且纹理特殊，给人一种高贵、神秘感。所以，在材料具有相似的功能作用时，就应该根据产品的定位来选择材料，如为商务人士设计的高档正装鞋，帮面上选用部分鳄鱼皮或鸵鸟皮，会产生一种高贵感。前卫鞋、时装鞋选用金属效应革、漆皮革或珠光革，能表现出现代感和华丽感。休闲鞋选用亚光的油鞣革、纳帕革或无光泽的绒面革，能充分表现出朴实、自然的风格。[①]

① 陈念慧．鞋靴设计学 [M]．北京：中国轻工业出版社，2001：85

天然材料总有一些性能的不足，于是人们不断地发展材料科学，研制新材料以消除原有材料的一些问题，现在复合材料的应用越来越多，但是以上材料结合在一起就存在理化性能的配合问题。英国在二战期间开发出"蚊式"飞机——一种木质飞机（图4.6），因为质量轻，所以速度快，低空格斗性能好。可是这种战斗性能优越的飞机也有着比较严重的材料复合问题，从而存在较大的安全隐患。这种飞机的主梁和主要结构都是层压木材，其表面包覆着胶合板的蒙皮和剪力腹板。而云杉制作的大梁收缩和膨胀系数要比胶合板高出近一

图4.6 英国"蚊式"轻型战斗机

倍，这自然会在这两种材料胶合接缝处产生严重的应力。引起收缩和膨胀的原因有许多，最主要的是温度的变化，此外湿度也会引起变化。既然收缩和膨胀是必然的，需要解决的就是复合材料之间收缩和膨胀系数应该接近，这才可以避免产生应力，一个处理得比较好的例子就是建筑施工中常见的钢筋混凝土，这也是材料专家经过多次试验搭配出来的，钢筋和混凝土的温度收缩和膨胀系数十分接近，因此这两种材料搭配在一起时，不会因为收缩和膨胀而降低混凝土对于钢筋的握裹力，从而影响整体复合材料的性能。复合材料某种程度上也是一个系统，是系统就会有涌现的新质，有的复合材料就是利用这一点来构成

的。例如纤维玻璃钢，这是玻璃纤维和树脂两种材料的复合，这两种材料的韧性都不好，但是，当这两种材料放在一起时，纤维玻璃钢却具有相当的韧性，可以用来制造小型船只和安全帽。

通过以上对于材料的分析，有人会说，为了生产出更好、更安全的产品，需要研究发明更好的材料。人类是需要进一步发展材料科学，但是对于新材料的运用应该抱以谨慎的态度。目前来看，除非这些高科技材料及其效益被详细地明确和定义，人类还不完全了解人工合成材料的影响和经济利益[①]。在材料学家认真地研究木材和钢这样的传统材料之后，他们对于这类材料精妙的构成方式有了深刻印象。对材料来说，人们需要的不是孤立的一种性能，而是各种性能的良好结合，所以，现代对于结构材料进行改性的结果，常常有可能不是改进，反而是恶化了材料的性能。因此最好是小心从事，因为要获得任何真正成功的材料，其条件可能是十分复杂的[②]。地球已经存在了上亿年的时间，人类诞生的时间相对短得多，地球上的天然材料是在漫长的演变过程中经过复杂的条件形成的，在这个过程中，天然材料在地球这个大系统当中经受了系统的磨合，因此它们之间的相适度最高，相害性最小，人工材料目前还很难做到这一点。这就像有位设计师在看到塘鹅捉鱼时感悟到的：大自然就是一个成功的大实验室，每种生物都经历着不断地演变和考验才得以存活至今并形成独有的生物特性。天然材料作为亿万年生态系统优化的产物，它是整个系统协同作用的结果，产品的设计也应该作如此地考虑，例如不把风扇当作整个制冷系统的部分，就无法设计出最好的风扇。

二、产品的结构物性

任何产品都是物质组成的结构，这是产品的结构物性的基本来源。产品就是不同材料的部件在一定的结构下形成一个有机的系统，结构的稳定性、可靠性是产品具有安全性的基本保证，这是指结构具有不致发生与其目的性不相称的严重破坏后果的能力，要求局部破坏不致引起大范围的破坏，对于不可预见的事件能够将破坏局限在较小的程度。

（一）产品的结构

产品设计中的结构属于工程技术的范畴，但对于目前被认为属于艺术设计领域

① S. Dowlatshahi. Material Selection and Product Safety: Theory Versus Practice[M]. The International Journal of Managment Science, 2000: 478.

② （美）J·E·戈登. 强韧材料的科学 [M]. 包锦章译. 北京：科学出版社，1982：246.

的工业设计来说，产品设计师实际上也必须了解你所设计的产品的制作工艺。一般认为科学是归纳，技术是演绎。但是技术的演绎思维不是天马行空、不着边际的，它必须参考科学归纳的知识，这种结构的科学性要求人工物（包括产品、建筑等）结构件用材要少，而承受荷载和外界压力的能力要强。这是一个"效率－耐久"的分析和衡量，是对于安全的考虑。作为一个实体存在，而不是像科学理论那样可以作为观念和思想存在，产品必须是一个站得住、立得稳的人工物，这一点上建筑、雕塑、桥梁等都与其相同。结构的稳定性是设计师首要考虑的问题，一个结构会解体的产品不是产品，只是一堆零件，因此结构的稳定性是产品安全的基点和起点，也是产品之所以成为产品的条件。

任何产品的功能实现首先是建立在结构的基础上，结构决定了产品之为产品。成功的产品结构至少具有以下两点特性：其一，能够承担负载，不致使产品垮塌；其二，能够将产品的部件稳定地维持在相应的位置上，不致使产品解体。产品自身的不安全基本都是针对产品的结构来说的，就是产品结构无法承担外力或自身运作时产生的振动之类的力而导致倾覆或解体。产品的结构决定了产品的各种特性，包括安全、舒适、方便等，图 4.7 所示的轻便手推车显示了产品的结构是如何达到功能所需要的轻便的。一般人对于产品结构的认识是从空间出发，产品部件的空间秩序形成结构并使产品成为系统。系统一旦形成肯定具有保持一定状态的能力，是为稳态，任何系统的稳态都是相对的，是一种动态平衡，总有趋向失稳的态势。一般稳定的产品结构各部分存在着相互调节的

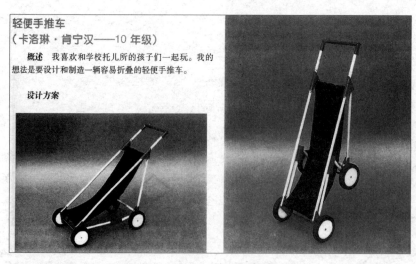

轻便手推车
（卡洛琳·肯宁汉——10 年级）

概述 我喜欢和学校托儿所的孩子们一起玩。我的想法是要设计和制造一辆容易折叠的轻便手推车。

设计方案

图 4.7 轻便手推车　左：使用状态　　　　右：折叠状态

能力，一个或一部分部件如果有失稳的趋势，系统的其他部件可以通过调节令其恢复稳态。产品物的结构是其构成部件按照一定的秩序组成的，如果这个秩序是合理的，这个产品就会运行得很好，如果这个秩序不怎么合理，这个产品就很容易出问题，因此合理的秩序对于产品十分重要。这也迫使历史上很长一段时间人们以所谓的理性去看待一切外在，秩序似乎成为人们思考的方式。确实，现在设计界、制造界对于结构的认识多是从物理学的角度。"当我们考虑那些原则上在形式中并不具有实在性的点，以便用某种不变的属性去界定它们的时候。给予整体以不可分割的个体特征的形式本身，动态的、内在的统一仅仅被定律设定为一种存在条件。科学所构造的那些对象，出现在精致的物理学知识中的那些对象，始终都是一些关系束。如果说物理学只是勉强达到了用数学语言表述关于结构的定律，这不是因为结构就其本质而言是拒绝表达的，而是因为其各个环节的实存的协调使试验方法变得有些困难，妨碍了单独作用于它们中的某一环节，并且从一开始就迫使人们去发现一种适合于全体的功能。"[①]从此可以看出，物理学出于它的数学表达需要，它的方法决定了必须对物质对象作抽象概括的处理，这就导致许多关键的细节被忽略，并不能完全地反映系统协调的机制，这种局限反而说明人们必须从整体去认识结构的必要性，真实的产品结构具有非特定的复杂性。

① 苛勒，身体格式塔，第 105 页。转引自〔美〕莫里斯·梅洛 - 庞蒂，行为的结构 [M]，杨大春等译，北京：商务印书馆，2005：214．

（二）产品结构的安全作用

"结构"的重要性可以从微观至宇观的一切事物中看到，人们可见的和不可见的万物都具有结构。梁柱与楼房、DNA 与细胞、植物与群落（图 4.8）、零件与机器、人与社会都是由特定的结构组成的，它们共同构成了我们的世界。如果把结构看成是事物的构成方式的话，的确所有的事物都具有结构，物质产品就更不例外。事实上，不仅仅在微观层面，宏观层面的产品也是由其结构决定其活

图 4.8 大自然中的植物群落

动方式。从结构上看，产品具有非生命的特性（这里产品还是就目前一般的工业产品而言，未来的智能机器人和克隆的生命体暂不考虑）。非生命系统和生命系统存在着本质的不同，但是它们之间并不是没有相似性，没有可以比较的地方。其中一个很主要的相似点就是二者都是功能耦合系统，只是二者的耦合方式有些区别，生命系统是细胞自我分裂形成的整体耦合，一旦解体，各部分就会死亡。而非生命系统的人工产品如仪器，则是由零件耦合而成的，仪器拆成零件虽然不会工作了，但还能保持各个零件的稳态，一旦组装回去还可以正常工作。这是因为产品的零件是耦合之前分别单独制造的，自身就有稳态，"这种制造程序决定了每个子系统结构存在的条件与功能耦合网相对独立！否则仪器装配工作将十分麻烦。"[①]人们当然不愿意每个产品的制造都像克隆细胞一样的烦琐、无把握和成本高昂，如果是那样，人类的技术就没有多少实用性。产品的非生命特性也让产品更容易被人类把握，增加了产品的安全性。

① 金观涛. 系统的哲学 [M]. 北京：新星出版社，2005：242.

安全与产品的结构密切相关，乐器利用共鸣箱来放大乐音，可是其他产品如果产生类似的共振就会发生严重的安全问题。例如悬索桥或斜拉桥的外形酷似弦乐器，风的负荷就能激起它的共振，所产生的延伸率比准静态设计所预见的要大得多。这是非常危险的，1940 年 11 月 7 日横跨美国塔克玛海峡的格尔蒂大桥就是因为在大风当中同时经受纵向的和扭曲的两种振荡而垮塌。一个很重要的原因就是大桥的悬索就如乐器的弦，当被大风有力的手拨弄之后，桥体产生了不恰当的共振，最后导致结构的解体。图 4.9 是西班牙著名建筑师圣地亚哥·卡拉特拉瓦（Santiago Calatrava）设计的阿拉米罗大桥，整座桥犹如一把竖琴（图 4.10），优雅美观，只是横向的风力应该被考虑在桥体的受力当中。

图 4.9　阿拉米罗大桥（圣地亚哥·卡拉特拉瓦设计）

图 4.10　竖琴

结构是产品实现功能的重要保证，两者的关系既可以说功能催生了结构，也可以说结构促使了功能的诞生。因为首先是一个功能促使人们去寻找一个解决办法，于是对产品结构的研究开始了；最终，产品被研制出来，其结构相对固定，这时它所具有的功能也就随之产生，并且被产品所固定，这种产品就只能完成这样的功能。笔从羽管笔发展到现代的水笔，其关键的转折颇能说明这个问题。自从公元前6世纪带毛的羽管笔（图4.11）成为人们的书写工具后，这种笔在世界许多国家流行了一千多年的时间基本没有什么变化。最好的制作羽管笔的材料是鹅羽，它最结实。羽管笔是笔尖、笔身一体的，只是前端尖出的部位作为笔尖使用，为了避免笔尖容易发脆，制作时烤笔必须用文火慢烘。但是当19世纪羽毛的供应量减少时，一位名叫约瑟夫·布拉默的英国人发明了一种新笔，他把羽管切成三四段，每段都削成能写字的笔尖，然后装在事先准备好的笔杆上。这样笔尖才与笔杆分离开来，现代意义的水笔由此诞生。有了独立的笔尖之后，人们就尝试让笔尖尽量地多蓄墨水，后来才开始在笔杆上动起脑筋。一个名叫詹姆斯·皮里的英国人对笔尖进行了改造，他将笔尖从中间分开用细缝将笔尖两半联系起来（图4.12），中心线切缝上端有一个洞，使得书写时墨水能够缓慢均匀地流出。后来为了多蓄墨水，笔胆开始出现，并且从注入墨水到杠杆抽取墨水再到毛细管虹吸作用吸取墨水。这时现代的自来水笔就产生了。[①]从这个事例可以看到，在笔尖和笔杆分离之前，人们很少想到去改进笔杆的蓄水作用，也许因为笔尖和笔杆是一体的原因。那时的书写方式是写几个字就蘸一下墨水，但是自从笔尖和笔杆分离之后，这两个构件所承担的功能可能更明确、更清晰了，笔尖只负责写得笔迹流畅、线条粗细一致优美，笔杆则负责被手抓握和储存墨水。产品各部件的结构变化带来了新的功能，新的功能一旦出现又引起结构的进一步改进。

① 〔美〕查尔斯·潘纳蒂：天地万物之始[M]．巴仁译．南宁：广西人民出版社；1989：86-88．

图4.11　左：羽管笔；右：现代羽毛笔

图4.12　左：现代钢笔；右：钢笔尖

同样，结构的不合理会影响功能，这样的产品当然不值得提倡，但即使是比较著名的产品也有类似的情况出现。荷兰设计师范·里特维尔德设计的红蓝椅子（图4.13）在设计史上很有名气，可是这个椅子却不适合人坐，它只是表达了一种设计理念，只适合展览。设计师本人也没有受过家具制作手艺的训练，也不太了解材料的性质，当有人询问为何他的家具构造与木材本性有抵触时，他居然声称木材不适合他的设计，他期望发现一种更适合的材料。[①]

结构与材料的确是相得益彰的，有怎样的材料才能提供怎样的结构，反之，设计出的结构也需要相应的材料支撑起来（图4.14）。因此，产品的设计结构要与使用结构相一致，即产品结构要合理，符合使用时的运作规律。虽说不同的材料有不同的特性，但是所有的工业产品材料在受力上都只能是被动的，不可能像人和动物的肌肉那样主动发力，因此，构成产品的材料和结构一起，只能通过偏移来抵御外力，它们因为负载而产生变形，并通过这种变形来平衡负载的重量。产品工作时，由于部件总是处在受力的状态下，一般部件的受力都是不断地或交替地处于过度的或不足的应力状态，因此，为了使产品在工作时更安全，产品的设计结构与使用结构在运行条件下相匹配是最关键的。同时，产品结构的运作还要符合人的动作行为，"人类在使用物的过程中，为了提高动作的意义，肯定想使物更适应人的意志，自然对物要进行改进，使物更适合人的动作的方向、大小、作用点，这就需要改造物的形状、大小、组成（结构）……结构是由不同材料成形的元件在一定构造形式下组成的一个有机整体，而且必须是有效的、经济的、合逻辑的、符合当时技术条件的整体。只有这样才能使人的动作通过这种组合形式的物有效地'动作'起来。"[②]

产品的结构还会引起产品制造带来的安全问题。对于不是一次性成型的产品，即使结构设计得很合理，也还会存在安全的隐患，这就与产品的制作过程或

① （英）彼得·柯林斯. 现代建筑设计思想的演变[M]. 英若聪译. 北京：中国建筑工业出版社，2003：266.

图4.13 红蓝椅子（范·里特维尔德）

图4.14 阿巴尔夫底步行桥是一种先进的复合材料建筑系统。桥面和高塔用玻璃加强塑料、聚酯树脂、环氧树脂黏合剂建造，缆索是一种Kelvar纤维。

② 柳冠中. 事理学论纲[M]. 长沙：中南大学出版社，2006：24.

① （美）温迪·普兰. 科学与艺术中的结构 [M]. 曹博译. 北京：华夏出版社，2003：164.

是产品安装、施工的过程有关。在制作、施工的过程中一般都会形成制作缝、施工缝之类的应力集中点，比较常见的例子是产品用模型浇铸成型的外壳，当两片或多片外壳扣结在一起时，就会形成一道接缝，尽管有时这道缝看上去很密实，但通常是应力集中的地方，如果制作不精良，就存在安全隐患。大一点的钢制产品在制作时通常采用焊接，焊接也容易产生安全隐患：由于焊炬可能难以接近连接点，这样就会造成熔接不足；水蒸气带来的氢可能会进入金属，从而造成裂缝。这种瑕疵会在使用期间产生的压力下而逐步扩大。如果这种瑕疵恶化到一定程度，就会发生事故①。土建施工中也存在同样的问题，大型建筑的楼层面积较大，一般为了避免出现施工缝，都会采取连续施工，连续浇铸的方式。因为混凝土有一个硬化时间，超过这个时间浇铸的相邻混凝土之间实际上并未连接在一起，而会形成一道缝隙，这里基本没什么强度可言。这些都是设计时很难预测和避免的，施工、制作时稍不注意就会给今后的使用埋下隐患。

图 4.15　马萨诸塞州汉考克震颤派教徒村庄的护理室

② （美）约翰·H·立恩哈德. 智慧的动力 [M]. 刘晶等译. 长沙：湖南科学技术出版社，2004：227.

（三）产品结构设计的简单化

一位优秀的设计师应该把这么一个简单的道理记在心中：先按功能要求设计好一个方案，一般这个设计会十分精致、复杂，接着就要把它简单化，这样效果会更好，真正好的、高超的设计，最终都是让设计本身变得浑然天成，不会喧宾夺主，这点很难做到，但是精品都来自于此。美国清教徒中的震颤派教徒有句抒情诗"简单是一种天赋，自由创造也是一种天赋，返璞归真也是一种天赋"②，他们的设计就是遵从同样的简约精神，如图 4.15 所示。

近年来技术系统有更加复杂、具有更多装置、更加不透明的倾向。产品的高度复杂性令使用者对于其运作机制并不完全清楚，增加了安全隐患。设计师在并不需要那么复杂的民用产品上进行简易化，完全符合普通个体的使用安全要求。

结构简单化不仅是产品小型化和节约材料，更重要是增强了产品的安全性。结构的简单化最明显的手段就是减少产品的零部件，简化产品结构，这对于降低产品作为系统涌现的新质有所帮助，诚然，涌现的新质并不总是使用者不需要的有害的性质，可人们还是宁愿使用自己能够有把握控制的产品，人们在无法把握涌现的新质时，总会尽量去避免它，结构简单化就是一个避免的措施。

结构简单化以增强产品安全性的一个较为通行的办法就是模块化处理。模块化技术在国外已发展了几十年，我国是近十几年才开始这方面的研究，模块化是标准化的一种新形式，既有标准化对于质量保证的优势，又有方便个性化设计的优点。简单地说，模块是组成产品（系统）的通用单元，具有独立功能、标准接口和互换性，这些特性对于产品的安全都有正面的意义，因为模块具有 4 大特点，即独立性、抽象性、互换性、灵活性。独立性除指功能独立外，也指模块的设计、制造、调试过程的独立，尤其是功能上的相对独立，其内部不与外界发生关系，只通过接口完成系统中自己所属的功能，并且在模块移除后，系统一般只减少该模块具有的功能，而其他功能不受影响，产品（系统）也能继续工作。例如笔记本电脑的模块化设计给它的便携带来了可能，光驱做成可热插拔的模块，与软驱可互换，也可换上第二块电池或硬盘，电脑在这些操作过程中还可执行正常的工作，这样既减轻了电脑的重量，也可以满足多种需要（图 4.16）。抽象性指系统不需要了解模块的内部工作原理，模块对于外部系统就像个黑匣子，产品设计师只要知道它的接口原理就能使用它，只要保证通电它就能工作，这使得不了解模块内部原理的人也能根据其功能完成系统设计。互换性上面已经谈到，由于每种模块往往执行单一的功能，能随时互换的其他模块就会帮助系统完成需要的工作。灵活性指在某些模块的功能陈旧之后，系统可以通过更换具有更新功能的模块来代替它，系统的其他部分不需改动就完成了一个改良设计，并且获得更好的功能。模块化在安全上的意义主要在于产品（系统）设计可以不通过全新的设计就可以达到新的需求，全新的设计不但耗费时间、财力、物力，更主要的是不利于人们把握系统新质带来的安全隐患，而模块互换的改良设计，由于人们对于模块外系统有经验的把握，加上模块的安全性由于其特性而被固化，使用者一般对于模块更

图 4.16　模块化组合的硬盘

换的改良设计的安全性具有信心，因此，产品以替换功能陈旧的部件来更新换代是安全性高的设计方案。

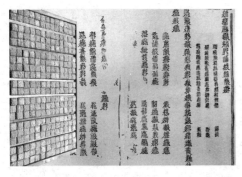

图 4.17　泥活字及印刷出的西夏文佛经

实际上将产品的各个部件设计成相对独立的构件，并且便于随时更换，一直是设计师的梦想。我国古代毕昇发明的泥活字（图 4.17）就充分利用了可更换的原理，从而大大提高了印刷的效率。欧洲的古登堡将自己熟悉的钟表技术融入活字印刷技术，又使这项技术得以推广。但是模块化的可更换设计绝不仅仅是提高产品的效率，更多的是它可以增加产品的安全性。这一点在枪械的制造中体现得尤为明显。1790 年伦敦的枪械制造商勃朗（Honore Blanc）开始制造分部件装箱的枪支，这些部件很容易组装成枪支，既改变了枪支的包装运输方式，更主要的是枪械部件的可随意更换极大简化了枪支的维修方式，提高了枪支的利用率。当然这种极大提高产品自身安全性的技术不可能只停留在制造伤害人的产品上，雷明顿（Remington）首先将此项技术拓展到缝纫机和打字机的生产上，而亨利·福特（Henry Ford）则将之运用于汽车制造，为了可以及时便捷地更换损坏的零部件来保证产品的安全[1]。

另一种结构简单化的方法是利用可靠的新技术使原本复杂的部件集成化、简单化，由于利用先进的技术，这种高度的集成化极大地减小了电子元器件之间产生的电磁干扰，最典型的就是电路板中电子管→晶体管→集成电路的演变。现在的高科技使得集成电路集成度很高，电路板越来越小，也是电子产品小型化的基础。有报道说为了进一步提高航空产品的可靠性，21 世纪美国将采用许多新技术，超高速集成电路就是其中之一，这种电路集成度高，每个基片有 2.5 万个门电路，失效率很低，小于 3×10^{-8} 小时，高度的可靠性是航空飞行的安全保证。

简单的产品结构还可以令产品的操作简单化，操作的简单化是产品设计中较为特殊的一种结构简单化形式，是结构简单化的外在体现形式，可以提高产品的操作安全性。其关键是控制器明确、清晰，一目了然，控制器与功能最好一一

长沙：湖南科学技术出版社，2004：229-231．

① （美）约翰·H·立恩哈德．智慧的动力 [M]．刘晶等译．

对应，一对多的控制容易引起误操作。现在主要通过单板机固化程序来完成固定功能，元器件内置固化程序使得一些能预想的工作固定成一个功能或一个操作。图 4.18 是爱普生（EPSON）扫描仪的一键操作按钮，它只要按一个键，扫描仪就自动将放入其中的图片等扫描输入电脑，甚至旁边的一个键可以完成扫描输入电脑并且打开电子邮件软件将图片粘贴进去的整个过程，使用者只要输入对方电子邮件地址就能将扫描的图片发给对方，让一些对于电脑不熟悉的用户在不打开扫描程序的情况下也能完成扫描工作，极大地避免了使用者误操作的可能。图 4.19 是现在常见的电脑键盘，除了标准的键盘按键外，还集成了一些称为快捷键的按钮，例如直接在键盘上控制音量的按钮，音量大小、喇叭的开关都有专门的按键控制，也有打开电子邮件或实现一键上网的按钮。一切的设计都是为了操作的简单化，方便那些对于此类电子产品不太了解的人群，比如老年人，这类设计一是扩大了用户群体，能让商业利益最大化，二是能够减少使用者的误操作，增大产品的安全性。

图 4.18　EPSON 扫描仪的快捷键　　图 4.19　某电脑键盘顶部设置的快捷键，包括音乐播放、上网、放大镜等

三、产品结构与材料的优化组合

轻质高强是最经济安全的，是结构和材料的优化组合，自然界早就知道这一点，并且长久的进化使得许多生物的结构都有这样的特征。例如昆虫的翅膀结构很轻，但是它的充气内层可以使翅膀挺直飞行，具有抗震、耐压的作用，2008 年北京奥运会的游泳馆"水立方"就采用了充气膜的结构作为一个巨大体育场的外层覆盖。蛋壳很薄，但由于是预应力结构强度并不低，人们就从中得到启发开发出壳形结构，国家大剧院的蛋壳形铝板外层覆盖就是借鉴了蛋壳的受力原理。蜜蜂的蜂巢结构精巧，六角形在保证结构强度的情况下，所需材料最少，空间最大，并具有良好的机械强度。许多泡沫材料的家具填充物就是运用了这个原理，具有质量轻、用材少、防噪声、抗疲劳、强度高等优点，而 2008 年

图 4.20
下：国家奥体中心主体育场
中：国家大剧院
上：国家奥体中心游泳馆

北京奥运会的主体育场"鸟巢"也采用了类似的蜂窝结构作为整个建筑的主体结构（图 4.20），虽然巨大的钢结构不是等边的六角形，但是同属此类的结构仍使得这个巨大的体育场结构得以实现。人体骨骼也是轻质高强的结构，有实验证据表明人体骨骼的骨脊既能减轻骨骼的重量，又能保持其足够的刚度和强度。在面积仅为 $650mm^2$ 的股骨上，竟能承受 2t 的压力，照此仿制的金属转椅也具有轻质高强的特点[①]。

结构的轻质高强不仅增强了产品构件的安全性、节约材料的经济性，并且增强了使用者的安全。轻质是指产品的结构部件单元体积的材料应该尽量轻，这样使整个产品质量降下来的方法，实际上在许多情况下增加了使用者的安全系数。一个最直观，大家最熟悉的例子就是神舟飞船，由于采用了大量先进的高科技材料，整个飞船的舱体可以比较轻，或者说可以在重量不变的情况下体积更大，这对于使用昂贵的运载火箭运送上天，载重精确到克的飞船来说十分重要，同时也关系到航天员的安全。高强是讲产品的结构部件单元体积的材料应该尽量坚固，强度要高。它与轻质不是分开的，而是二位一体的。材料科学的发展显示了人工物材料由石材、木材→铸铁→熟铁→钢材→复合钢材→新型复合金属材料（铝合金、钛合金等）的演变过程，当然不同的产品所用材料的演变不尽相同，但是就其历史发展的轨迹来讲，都是循着轻质高强这个原则的。

① 姜长清. 家具纵横谈 [M]. 哈尔滨：黑龙江科学技术出版社，1983：9

图 4.21 瑞士施尔斯附近的索尔吉纳托贝尔桥

结构的轻质高强也不光指材料的轻质高强，还包括结构形式本身。现代力学的研究表明了不同的结构形式，即使使用相同的材料也会产生不同的承载效果。这在桥梁、建筑上表现明显，瑞士的著名桥梁设计师罗伯特·马亚尔设计的桥梁在结构上做了一些探索。其中反映了结构轻质高强特征的具有代表性的有两座，1930 年竣工的瑞士施尔斯附近的索尔吉纳托贝尔桥（图 4.21）是马亚尔著名的设计之一，单跨 90m 的跨度是他设计的所有桥中最长的，结构上马亚尔采用了空腹箱型截面三铰拱，不但方案最经济，而且用料最少，外观最美。这种三铰拱是由两个完全相同的半拱在拱顶处铰接而成，两端分别与桥台相连，三点可以自由转动。温度升高时，铰链允许拱自由伸展；温度降低时，拱又可以回缩，消除了因为应力产生的桥体出现裂缝的安全隐患。1933 年完工的瑞士兴特福尔蒂根附近的施万德巴赫桥（图 4.22）则是加筋拱桥，单跨 37.4 米。这座桥令人叹为观止，不但桥拱超薄，而且桥面依山势弯曲成一个弧线，两部分靠垂直的梯形横墙连为一体。马亚尔在这里完全不用笨重而无用的石砌桥台，而是使用轻侧梁和金属栏杆代替沉重的桥面护栏，把水平方向上弯曲的路面和垂直方向上弯曲的拱平滑地结合在一起，施万德巴赫桥完美的结构产生了更薄的桥体。这座桥薄得令人吃惊，各部分完美的融为一体与环境形成鲜明对比。毫无疑义，这是巧斧而不是天工。比林顿评论道："它表达了最少地使用材料和最低成本的理想以及马亚尔独特的品格。前无古人，后无来者，他把人造石的性能用到了极限，正如埃菲尔在加拉比特和战神广场把铁的性能用到极限一样。由于薄，这座桥比那些铁的工程更为持久。和那些最高艺术工程一样，施万德巴赫桥似乎已无改进的余地。"[1]这确实是人类历史上人工构造物的一个杰作，建筑上同样有类似的例子。

意大利结构工程师皮尔·卢伊奇·奈尔维一生设计了许多建筑，并且探索建筑屋顶的构造形式，其设计原则也是轻质高强。1957 年完工的罗马小体育宫（图 4.23）以斜肋交叉成密肋拱顶，在没有增加材料的情况下，改变材料的分配方式增强了圆顶的安全性能。1960 年建成的罗马大体育馆（图 4.24）又采用了不同的双向肋结构，也达到增强圆顶强度的目的。另外一些建筑师则运用了其他结构来尝试如何使屋顶达到轻质高强，西班牙建筑师安东尼·高迪早在 1909 年建成的巴塞罗那萨格拉达教堂旁的学校屋顶上就采用了马鞍形屋顶（图 4.25），也很薄，用叠层瓦建造，既活跃了建筑立面，又展现了现代结构技术的艺术性。埃杜阿多·托罗哈则在 1935 年建成的马德里萨尔祖埃拉跑马场看台

图 4.22 瑞士兴特福尔蒂根附近的施万德巴赫桥

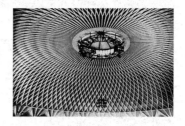

图 4.23 罗马小体育宫的密肋拱顶

① David P. Billington. The Tower and Bridge: The New Art of Structural Engineering[M]. Princeton University Press, 1983: 160-162.

图 4.24 罗马大体育馆的双向肋结构

图 4.25 巴塞罗那萨格拉达教堂旁的学校采用了马鞍形屋顶

① David P. Billington. The Tower and Bridge: The New Art of Structural Engineering[M]. Princeton University Press, 1983: 181-192.

顶（图 4.26）采用了无肋的双曲薄壳，并且在拉杆处使用预应力增加强度。菲利克斯·坎代拉 1958 年建成的墨西哥城霍奇米尔科餐馆屋顶（图 4.27）由 8 个双曲抛物面穹顶组成，除了玻璃墙，4cm 厚的屋顶就是全部构造物，这也是个令人惊叹的建筑，无肋的薄壳板挑战着人们的视觉习惯①。

图 4.26　马德里萨尔祖埃拉跑马场看台顶采用了无肋的双曲薄壳

图 4.27　墨西哥城霍奇米尔科餐馆屋顶由 8 个双曲抛物面穹顶组成

在机械产品中，轿车车身的轻质高强化有较大的发展，前些年车型微小化的趋势在这两年有些变化，日本、西欧地区的微小型车的车身外形尺寸有增大的回归势头，这是由于轿车车身仍以流线型、大圆角造型为主，并且风阻系数（C_d 值）已降到 0.3 以下，使得汽车油耗有所降低，但是占用停车位还是大车身亟待解决的问题。在减轻质量的同时，汽车设计师正通过增强结构件的方法来提高车身抗碰撞的能力，以达到满足安全的要求，一方面运用轻质高强的复合材料，另一方面设计独特的车身钢梁承载结构，例如东风雪铁龙汽车公司新款的"凯旋"轿车（图 4.28）以其漂亮的欧式外观，安全的配置，独到的技术引起消费者的广泛关注，但是有些消费者不理解为什么这款中高级轿车没有配备天窗的车型，这是因为凯旋的整体式承载钢架结构为了进一步增强强度，保证安全，在两根 B 柱间的车顶加了一根横向钢梁，使得无法在车顶开天窗，而车顶开有天窗的轿车车身强度要略低一些，这从侧面反映了欧洲人安全第一的造车理念。可见，产品设计中的结构与材料遵循轻质高强的设计原则能够增强产品的安全性。

图 4.28　凯旋轿车

第二节 产品的人工属性

产品是人与外在的中介，但是产品也不是自为的，它是由人设计制作出来的。在这个意义上，产品的功能就是满足人提出的需求，因而产品的功能可以算是产品因人而产生的属性，即产品能够与外在发生特定形式的相互作用的属性。人工物既不同于自然物，也不同于其他生物活动的产物。"如果我们把包括人在内的以往的物质存在统称为'第一自然'，那么，马克思所讲的人类'再生产'出来的'整个自然界'，即人的创造物的世界，就是'第二自然'。"①马克思是这样分析的，"诚然，动物也生产。它也为自己营造巢穴或住所，如蜜蜂、海狸、蚂蚁等。但是动物只生产它自己或它的幼仔所直接需要的东西；动物的生产是片面的。而人的生产是全面的；动物只是在直接的肉体需要的支配下生产，而人再生产整个自然界；动物的产品直接同它的肉体相联系，而人则自由地对待自己的产品。动物只是按照它所属的那个种的尺度和需要来建造，而人却懂得按照任何一个种的尺度来进行生产，并且懂得怎样处处都把内在的尺度运用到对象上去；因此，人也按照美的规律来建造……正是在改造对象世界中，人才真正地证明自己是类存在物。这种生产是人的能动的类生活。通过这种生产，自然界才表现为他的作品和他的现实。"②但是，产品这种人工物的特性也使得产品具有与自然物不同的安全特性。实际上，人工物就是为满足特定的功能而运用技术等手段创造的具有特定物理结构的事物。因此，它对于设计师是特定的物理结构，对于使用者是特定的功能物。

一、承载功能的物

功能的确一贯是产品作为人工物最主要的属性，卡尔·米切姆认为"技术的目的就是人类通过对自然的物质驾驭和摆脱自然的束缚而获得和理解的自由"③。但是功能由谁定却是一个值得商榷的问题。现代主义设计常被人们冠以"功能主义"，其实，这类设计的功能只是设计师自己认为的功能，与使用者真正需要的功能有一定的距离。彼得·柯林斯谈到了 20 世纪 20 年代，勒·柯布西耶设计的所谓"功能的"居住建筑，"每个工人的住所都像是一位艺术家的工作室。可能引起怀疑的是：从居住建筑的生活方式着手的改革，究竟达到何种程度时，建筑

① 韩民青. 物质形态进化初探 [M]. 太原：山西人民出版社，1984：202.

② 马克思恩格斯全集 [M]. 北京：人民出版社，1979：97.

③（美）卡尔·米切姆. 技术哲学概论 [M]. 殷登祥等译. 天津：天津科学技术出版社，1999：10.

①（英）彼得·柯林斯 现代建筑设计思想的演变 [M] 英若聪译 北京：中国建筑工业出版社，2003：227

师才被认为是正确的。达到何种程度，也就是说他们被授权去强制人们采取新的社会习惯，而可以不管社会事业家的劝告和科学社会学的研究。"①这类善意的提醒是必要的，当工业革命之后，设计师不再面对直接的用户设计时，他们需要一再提示自己所谓功能就是满足具体使用者的需要，这是产品设计的功能本质。

图 4.29 飞翔的鸟

就产品的功能来说，在它被制造出来之前就是明确的，这一点它和生物体很不相同。例如鸟类的翅膀是为了飞（图 4.29），飞是为了移动，但移动的目的是变化多样的，如觅食、逃命、迁移、玩耍等等，所有这一切又都是为了生活。而人工产品的功能不太可能这样，它要固定、狭隘得多。保尔·瓦莱里说："人造物意味着它的目标是定向的，于是它和生命体相对立。"②的确如此，产品的用途在它造出之前就已确定，它完全是根据人类社会的某些特定目的而被构思、设计、制造出来的。正因为产品设计与制造是人类有目的的实践活动，因此每件产品都承载着一定的功能需要，美国工程师兰茂尔发明氖灯的思路体现了人类是如何为了某种需要而制造出产品的。原来的电灯泡因为瓦数较低，灯丝散热不大，只要将灯泡内部抽成真空就可以避免灯丝被熔断或蒸发。但是对于高瓦数的灯泡，这种做法不可行，首先钨丝高温下会受热蒸发，兰茂尔想到在灯泡内充入一种惰性气体来阻止钨蒸发，但又会因为气体的流动而消耗了太多的热量。兰茂尔于是想到在灯丝外匝一圈密线圈，这样基本解决了热量消耗太多的问题，于是就形成了现在的氖灯。

②（法）埃德加·莫兰 方法：天然之天性 [M] 吴泓缈，冯学俊译 北京：北京大学出版社，2002：278

产品的功能还根据结构的不同分为静态和动态，例如一座桥的功能是跨越一条河并且负载汽车交通，它的功能就是静态或准静态的。一台发动机包括活塞、轴、齿轮等构件，它们彼此互动，将燃烧的热量转化为机械能，这就是动态功能。这些部件自身又被装进一个结构中，结构要能耐受机器产生的力，所以有时一个结构和一台机器的差异会模糊不清，飞机的机翼可以算作一个结构，但它需要能够抵抗飞机飞行时产生的振动。乐器的功能比较不同，它的功能设计是为了放大振动，因而都有共鸣箱，而一般机器的设计则要减小振动或避免共振。不同的产品需求选择不同的功能结构是保证产品实现功能的前提。

从功能的角度来看待产品的安全，可以说是目前绝大多数设计师考虑产品安全的主要角度。以童鞋的设计为例，由于幼儿和儿童自身的体质特点，他们穿着的鞋与成人的鞋子有很大不同，安全方面的要求也不一样。设计童鞋时，因为幼童蹒跚学步，设计要注意跟脚性（抱脚性）；一是有利于幼童学走路，二是幼童行走不稳，跟脚性不好使幼童容易摔倒。为使鞋底抓地性好，防止孩子摔倒，应为鞋底设计一些较浅的横向底纹[①]。另外由于活泼、鲜明的色调容易引起儿童的注意，多运用这种色调的鞋子，会引发幼童穿鞋的兴趣。因此，童鞋的色彩应该鲜明、活泼、明亮和富于变化，一般不会大面积使用黑色、紫色、深蓝色、深绿色和暗灰色。

① 陈念慧. 鞋靴设计学 [M]. 北京：中国轻工业出版社，2001：122.

② （美）亨利·佩卓斯基. 器具的进化 [M]. 丁佩芝，陈月霞，译. 北京：中国社会科学出版社，1999：50.

二、一些先天存在的不足

产品的先天缺陷指的是，人工产品由于各种原因存在的自身难以克服的安全隐患。这些缺陷包括产品系统必然产生的涌现、设计师提供的使用方式不合理、人类对待科学技术的态度、产品先天受到的条件限制、产品的老化以及产品对环境的影响等。

涌现是任何一个系统都具有的状况，产品作为一个系统，除了在它形成之后，具有预想的、事先需要的功能性外，还会因为涌现带来新质，由于新质处于人预想之外，因此，它不一定是人可以把握的，这里面就存在着安全隐患。涌现分为有利与有弊两类，产品有利的新质往往表现为产品具有预期功能之外的功能，如自行车可以代步也可以用于健身。霍华德·舒弗林（Howard Sufrin）调查人们对回形针（图 4.30）的使用，"发现每 10 个回形针就有 3 个不知去向，而 10 个当中只有 1 个用来夹定纸张，其他的用途包括当牙签、指甲夹、挖耳勺、领带夹、玩纸牌的筹码、游戏的计分工具、别针的替代品，还可充当武器"[②]。产品有害的新质往往表现为这种预期之外的功能给

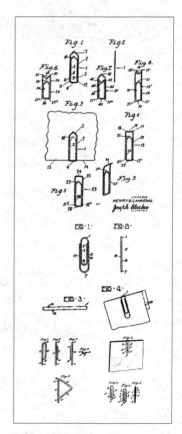

图 4.30 "宝石"等各种款式的回形针

人造成伤害，比如说本来人们使用锤子是为了敲击钉子却不小心砸到了手，或是通信工具——手机的电池意外爆炸伤及使用者。

从实践角度，设计一个产品可以看作设计师为人们设计一种行为或实践方式。如果产品提供的是合理的行为方式，将会提高人们的工作效率和生活质量。可是一旦产品提供的行为方式不合理，轻则令使用者感觉不方便，重则容易引发事故。产品设计是否合理是比较复杂的，因为它与使用的具体情况有关，设计师很难把握具体的使用环境，即使是一个好的产品设计提供了一个好的行为方式，也不能指望使用这个产品的行为方式在一切条件下都是可行的，有时人们很难判断产品适用的具体范围，这是产品的一个先天缺陷。

① （法）埃德加·莫兰：《复杂思想：自觉的科学》[M]，陈一壮译，北京：北京大学出版社，2001，80。

② 同上书，第 81、82 页。

产品的先天缺陷还与现代人对待科学技术的态度有关，"具体地说，科学在开始时是如下一个过程：人们操纵摆弄是为了检验，亦即为了找到作为科学的理想目标的真实的知识。但是"操纵 ↔ 检验"这个环路被引入社会现实中却相反地发生了一个目标的颠倒，也就是说人们越来越为了操纵而进行实验。"①莫兰指出了现代人们有忘记科学技术是人类实践的一个手段而不是目的的危险，不能为技术而技术、为科学而科学。正是有些人类产品是这类观念的产物，不是针对人类实践的问题去开发设计的，因而不可避免地存在着先天的缺陷。莫兰进一步分析了人造机器的特点和不足，"首先是冯·诺依曼在 50 年代精辟地阐明了：人造机器不同于其他生物的、自然的机器（包括人类社会）的特点是机器不能包含和容忍无序性。而无序性有两个方面：一方面它代表着破坏性，另一方面它意味着自由、创造性。"其次，"人造机器没有再生性。"它不能自我再生、自我繁殖和自我修复。"最后，人造机器的基本模式把合理性和可运行性建立在中央指挥、专业分工和等级制等原则的基础上。"②应该知道人们遵循合理性和可运行性原则仅仅是为了好操作，但是人类的实践中伴随着大量的无序性、随机事件和冲突，这些是机械思维所不能把握的，人类产品现在还有容错性差的缺陷。而且正如前面所说，无序性中还包含着新生事物，因此将一切交给机器，生硬地将无序的新生血液纳入规则化、制度化的轨道对于人类的将来是危险的。

只是目前人类社会还未被机器所掌握，并且人类很幸运地已经认识到相关的问题。路易斯·芒福德在他 1934 年的名著《技术与文明》中则对于人类尚未完全沉浸于机器时代表示了一丝欣慰，"我们已看到西欧人努力创造机器并且使它显得像他个人意志之外的一个物体这点的局限性：我们已注意到机器通过伴随其发展的历史偶然事件对人施加影响的局限性。我们已看到机器来自对有机物和生活的否定，而且我们也已表明有机物和生活对机器的反作用。"[1]是的，当机器对人的否定达到一定限度时，产品的异化就产生了，所幸人类还有办法来应对真正人类产品异化的状况。

产品的先天缺陷外在的表现还包括其制作和使用的条件受到先天的限制。比如说建筑中有一类独特的构件就是提供垂直交通的楼梯。楼梯根据坡度的不同大致分为 4 类：坡道、楼梯、扶梯、竖梯。选择不同的形式的依据是结构的倾角，见图4.31 所示。这就受到可利用的空间和结构的限制，以扶梯为例，楼梯的两个主要指标就是踏板高和踏板间距，这是关系到楼梯安全的关键。但是扶梯的限制使得它的踏板间距最小只有 180mm，而正常情况下人行走的楼梯至少应该有 300mm。踏板面太窄，上扶梯的时候还好办，下来就比较困难了，容易滑倒。而扶梯的踏板高最大可以达到 300mm，人一步需要迈很高，一般 150mm 高的踏步，人行走得比较合适。这就说明有的产品本身诞生的条件就先天地决定了它的不安全性。

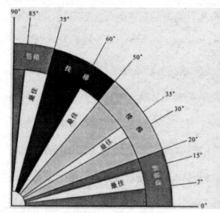

图 4.31 左：建筑各类垂直交通结构的倾角　　　　中：楼梯　　　　右：扶梯

产品构件的疲劳老化是产品安全缺陷的另一个因素，它牵涉到产品的可靠性。产品的可靠性"是指机器、部件、零件在规定条件下和规定时间内完成规定功能的能力"。因此，可靠性根据不同的产品和不同的工作目的而产生差异，"一般来说，机器设备的可靠性随使用时间的增加而逐渐降低，使用时间越长，可靠性越低"[2]。也就是说产品都有一定的生命周期，有一定的安全使用期限，如果超过了这个期限，产品不安全因素就会大大增加，而这个期限又不是人为可

① 〔美〕卡尔·米切姆. 技术哲学概论 [M]. 殷登祥等译. 天津：天津科学技术出版社，1999："19-20".

② 李红杰等. 安全人机工程学 [M]. 武汉：中国地质大学出版社，2006："185".

以确定的，即使是同一种产品在不同的条件下使用寿命也会相应地改变，这又是产品难以避免的一类安全缺陷。

对于产品来说，只要被生产出来，就是对于生态环境系统的一种扰动，这是因为产品并不是自在的，而是人为的。曾经有一位日本的建筑师谈到建筑对环境的破坏时说，"最环保的建筑做法就是不建任何建筑"，产品也可以作如是观。当然，生态环境也不是那么脆弱的，一般的扰动，系统都可以自我消化、自我协调，但是一旦突破了一定的度，生态就会遭到不可逆转地毁坏。因而自然伦理成为近些年日渐被设计界关注的问题，这些年人类工业产品给地球带来的生态变化已经影响到人类的生存，情况严重到人类不得不予以重视，并导致原来"以人为中心"的生态观转变为现在"以系统为中心"的生态观，生态学的研究显示了这种转变。而美国环境科学学者诺曼·迈尔斯则把环境安全称之为"最终的安全"，他认为环境安全是全球政治稳定的基础之一，换句话说，由于对环境和资源的不安全感可能会引发残酷的战争，中东的流血冲突已经让我们看到了这种可能性。因为地球的自然环境是一个全球循环和平衡的系统，没有一个国家可以脱离地球去营造自己的小气候，因此，大量人类产品的使用带来的环境安全问题，必须全球统一考虑和运作，因为产品量的因素导致的不安全也是产品的一类先天缺陷。

在人机系统中，当然不仅仅是产品存在缺陷，第三章也谈到了人的缺陷，也正是由于人与产品都存在各自的缺陷，作为一个整体与外在互动的人机系统就存在着一个功能分配的问题，也就是说在执行具体的功能上，人与机器应该各自按照自己的优势来承担需要完成的工作，同时规避各自不足的地方以最大限度地保证安全。"人机功能合理分配的原则应该是：笨重的、快速的、持久的、可靠性高的、精度高的、规律性的、单调的、高价运算的、操作复杂的、环境条件差的工作，适合于机器来做；而研究、创造、决策、指令和程序的编排、检查、维修、故障处理及应付不测等工作，适合于人来承担。"[①]

第三节 产品的系统属性

基本上所有的产品都是由不同的部件组成的，各种不同的要素组织在一起就成

① 金龙哲，宋存义. 安全科学原理 [M]. 北京：化学工业出版社，2004：237-238

为一个系统。即使像螺丝钉这样简单的东西也是由钉帽和带螺纹的钉身组成，而且它的设计原理更是受到了杠杆、飞机悬梯和螺旋楼梯的影响。因此，可以说任何一个产品就是由若干部分组成的装置，就是这样一些部分形成系统。

这还仅仅是从产品本身来看，实际上，产品的系统性绝不仅仅是指单独的产品，它还包括因为这个产品的产生而相应产生的整个配套系统。以汽车为例，它不仅仅是发动机、车身、车轮等组成的系统，它还要加油站、维修站、公路、甚至汽车旅馆等配套设施。可以说，汽车这个产品既根据社会的需要演变，反过来人们的家居、住宅乃至城市规划也受到这种相当复杂的技术产物的影响。图4.32 上左图是一个简单的打孔器的剖视图，它的功能需求可以分解成如上右图所示的流程图，而整个系统构成的原理可以由下图看到[1]。

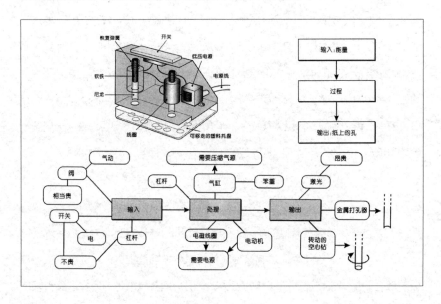

图 4.32
上左：打孔器剖视图
上右：原理流程图
下：产品系统的构成原理

系统是物质存在的一种基本状态，过程是物质存在的另一种基本状态，前者是物质空间存在的表现方式，后者是物质时间存在的表现方式。恩格斯指出："我们所面对的整个自然界形成一个体系，即各种物体相互联系的总体，而我们在这里所说的物体是指所有的物质存在，从星球到原子"（《自然辩证法》，第54页）。系统形成之后并不是一成不变的，不能只将系统看成是各个组成部分的简单集合，最好将产品看成是组成这一系统的各个部分之间的动态平衡关系。系统内各部分（要素）的功能和结构的性能，决定了系统的特性，一切系统都是结构和功能的统一体。产品的这种系统的属性也给产品带来了系统具有的安全特征，这些特征又都在过程中反映出来。

① （英）杰姆斯·伽略特. 设计与技术 [M]. 常初芳译. 北京：科学出版社，2004: 68.

一、产品作为系统的稳态需要

（一）系统稳态的概念与特征

"稳态"是法国生理学家拍尔纳（C.Bernard）提出的，表示生命体内环境的动态平衡。坎农（W. Cannon）定义为："可变的但又相对恒定的条件。"维纳则认为，"某些有机体，例如人体，具有在一个时期内保持其组织水平的趋势，甚至常常有增加其组织水平的趋势，这在熵增加、混乱增加和分化减少的总流中只是一个局部的区域。在趋于毁灭的世界中，生命就是此时此地的一个孤岛。我们生命体抗拒毁灭和衰退这一总流过程就叫作稳态（homeostasis）"[1]。金观涛认为，"许多互为因果的系统由于系统各部分的相互作用而使各部分都处于一种稳定的平衡状态之中，我们将其称为稳态结构。整个系统处于稳态结构的条件是系统的每一个子系统都处于稳定态。它们的相互作用保持着各自的稳定。"[2]对于产品来说，稳态可以理解为保持自身系统结构的稳定性和功能规定性的能力和状态。一个产品系统"稳态"如何就是它自我调节的能力如何，抵御外力作用的能力如何。系统稳态又分内稳定性和外稳定性，系统的内稳定性是指处于平衡态的动态系统，受到外加干扰后偏离平衡态，当外加干扰消失后，系统经过自由运动又能恢复其平衡态。系统的外稳定性是指动态系统输入、输出的传递特性的有界性，都有一定的阈值，超过了就无法完成功能，因此，系统是有界、稳定的，[3]即系统只能在一定范围内保持稳定，出了这个范围就会失稳，任何系统都不可能永远保持稳态。

稳定系统具有自己的规定性，遵循两个原则：其一，系统处于某种特定的不可排除的干扰之中；其二，系统在这种干扰之下能够保持不变。系统的稳定机制遭到破坏的结果就是系统演化，演化的结果是 3 种：演化到新结构、解体或恢复到旧结构[4]。产品的功能不可能在它演化时实现，因此，具有稳态是人们对于产品的一般要求。当然，系统的稳态是动态平衡的，不可能有绝对静止的稳态系统，严格地说，产品在运作时，也是系统不断地从稳态到失稳再到稳态的动态平衡过程。这种动态平衡其实是世界万物运行的规律，不仅实体系统存在动态的平衡，非实体系统同样也存在类似的问题。经济现象中的价格状况很明显地说明了这个问题：系统会先离开契约曲线，然后再回到契约曲线附近的一个新的点，如此反复，由此系统重复地在契约曲线附近波动，总也不会获得一个最优化的价格均衡。因此不仅在我们的理性中存在有限的复杂性，而且在我们

① （美）N·维纳. 人有人的用处——控制论和社会 [M]. 陈步译. 北京：商务印书馆，1989：74.

② 金观涛，华国凡. 控制论和科学方法论 [M]. 北京：科学普及出版社，1983：83.

③ 涂序彦等. 大系统控制论 [M]. 北京：北京邮电大学出版社，2005：177-178.

④ 金观涛. 系统的哲学 [M]. 北京：新星出版社，2005：153、157.

共同的理论和行动中还有一个脆弱－稳定的周期性振荡。可见稳态是动态平衡的，稳态也是系统运动的一种反映。

超稳定结构是自然界有机体普遍具备的能力，由于系统的稳定态是动态平衡的，原先的稳定结构总要破坏，超稳定系统的办法是一旦不稳定出现时，它具有的自我修复能力能够使系统恢复到稳定的状态，像人体的新陈代谢就是典型的以新细胞代替老细胞或死去的细胞以达到新的稳态的事例。科学家也在尝试将这种机制运用到产品设计中，20 世纪 70 年代系统控制领域引进了统计学中的鲁棒性（Robustness）理论，主要用于产品系统稳定控制。Robust 原意是健壮、强壮的意思，在系统控制中指系统在结构、大小等特性或参数摄动的情况下，仍可使品质指标保持不变的性能。系统产生摄动的原因有两方面：一方面，测量的不精确使得特性、参数的实际值偏离它的设计值；另一方面，系统运行过程中受环境因素的影响而引起特性或参数的缓慢漂移[1]。鲁棒性理论辅助状态空间的结构理论使得现代控制理论有了很大的发展，状态空间的结构理论包括能控性、能观性、反馈稳定和输入输出模型的状态空间实现理论，这些控制论的方法也令产品设计的稳定性研究有很大进展[2]。控制论专家艾什比在《大脑设计》一书中描述了内稳定器具有的两个特点：其一，系统中某个子系统对稳定态有着不大的偏移，其他子系统对它的相互反馈会帮助它恢复平衡；其二，如果系统只有一个稳定态，则不论开始处于何种状态，系统总会达到这个稳定态。实际上，设计师也的确在努力运用这种原理来制造产品，使得产品具有超稳定的自我恢复能力，比如用于各种设备保持平衡的陀螺仪，还有用于高档相机中的防手抖装置，现在也在家用相机中普及。

但是，任何事物都是辩证统一的，系统稳态也不总是带来安全。系统稳态结构带来的自动趋稳有时也有弊端。仪表的指针如果在某一位置或角度上是稳定的，比如总是不动或者总往某个刻度偏，那就很糟糕，说明仪表太不灵敏了。系统对外界反应的灵敏性跟稳态结构常常会发生矛盾[3]。这个事例实际上很清楚地表明产品系统的稳态应该是动态过程的稳态而绝不能是静止的稳态，可以说静止的产品稳态除了是个摆置物外，没有任何功能意义。

（二）如何达到系统稳态

系统要素之间的非线性相干作用表现为系统内部的有序性，这种非线性相干作

① 什么叫鲁棒性．小木虫网站－信息咨询－学术研究－学术资料．http://emuch.net.

② http://publishblog.blogchina.com/blog/tb.b?diaryID=873487.

③ 金观涛，华国凡．控制论和科学方法论 [M]．北京：科学普及出版社，1983：88.

① 时新. 序: 量的存在方式 [M]. 柳树滋评点. 太原: 山西人民出版社, 1998: 127.

用形成了整体性的系统质①, 即系统的有序性形成系统质。这句话也可以这样理解, 系统的质的规定性是由系统的有序性形成的, 有序性决定了系统质, 而有序性就是系统的稳态。任何一个系统维持自身的稳定是它自身存在的首要前提, 虽说每个系统最终的结果都是破坏解体, 但是稳定地存在一直是产品成为产品的第一因素。像第四章第二节所列举的例子就能说明这个问题, 兰茂尔 1908 年加入美国通用电气公司时, 公司需要开发一种高瓦数的灯泡。兰茂尔发现以往的灯泡都是以抽真空的方式以阻止灯丝的熔断, 这在低瓦数的灯泡中, 系统还能保持稳态, 可当灯丝换成需要的高瓦数灯丝时, 过高的温度就会熔断灯丝, 系统再也无法维持稳态, 灯泡提供照明的功能当然也就无法满足。

②〔奥〕冯·贝塔朗菲.〔美〕A·拉威奥莱特. 人的系统观 [M]. 张志伟等译. 北京: 华夏出版社, 1989: 127.

系统的自我调节或者自组织是系统实现稳态的主要方式。系统的自我调节功能在系统论中称为"异因同果"(Equifinality), 指的是"如果一个开系统达到了一个与时间无关的稳定状态, 那么这一状态就不取决于原始条件, 而仅取决于系统条件(例如输送和反应速度等)"②。即一个系统一旦处于稳态, 它就不易受外界影响而破坏, 一切取决于它自身对于外界刺激的反应速度、反应动作等, 也就是自我调节能力, 只要这个能力没破坏, 系统就能够保持稳态。例如火箭发射就需要考虑系统的稳态, 上升过程中的火箭(图 4.33)是个极不稳定的系统, 如果完全只靠自身的装置, 而不借助外力, 火箭会很容易坠落, 并且要维持这根细长的圆柱体一直竖直向上而不发生翻转滚动, 是非常不容易的。现在的通用解决办法是主喷口推动火箭向上; 小喷口则向两侧喷气, 当火箭开始翻转时, 小喷口中的一个便开始向外喷射, 使火箭恢复平衡。在飞行史上, 飞机设计师对飞机的稳定性一开始也有误解。19 世纪的大多数制造商都在努力发明稳定性高的飞行器, 可他们的飞机没能飞上天。而莱特兄弟的飞机(图 4.34)是不稳定的, 但他们成功了。他们知道制作飞行器的关键并不是使飞机稳定, 而是使飞机能够受到控制。莱特兄弟是受到自行

图 4.33(左) 上升过程中的火箭是极不稳定的　　图 4.34(中、右) 莱特兄弟的飞机

车原理的启发，他们清楚行驶中的自行车是不稳定的——只要骑车人一停止操纵就会摔倒。然而，只要略微用力，通过不断地操纵，自行车就能行驶得很好。第一次世界大战中双翼飞机核心就是它的不稳定性，正是这种不稳定性决定了这些能飞的带盒子的旧式鸢有极高的可操纵性。任何一架稳定性高的飞机都无法完成急上升方向变换或殷麦曼翻转[1]。这个事例又一次证明了动态平衡的系统才是稳态的系统，完全静止的系统反而会出事故，无法实现功能。

虽然产品在设计师设计制造出来之前已存在于设计师的头脑中，但是产品系统还是一个从无到有的自组织过程。一是设计师创造的过程也充满了偶然性；二是产品的部件之间存在着制约关联；三是新产品的出现会带来一批衍生产品，并且会引发功能类似的旧产品的消亡。科技哲学的研究认为任何一个系统在涨落作用下，能自发地形成稳定的有序结构。有序是子系统在复杂的信息反馈调控机制的因果关系协同作用下，使大系统在内部产生自组织活动的结果。自组织现象就是一个系统在不受外界环境的影响范围内，从内部自动增加组织功能结构的过程。而所谓自组织，就是系统自行提高其组织化程度的过程，组织化程度的提高意味着系统中各种元件、部件相互关系更紧密，各元、部件的运动更有秩序[2]。也有学者阐释为，"在一组事物或变量之间自动发生的，不需要这组事物或变量以外的力量进行干预。这样形成的系统被称为自组织系统。"[3]而系统在自组织过程中总是动态平衡的，平衡既是系统内部的调节，也是与外在相互作用的过程，平衡的动态性既让系统具有活力，又使系统具有漂移的倾向。但是系统的组织化一旦形成，它就会相对稳定。即组织与秩序一旦形成，就能抗拒一定程度的无序。

这样一来，产品设计师在具体的设计实践中，就需要从多角度来思考产品系统自组织形成的安全特性。例如产品系统有时能依靠应力在结构中自行调整，人们无法精确计算所有各个构件上所受到的负载，但如果材料在变形时的"塑性变形段"很长，那么，过载构件就通过伸长来抵消应力，不会有危害，许多工程师非常相信这种"自设计结构"[4]。就是利用金属材料一般都具有的延展性，这种性能使金属材料在受力时可以变形伸长以抵消外力，而对于整个系统来说，相当于利用材料的特性来消除因为制造或安装带来的构件间的细小缝隙从而消除安全隐患。这也是为什么一般机械产品在刚开始使用时都有一个"磨合期"的原因，汽车是最明显的，新车都有 3000～5000km 的磨合期，很多构件需要使

① （美）约翰·H·立恩哈德. 智慧的动力 [M]. 刘晶等译. 长沙：湖南科学技术出版社，2004：283.

② 徐序彦等. 大系统控制论 [M]. 北京：北京邮电大学出版社，2005：112.

③ 金观涛，华国凡. 控制论和科学方法论. 北京：科学普及出版社，1983：116.

④ （美）J·E·戈登. 强韧材料的科学. 包锦章译. 北京：科学出版社，1982：206～207.

图 4.35
活塞发动机工作过程

用时的运作来进行重新组合，发动机的活塞和腔壁都会有加工后的细小毛刺，这是制造中无法避免的，只能在使用中通过两者相互摩擦运动来打磨光滑，达到既密闭又运动顺畅的目的（图4.35），这实际上就是产品系统中的自组织的状况。

二、系统漂移引发的安全问题

（一）系统漂移的产生

我们生活在一个不断变化的世界上，在某些条件下稳定的那些组织形式，条件变化时会成为不稳定的，系统的结构会发生改变[①]。正因为任何系统最后都要解体，所以它们都有一个临界状态，"突变论"就是研究与临界状态的改变相关的现象。

系统在处于临界点时，其活动模式称为"混沌边缘"（Edge of Chaos）。以有机体系统为例，其组合的细胞在太挤迫或太单独的状态下都会死亡，只有在一个特定的状态下，细胞出现自繁殖模式。从接近死亡的简单稳定状态，走向复杂化的繁殖状态，代表着由秩序走向随机的极不稳定状态。其实任何系统都可以从有序变成混沌，也可以从混沌变成有序，还可以从一种有序变成另一种有序，而且导致状态改变。混沌是系统对初始条件和边界条件异常敏感产生的貌似无序的活动[②]。因此，系统从有序变成混沌，从表面看是系统失稳的过程，其原理则是系统内部对于外界条件的敏感而导致的向边界漂移的行为，而内在动力就是熵增。

系统漂移实际上是系统从有序向无序的转换，而在有序和无序的转换之间就存在一个临界点，也就是系统作为整体出现了一个边界。"任何系统，作为一个能被观察、研究的统一体，必定是有界的，不管是空间里的边界，还是机能上的边界。严格地说，空间里的边界只存在于缺乏经验的观察中，所以一切边界最终都是机能上的。"[③]空间的边界一般是人观察到的，但是这很可能不正确，真正让人们明确一个东西的边界的应该是这个系统所具有的功能。人之所以将一个产品认定为一个整体，是在系统水平上认识的，因为这个产品表现出一种结构的稳定性、动作的协调性和一定的功能性，这样人们才将它作为一个整体对待。归根结底，产品系统的边界还是机能决定的。

金观涛等学者在《控制论和科学方法论》中谈到了一个中国古代的故事可以说明世

① （苏）莫伊谢耶夫. 人和控制论 [M]. 吴仕康等译. 北京：三联书店，1987：40-41.

② 刘量衡. 物质·信息·生命 [M]. 广州：中山大学出版社，2004：286-292.

③ （奥）冯·贝塔朗菲、（美）A·拉威奥莱特. 人的系统观 [M]. 张志伟等译. 北京：华夏出版社，1989：134.

界万物都存在系统漂移的现象。古代中国有两个农夫，他们不太会种地，田里杂草很多。其中一位就一把火把杂草和稻子烧了个精光，结果稻子没有生长，野草很快茂盛起来。另一位任由杂草和稻子一块生长，结果稻子退化成稗子[①]。这个故事说明长野草是农田生态（图4.36）的动态平衡，但是对于稻子来说，这是一种向边界漂移的现象，如果突破边界就会失稳，稻子要么退化，要么就无法生长。实际上，任何系统都有熵增的趋势，熵增成为系统向稳态边界漂移的内在动力，任何系统都不可能永恒存在，就是因为迟早会产生边界漂移导致的失稳。而对于工业产品，系统漂移的原因有：

图4.36　水稻田的生态

1. 设计缺陷导致产品的运行系统不稳定，容易产生漂移；

2. 产品在使用过程当中的耗损引发系统构件的老化、疲劳；

3. 系统当中使用者的不稳定因素。

（二）漂移引发的产品安全问题

对于现代的产品设计师来说，他们面对的状况就更加复杂。因为当今的技术系统太复杂，工程师要想高效地组合有关零件，他们得首先去熟悉那些零件，可有时条件并不允许。考虑不周全的系统会带来严重的损失，巧妙结合的技术则会带来惊人的好处和方便，这也导致产品系统中的构件组合存在漂移的倾向。因为系统中子系统之间的关系互为因果，如果这种互为因果导致自我肯定，它表示互相调节，系统稳定；如果互为因果的子系统相互否定，则意味着系统调节功能破坏、不稳定和系统崩溃。这种子系统互相作用的方式可以被自身调节造成的后果破坏，就是功能异化的过程。

产品向失稳状态漂移，是有序中包含的无序在起作用，这种失稳还会产生新的有序，但就人类对产品的需要而言，产品的新组织、新秩序不一定对人类有意义，故这种漂移、无序、失稳状态被认为是不安全的。系统是依靠调控来应对系统失稳和解体的，产品维持系统稳态也是在一定时空中的，在这个时空中，产品以有序的稳定实现其功能是有意义的，被认为是安全的。自组织与系统漂移的关系是与系统内部复杂的非线性作用带来的不确定性一起的，"由于非线性作用所带来的复杂性远远超出了有限逻辑形式的描述范围，也就是说，自组织系统的演变，是计算不出来的。因此，系统自组织形成的宏观序态，在具体形式和时间上就有相当大的不确定性，在质变的关节点上，偶然性因素发挥着重要作用。"[②]正因为人们无法完全掌

① 金观涛，华国凡．控制论和科学方法论[M]．北京：科学普及出版社，1983∶89．

② 薛伟江．后现代主义哲学思维方式的特征[J]．社会科学辑刊，2004∶3∶6．

握产品系统的自组织状况，偶然性因素就会导致人们无法预知的结果，这种结果可能是系统漂移的无法确定性存在的安全隐患。但是设计师的任务不在于使产品的状态固定不动，这是无意义的，也是办不到的，而在于使之在使用容忍的边界以内漂移，不要移出安全的边界。这是看待产品状态的辩证法，它认识到人机系统运动关联的绝对性，并且使设计师可以利用它去改进设计中安全防护的手段。

对于人类产品来说，一种常见的发生边界漂移的情况就是产品的老化，尽管产品的老化与人类的衰老机理不同，但是老化也是产品所面临的系统失稳的重要原因之一。产品的老化：

1. 表现为系统的稳态在使用当中被慢慢破坏；2. 这种稳态的破坏不可避免的原因是其向边界漂移的根源与它自己的功能相关，只要产品在工作，向边界漂移的条件就会积累。

第四节　物的人性——机器生物观[①]

埃德加·莫兰在谈到组织时认为，所有存在的物质，只要其活动包括工作、转化、生产，就可以看作是机器。这样一来，机器就由现象学的物质存在或物质工具成为有组织作用的存在，这是维纳（控制论的奠基人）带来的观念。进而，莫兰觉得人们对于生产的观念也要更新，生产应该在创造性互动中保持发生学特征，"一种存在培育出另一种存在就是生物学上完满的创新形式。因此，生产的观点绝不等同于标准的工业制造。创造与复制是生产概念中既对立又可能相联系的两极。"[②]莫兰提出要真正了解机器，应该超越控制论的模式，他扩展了机器概念的外延，以提示如何从生物学的视角来看待机器——人工的产品。

在某种程度上，机器是具有生物性的，这和赖特讽刺勒·柯布西耶的"住宅是居住的机器"言论时所说的"人的心脏是个血泵"意义不同。机器的生物性可以简单地这样解释，机器并不是人们一贯认为的死物——机械重复运动的静止物，机器还有类似动植物一般的生产，不仅是指重复地制造出相同的产品，而是指机器一旦存在之后，它就存在伴随主要预定功能的伴生功能，这个伴生功能不可预测，也很难控制，新质的涌现可以算作这类。

① 机器生物观：当今人工智能技术迅猛发展，包括脑科学与认知神经科学领域的前沿研究在不断地让机器模仿人脑深度学习，这使得机器仿佛具备了一定的人脑思考的能力，展现出类人的生物性；另一方面机器人领域也快速发展，设计了许多外观与行为都酷似生物的机器人，这些表征很容易令人对机器产生类似生物的感受。这让人们感觉机器等人工产品具备了生物特征，仿佛机器人也具有了人性。我们将这种认识与观点称为【机器生物观】。

② （法）埃德加·莫兰．方法：天然之天性[M]．吴泓缈，冯学俊译．北京：北京大学出版社，2002：158．

与工业革命早期有的学者将人视作机器（最有代表性的就是拉·梅特里的"人是机器"的论点）相反，现代的研究者和设计师更多在研究机器如何能够具有似人的智慧，这种研究现在已经发展成为一门新的科学领域——人工智能。随着科技的进步，人们已经生产出许多具有部分"智慧"的产品比如一些可以自我运行的设备，机器人、无人驾驶飞机等。虽然这些产品的自主思维的程度还很低，也还未形成价值观、道德判断能力等人性关键的内容，但似乎已经可以将视为"人性"的前奏。至今为止，这种"物的人性"观念和生物机器观的发展有这么几方面的内容和理解。

第一种是认为产品应该设计成模仿人的思维和行为运作，在这个意义上，产品被认为越来越有"人性"。在谈到产品的这种类人性，维纳是这样叙述的，"现代的各种自动机是通过印象的接受和动作的完成和外界联系起来的。它们包括感官、动作器和一个用来把从一处到另一处的传递信息加以联结的相当于神经系统的器官。它们很便于用生理学的术语来描述。"[①]正因为这样，在需要了解产品的系统运作机制时，可以参考人的模式来理解，因为我们就是人类，这种理解会有助于我们获得安全。现在流行的自然设计和仿生设计也使得产品更有生物特征，不仅是产品的外观、结构更像自然界的生物，而且产品充分模仿和学习生物优秀的机能，学习它们巧妙地达到目的的方式，这些方式经过千万年的进化显示出惊人的巧妙和智慧。另外，有机设计关于产品的"皮与骨"的概念也是产品人性的一种体现，人的皮肤既有感知功能，又能调节人的体温，还有保护内脏的作用，产品的外壳就像产品的皮肤，承担保护的功能，也有感应、感知的作用。而支撑外壳的结构就是产品的骨，产品皮与骨的分开解放了产品的外围护结构，使之功能更明晰、更加多样化。

第二种是有些人将产品越来越看作"具有生命的物"，特别是现代产品智能化越来越强的情况下，人们更是把产品当作有人性的物。一个现实生活中的例子是在洗衣机发明之前，女人们都在水中用棒槌打砸或搅动来洗衣服，后来又发明了搓衣板给用手搓洗衣服的人们使用。用这些方法大件的衣服很难洗干净不说，衣服的布纤维很容易被打烂或搓烂，衣服易受到损害。直到 1867 年世界上第一台真正的洗衣机问世，后经过不断地改进，1901 年第一台电动洗衣机由美国人阿尔瓦·丁·费希尔设计制造出来。自从利用波轮制造水流来荡洗衣服的洗衣机

① （美）N·维纳：控制论 [M]·郝季仁译·北京：科学出版社，1985：43·

图 4.37
左：打搓清洗衣服；右：波轮洗衣机

（图 4.37）出现之后，不仅仅是改变了洗衣的方式，而且对于衣服纤维的损害减小了许多。有人曾戏说洗衣机诞生之前的打砸、狠搓的洗衣方式，衣服也会觉得痛的。的确，洗衣机的荡洗方式则温柔多了，衣服有时并不与转桶壁接触，波轮激荡的水流像两只温柔的大手揉搓衣物，对于衣物的损害可以降到很低了。从这个设计中，可以看到设计师如果给予物一种人性化的考虑，就可以设计开发出更多使人与物协调的产品，这样的产品对于人也是更安全的。

第三种是现代产品的自主性越来越高了，这种机器的"自行动作"的现象也容易给人们造成产品是具有"人性"的物的印象。其实人类产品并不是到了机器阶段才有了一定的自主性，中世纪就有一些复杂装置制成的自动机械，18 世纪的自动机更以令人叹为观止的方式模仿人类和动物的行为。20 世纪，在机器自动化进程中出现了一个复杂性新阶段：控制论阶段。自此，一直是外部的控制变成了内部的控制（程序）和组织（电脑），自控机不再是表面上像活体，比如说像自动钟表那样，而是在行为组织上像活体了。人造机器在发展其生产能力的同时发展了它们的组织能力，这也就必然会发展它们的自主性[①]。而现代人工智能领域的高科技产品更是具有了一些"智慧"，像会下棋的 Alpha Go 计算机，索尼公司设计制造的会自己跳舞的机器人（图 4.38）等。而制造更像生命体的具有类人智慧的产品也是未来设计界、工程界的努力方向，路甬祥在他的文章《百年技术创新的回顾与展望》中认为"物质科学将跨越生命与非生命物质的界限，产生新的高技术前沿。由于 21 世纪的物质科学将跨越生命与非生命物质的界限，量子理论、分子生物学、物理生物学、化学生物学以信息生物学的进展将量子论推进到新的阶段；极端条件下的物性及相互作用研究将进一步揭示在纳米空间尺度、飞秒时间尺度物理条件下的物质运动、结构与相互作用规律，由此将可能给材料、能源、信息技术带来革命性的影响"。

图 4.38　索尼公司设计制造的会跳舞的机器人

① （法）埃德加·莫兰. 方法：天然之天性 [M]. 吴泓缈，冯学俊译. 北京：北京大学出版社，2002：171.

这种"人性化"的产品研究对于人类安全的利弊将取决于科研领导机构的智慧和技术人员的良心，某种程度上他们把握着人类的未来，也许他们无法决定人类的发展方向，但是他们研发的技术特别是人工智能技术会极大地影响人类未来的发展。有新闻报道美国的一个科研小组参照支原体已经人工合成一条染色体，实际上等于造出了一个新型生命体。而在英国，人工智能的研究者戴维·莱维在他的博士论文《与人工伙伴的亲密关系》中认为随着人类技术的进步，机器人在外表、功能和性格上会越来越像人类，届时与机器人交往的人会增多，甚至将来很多人会爱上机器人，和它发生性关系，也有可能和机器人结婚，他预测这个时间大约在 2050 年。如果戴维的预测准确的话，这些现象在不远的将来就会出现。心理学家已基本弄明白人类相爱的原因，这类相互爱慕的关系也完全适用于人与机器人，比如两人相爱的一个原因是兴趣爱好类似，这完全可以通过给机器人输入相应的程序来实现，而且肯定比人与人之间的关系还要融洽。只是这样一来，真人与真人的关系会否疏远？人与机器结合后，真人的繁衍是否还有必要？也许现代工厂会接替妇女"体验"艰难的生育过程，不断在工厂流水线上下来的机器人代替了婴儿的出生，只是这种变化可能导致人类社会被颠覆的结果。

人类一贯就认为自己是万物之灵，拥有智慧和心灵是人与动物的本质区别，更是与机器的区别，但是自然主义的观念将所有的存在都理解为自然性的，自然人、克隆人、机器人都是自然存在。因此，"机器人设计的极限状态就是运用生物技术和基因技术，直接设计制造与自然人属性一样的'生化人'……机器人、克隆人与自然人这3种'人'都具有类似的物理结构：自然人和克隆人主要由碳、氢、氧等元素组成，有计算决策中心（无数脑神经元连接而成的大脑）和运动系统（肌肉、骨骼和神经），机器人主要由硅、铜、铝等元素组成，有计算决策中心（无数晶体管连接而成的中央处理器与存储器）和运动系统（齿轮、导线、马达与机械臂）……以自然主义方式进行认知考察，机器人、克隆人和自然人无本质区别，只是形式化复杂度和意向性复杂度的大小有所不同……人工物的双重属性问题就是设计的双重实现问题。"[①]这就是目前在人工智能（AI）领域的前沿研究，人工智能领域联结主义体系的身体意向性和认知的具身化研究暗示了一种产品具有意向性的可能性。就像历史上任何技术一样，其自身并无好坏之分，但对人类来说，却存在和谐发展和走向灭亡两种截然不同的选择。

① 潘恩荣：设计的哲学基础与意义——自然主义式的认知 [M]．自然辩证法通信，2006'5''46~47'

第五章 设计、人类与外在的逻辑关联

人类安全对于产品设计的重要性在于现代工业产品的广泛性，正是由于现代工业产品深入到人们生活的各个领域，在任何国家的任何地方都有现代工业产品的身影，产品在人们生活中扮演的角色使得产品设计在人类安全中担当的角色很重要。每天巨量的产品从生产车间产生，到超市成为商品，又被消费者带回家，使用完毕后形成大量的垃圾，现代社会中，在人们光鲜的生活后面，产品既是人们的工具又成为人们的累赘。产品不会说话但并不表明它不会影响人类的生存，产品本来是人们制造出来帮助人们更好地生活，但是它的确又存在着副作用，从产品制造耗费大量的原材料、能源一直到产品废弃物对环境的污染，产品不但以近乎无限的速度增长，而且人工合成物的不可降解在缓慢而又彻底地改变着我们居住的地球。从 20 世纪五六十年代延续至今的有计划的废止制度现在仍然是普遍采用的商业模式。从汽车行业延伸到各行各业，刺激消费的同时也产生了大量垃圾，众多垃圾的填埋处理，使得地球慢慢地转变为人造地球。正是由于目前这种被人们看到了负面效应的改变，迫使人们必须思考产品与人类安全的关系，它是怎样影响人类安全的。

人的身体的局限和需要适应大自然的要求，推动了人类制造和使用工具。于是产品成为人与外在的中介，人通过产品与外在发生关系，外在也通过产品向人反馈信息，在这个系统里，任何变化，包括人的动作、产品的动作和外在的动作，导致良性结果的，我们称之为"安全"；而上述这些动作产生的变化导致恶性后果的，就是日常所说的"不安全"。在这个系统中，由于产品作为中介，它与另两者直接发生关系，而人与外在越来越不直接接触，一切都借助于产品在进行，形成了人依赖于产品的状况，套用哲学家维特根斯坦的一句名言就是"人的工具的界限意味着人的世界的界限"。维特根斯坦的原话是："我的语言的界限意味着我的世界的界限。"是从语言学的角度谈语言作为工具所形成的语境如何和人的生活和文化模式密切相关的，"语境就不仅是静态的语言形式系统，更是包括人类行为、习惯、文化、心理等因素在内的动态复合整体……整个人类可理解、可想象的物质和精神世界抽象凝结为巨大的整体语境。整体包含于语境之中，语境展开为整体。"① 同样，现代人类产品也形成一个巨大的产品环境，现代人类的行为、习惯、文化、心理等因素也深刻地受到这个产品环境的影响，甚至可以这样

① 郭贵春，李小博．维特根斯坦与后现代反本质主义思潮 [J]．山西大学学报社会（社会科学版）" 2001．2" 4．

说，产品决定着人的生存活动领域。因此，产品在人的安全和外在的安全方面都扮演着极为重要的角色，本章就是在这个意义上关注并研究产品与人类的安全。

产品虽然是人与外在的中介，但是作为人类实践活动的产物，必然为人类所支配。这种支配表现在两方面：一是产品活动的目的由人确定，也就是产品的功能是满足人的需要的；二是产品活动是由人操纵的，就是产品由人控制。这种控制又可以分为两种形式：直接控制、间接控制。随着科技的进步，间接控制发展出一种较为特殊的形式——自动控制。譬如手工工具属于直接控制的产品，普通机器属于间接控制的产品，自动控制的产品包括电脑之类的人工物。虽说工具是为人所控制和操纵，但是，产品毕竟不同于人的肌体，它有相对的独立性。它不是肉体的生理成分，其运作机理与肌体不同；产品的发展是按照生产劳动能力的发展决定的，不能单凭人的主观意志随意产生。所以说，"工具相对独立性的最突出表现，是它对人具有极大的反作用。虽然在生产中，人是控制工具的，这种控制关系却必然反过来对人提出要求。有什么水平的工具，就必须有与之对应的体力与智力的水平，否则，人便无法控制工具。"[1]

第一节　设计与生态关系的演变

从词源来看，生态（Ecozoic）源于两个希腊词的组合：oikos 含义是"家、居所"，zoikos 的含义是"动物、生物"，因而，生态就是生命之家。经济学（Economics）和生态学（Ecology）的希腊词根"oikos"（家、居所）是一样的。这说明生态学和经济学本质上是相近的，经济学是"家"的规则、标准，而生态学是"家"的逻辑。生态学最早是恩斯特·海克尔 1866 年首先使用的，作为"研究生物体同外部环境之间关系的全部科学"的称谓，直到 20 世纪中叶，汉斯·萨克塞把生态学的概念扩大，"尽可能广泛地理解生态学这个概念，要把它理解为研究关联的学说"[2]，对于生态学，人不仅是自然界的主体，还是构成自然的客体。

地球上薄薄的生态系统是所有生物赖以生存的基础，正由于生态对于生命不容置疑的重要性，生态安全现在已经成为设计界不得不重视的问题。人类工业产

① 韩民青. 物质形态进化初探 [J]. 太原：山西人民出版社，1984：167.

② （德）恩斯特·卡西尔. 人论 [M]. 上海：上海译文出版社，1986：15.

品给地球带来的生态变化已经影响到人类的生存，情况严重到人类不得不予以重视，并导致原来"以人为中心"的生态观转变为现在"以系统为中心"的生态观，生态学的研究显示了这种转变。美国环境科学学者诺曼·迈尔斯在他的著作《最终的安全》中提到，因为地球的自然环境是一个全球循环和平衡的系统，没有一个国家可以脱离地球去营造自己的小气候，因此，环境安全问题属于"集体安全"，必须全球统一考虑和运作。当然本节不是对环境科学的专题研究，而是着眼于工业产品带来的环境影响，以及这种影响对于生态安全和人类可持续发展的作用，这种观念至今也没有形成全球统一的共识，并且深刻地受到各国文化观念和传统伦理的影响。

一、前工业社会人与产品的生态关联

（一）人与生态的同一性

从群体主体性的特征来看，前工业社会所有成员都不具有个人主体性，这是人类社会最初的状况。人与人处于依赖关系之中，个人还没有成为主体，使得整个群体的主体性十分单纯和稳定。这种群体的主体性是以其成员的无主体性为前提的，缺乏来自个体成员内在的能动性，但是人类显示了强大的凝聚力，并战胜了许多威胁自身生存的困难。只是原始的技术能力，仍迫使人类主要是依靠自然。在中国早期，人类活动普遍对自然的依赖性很强，"在自给自足的农耕社会，普遍存在着靠天吃饭的思想，手工业者也是如此，这正是他们重视天时、地气物候的原因。"[①] 中国古代著作《考工记》也说，"天有时，地有气，材有美，工有巧，合此四者，然后可以为良。材美工巧，然后不良，则不时，不得地气也"。从中可以看出，那时人们对于自然还是只能迁就，十分依赖的，"它的现实就是面对自然界，在土地与天气构成的现实中，不允许幻想，要顺应四季，顺应环境"[②]。

在前工业社会时期，正是个人主体性的普遍弱化使得主客体表现出类和谐的一致性。可是，早期人类活动与自然生态表现出的同一性，并不是人类有意识为之，而与人类社会的组织性还不高，个体实践能力还偏弱有关。实践能力的有限迫使人类一切的活动都围绕着生存展开，那时向大自然讨生活是人类社会的主旋律。大自然也就以自己的方式影响着人类，马克·内森·科恩在其《史前

① 诸葛铠．中国早期造物思想的朴素本质及其与宗教意识的交织 [J]．东南大学学报（社会科学版），2003＇6＇88＇

② 付文忠．现代性与后现代性关系问题 [J]．雁北师范学院学报，1999＇4＇3＇

食物的危机，人口过剩与农业的起源》一书中，将人口压力断定为人类迁出非洲居住到其他大陆的原因。因为人口的增长，人们已经不能仅仅靠猎取大型动物来果腹了，狩猎者让位于采集者，这在远古人类聚集地更为突出，也许可以说明旧世界新石器时代的变革何以较之新大陆的变革速度快。这时候尽管在冶金术、艺术、文字、政治和城市生活方面有令人瞩目的进展，本质上还是人类对许多物种进行直接地控制和利用[①]。这个时期人类的实践处处受到自然的掣肘，被迫常常以退缩的姿态来顺应自然规律，尽管内心并不甘心。以下的两个事例说明了这一点。

14世纪20年代，头一批葡萄牙人到达波尔图桑托岛，那时该岛还是个无人居住的处女地，可是随船来的兔子显得比人更快地适应了那里的环境，它们令人吃惊地繁殖，吃光人们的农作物。等到居民起来反抗时，兔子早已泛滥成灾，最后人们被迫离开该岛到马德拉岛去。人们并不是被原始的大自然打败，而是被自己对生态学的无知所挫败。这种情况在人类历史上多次发生过，20世纪的澳大利亚还曾重演过上面的状况，野兔的过量繁殖毁坏了庄稼，最后导致了一场人兔大战。而在不适应环境的情况下，人类可能会遭到巨大的灾难，在盛产奎宁和速发来复枪的19世纪之前，白人简直无法在非洲生存。每年派驻在黄金海岸的英国部队总有过半要死掉，这种情况很常见[②]。这时能帮助人们克服恶劣环境的产品就成为人类是否进行该实践的决定因素。从中可以看到，前工业社会人类活动所表现出的与生态的同一性，并不是一种主动的行为，一旦其能力发展到可以制造出抵制环境限制的产品时，这种同一性就越来越小。

从生物体本质来说，所有事物都有奴役其生存环境的倾向，这似乎成为生物的本能。植物会释放一种抑制其他植物生长的物质来确定自己的领地，狮子在自己的领地边缘到处撒尿，以自己的气味来警告入侵者。人作为智慧生物，这方面的能力自然更强。早在人类生产机器前许久，原始人就会以驯化野生动物的方式来奴役自己生存的环境，因此，作为实践能力最强、生活需求也最高的人类来说，这种控制欲望必然存在，人类历史已经证明，即使是在敬畏自然的人类社会早期，人类也已经流露出了希望控制和奴役其生存环境的迹象。

当然，也有学者对于前工业社会人类与生态的同一性是由于人类实践能力不足

① （美）艾尔弗雷德·W·克罗斯比：生态扩张主义 [M]：许友民等译．沈阳：辽宁教育出版社，2001：19．

② 同上书，第71页，第145-147页。

而产生的论断不太同意，他们认为现代人们关于早期人类是生活在极端艰苦条件中的认识有偏差，没有任何证据表明那时的人们生活艰苦，也许只有人类寿命偏短说明当时的医术还很不发达，但这不能质疑人们在活着的时候是享受生活的。早期人类与生态和平共处的关系，可以从一些人类学家称那段时间为"快乐时光"中看出，因为学者们意外发现原始人狩猎采集生活并不似如今人们想象的那么苦，他们纷纷质疑起农业诞生的原因是否是文化演进的自然结果。理查·李在20世纪60年代就发现衮山族一天只要花几个小时狩猎或采集就可以休闲了。而马歇尔·萨林斯（Marshall Sahlins）1992年则称这个时期为"原始的丰裕社会"，理由是"人类所有的物质欲望都可以轻易满足"。而学者们同时还发现了所谓的更先进的农业社会人类的生活并不更好，那时人的寿命反而更短，牙齿更差。他们认为是人口增长增加了疾病传播，另外，高淀粉、低蛋白质的食物结构可能损害了人的健康[①]。这种看法还值得商榷，但从另一方面提醒人们需要重新审视人类与生态环境的发展历程。

（二）产品的自然状态

芒福德将人类的技术发展史分为3个阶段，即使用水和风的直觉技术（约到1750年）、煤和铁的经验技术（1750~1900年）、电和金属合金的科学技术（1900年至今）3个阶段，前工业社会明显处于他所讲的第一阶段。从人类学角度，他又区分了综合技术和单一技术，他认为最初的技术属于综合技术，因为它以生活发展为方向，而不是以工作或权力为方向。这是一种与生活需求和人类愿望相一致的技术，并且以较民主的方式实现着人的潜能[②]。

在没有电，也不知道利用煤和石油的前工业社会，水力这一便利、环保的自然动力成为世界各民族不约而同的动力选择。中国古代有大量利用水力为动力的农业器械，如水磨、水碓（图5.1）等，西方中世纪也开始利用水轮提供便利、廉价的动力，人们想方设法发明器械来利用水力以替代繁重劳动，例如利用水力碾磨粮食、漂洗羊毛、锯开木料，等等。甚至中世纪典型的西多会教修道院就修建成横跨溪水，"溪水流经修道院的店铺、居住区、餐厅，为磨面、伐木、锻造和

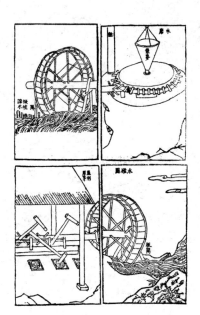

图5.1　上：水磨；下：水碓

① （美）罗伯特·赖特. 非零年代——人类命运的逻辑 [M]. 李淑珺译. 上海：上海人民出版社，2003：66~67.

② （美）卡尔·米切姆. 技术哲学概论 [M]. 殷登祥等译. 天津：天津科学技术出版社，1999：19~21.

图 5.2

图 5.3

图 5.2
上左：埃及彩陶（18 王朝）
上右：希腊卡马雷斯彩陶
中左：北美霍普韦尔陶器
中右：朝鲜新罗三耳有足钵
下左：伊朗彩陶人物鱼网纹钵
下右：玛雅后古典时期彩陶

图 5.3
上：爱斯基摩人的圆顶雪屋
下：印第安人的帐篷

粉碎油橄榄提供动力。这一溪水也提供自来水以满足烧饭、洗涤和沐浴的需要，最后用来排污处理"[1]。技术发展轨迹还显示出与人对于生态的态度的一种互动关系，并且影响着人类历史的发展。公元 8 世纪，西欧还是一片蛮荒之地，但是由于工程师对于水能和风能的利用，确立了以法国为中心的新文明。相比之下，罗马人只会使用奴隶，他们注定要退出历史的舞台。8 世纪中期，为满足军队的需要，法国国王下令大量喂养马匹。原先马因为不适合耕种，人们并没有大量驯养。其原因主要在 3 方面：其一，马蹄在潮湿的土壤里会变得柔软脆弱而易折；其二，当给它们套上牛轭时，它们就会因为气管受压而喘不过气来；其三，马饲料的要求高于牛饲料，除了草之外，马的饲料中必须掺入一定量的粗蛋白质。9 世纪解决了其中的两个问题，靠钉蹄掌和用马项圈的方法，马被用于农业耕作。马的喂养问题则采用了分地耕种的方式解决，农民把自己的地分成 3 份，一块种人的食物，一块种马的食物，一块地休耕，每年轮流使用 3 块地。这种三田轮流耕作要求人们重组他们的财产，并且改变了他们的社会序列[2]。但是最终畜力战胜人力还是对于自然力的一种使用，这种人类产品还是属于自然状态的。

而从制作产品的材料来看，由于没有人工合成材料的手段，早期人类几乎所有用来制作产品的材料都是天然的，只有一些金属材料经过提炼，像金、银、铜、

① （美）约翰·H·立恩哈德．智慧的动力 [M]．刘晶等译．长沙：湖南科学技术出版社，2004："29．

② （美）约翰·H·立恩哈德．智慧的动力 [M]．刘晶等译．长沙：湖南科学技术出版社，2004："168-169．

铁等。而大量的原材料木材、石材、陶土、瓷土等都直接取自自然，甚至还有蚕丝织成的丝绸。只要翻开任何一本工艺美术史的书，稍微读一下，就可以发现古代全世界的各族人民都不约而同地使用着这些天赐的材料制作产品，譬如世界各地都生产陶器（图5.2）等。早期人类的建筑构件都使用天然材料，像木材、石材、泥土等。北美印第安人或爱斯基摩人这样的游牧部落与可移动的、临时性居所密不可分，兽皮制成的帐篷或冰块盖成的爱斯基摩人的圆顶屋（图5.3）成为他们的标志。在古代欧洲，较为永久性的古代住所都是用木材和石料盖成，而非永久性居所则只使用木材。

船舶的起源和发展也很好地说明了人类在掌握技术的早期如何利用一切自然之物的，现在历史学家公认，早在公元前6000年原始人就利用骑跨漂浮的木头来渡过河流溪涧，后来发展为用麻绳把木头绑成筏子，也有制作竹筏的。而最早的船就是将整根的圆木一边掏空制成简陋的独木舟，大约在公元前5000年，人类就懂得用柔韧的树枝作船架，然后将连缀的兽皮覆盖在船架上，大大减轻舟体的重量，加快划行速度，也有用桦树皮替代兽皮的。最初人类是用手划水前进，后来才发明出桨或橹来代替，见图5.4。真正可称作船的应该是公元前5000年居住在尼罗河畔的居民发明的草舟，尼罗河草舟用捆扎的芦苇制成，两头弯形，船头和船尾酷似月牙，这种草舟延续使用了好几百年。后来，古埃及人发明了船帆，最早的帆船是用芦苇制造的，船桅有两根圆木作脚撑住，形成三脚架。船桅上挂船帆。船帆通常呈方形，用纸莎草或棉布做成[1]。

图5.4 人类早期使用的一种船

① （美）查尔斯·潘纳蒂．天地万物之始[M]．巴仁译．南宁：广西人民出版社，1989：359-361．

早期笔的演变是另一个事例，从中可以看出古代人类是如何利用天然材料来制作和运用工具的。最早的笔可以说就是人的手指，原始人用手蘸着带颜色的汁液——一种浆果的汁液在洞穴壁上作画。第一种真正的笔式工具大约是公元前3500年产生于苏美尔，苏美尔人把树枝磨成尖笔，用它把文字、图画等记号刻画到湿泥板上。而真正可以称得上是笔的产品，大约是公元前3000~2800年间古埃及人用芦苇管和灯心草制成笔，在纸莎草纸上书写。古希腊人在公元前1296年就采用类似的芦苇一样的笔来书写，而中国人在公元前1000年就已经用骆驼毛、鼠毛和竹竿来制成毛笔书写。并且古代人类书写的有色汁液或墨汁都是从天然物中提取的，纸的制作也是同样，包括最早用过的动物皮毛和竹木片等，这些东西在废弃之后都可以很好地被降解，对于生态没有额外地破坏。看看这些古代制作产品的草、木、芦苇、兽皮等材料，你就会明白为什么那时不存在环境污染的问题，人类是怎样同大自然和谐共存的。当然，这不是让现代人类都返祖回到原始社会，但是这些材料回到自然中，就像伏了一些草，倒了一棵树，枯了一些芦苇，死了几头野兽一般，它会给生态带来怎样的害处呢？这些没有经过深加工的原材料的确与现在常使用的钢铁、塑料、复合材料有很大的不同。

而早期人类产品的动力也多是利用天然的驱动力，当人类的脚步开始迈向海洋时，需要有够大、够快、转动高度灵活的船只来运载货物与乘客等值得承载的有效负荷，当数周甚至数月极目不见陆地时，需要设备与技术来寻找跨越海洋的路线；需要轻便到能搬上船但却足以威慑岛屿上的土著居民的武器来越过海洋；需要一种能源来驾船越过海洋，用桨可不成。还需要足够大的船舱足以运载充足的贮备物资。古代的探险者很快发现：风将会把他们带到它吹向的地方。在印度洋和中国海都航行过的马可·波罗告诉欧洲人说："在这些水域只有两种风刮过，一种风将水手们从大陆带出来，另一种风将他们带回去；前者在冬天里刮，后者在夏天里吹。"[1]这说明古代的人类早已学会如何将产品与生态的有利条件结合起来，以达到实践的目的。在这方面，不同的民族之间有过广泛的交流，"古代斯堪的纳维亚人的确是去了他们想去的地方，但他们的船只、帆缆与航海技术只够勉强应付北大西洋的特殊困难。……西欧人需要以之来渡过大西洋最安全但却最广阔的地方的航海技术、传动装置、船的设计和帆缆的一些改进措施，无疑是从那些自地中海东部诸国和岛屿返回的十字军东征者那儿传过来的"。[2]

① （美）艾尔弗雷德·W·克罗斯比：生态扩张主义 [M]．许友民等译．沈阳：辽宁教育出版社，2001：116-130．

② 同上书，第53页。

① 李砚祖. 产品设计艺术 [M]. 北京: 中国人民大学出版社, 2005: 44~45.

② 陈念慧. 鞋靴设计学 [M]. 北京: 中国轻工业出版社, 2001: 12.

如果说古代人类的产品在材料上基本采用天然材料，还可以说是由于自身生产技术的限制，但是他们的产品设计绝不仅止于此，"在手工艺为主的时代里，艺术家与技术家的关系是一种互融而协调的关系。手工的方法作为纯艺术与纯技术、实用价值与美的艺术价值之间的媒介。艺术和技术的结合，导致两者在制作过程上的完全同一，即在手工艺的基础上统一起来，在相当长的时期内，这种统一不是拼凑式的，而是有机的结合与服从"①。美洲的印第安人会制作一种称之为包子鞋（Moccasin）的鞋子，距今已有千年左右的历史。这

图 5.5 印第安人的包子鞋

种鞋子在结构和制作工艺上都比较独特，之所以称之为包子鞋（图 5.5），是由于它用一整块皮从鞋的底部往上包住脚的上面，然后再与上面的一块皮料缝合在一起，上下两块皮料缝合时在帮围和帮盖连接处打出一些褶皱，外观像中国的包子，其实，这些横向的褶皱恰好符合人脚行进的方向，西方人称之为 Moccasin。印第安人一般用麋鹿皮来制作，由于它的结构和材料使得这种鞋穿上去柔软、舒适，很适合野外的狩猎活动②。早期人类善于学习自然界的优点，发展出产品功能的自然解决方案，使得早期的设计带有一些自然设计、仿生设计的特点。

（三）早期设计的社会生态文化

③ 杭间. 手艺的思想 [M]. 济南: 山东画报出版社, 2001: 272.

④ 诸葛铠. 设计艺术学十讲 [M]. 济南: 山东画报出版社, 2006: 224.

设计还具有社会生态环境，诸葛铠认为设计的社会生态环境"也就是社会结构、政治制度对设计的影响。社会结构和政治制度也是动态的，东西方的差异比较明显"③。前工业社会的设计、制造产品的技艺，今天称之为"工艺"，杭间在《手艺的思想》中谈到工艺美的尺度时，区分了广义和狭义的内容。实际上谈到了工艺产品不仅有自然生态伦理，还有社会生态伦理的问题，这在当今的产品中也存在。"广义上的工艺美是道德的和伦理的，但这伦理道德又不同于统治阶级所规定的三纲五常标准，而是在与自然和谐的背景下，在人与人之间的关系以及受生存条件限制的需要下产生，因而它没有太多地受到统治阶级成文的法典的束缚，从人格的发展上，呈现出较为自由的状态。从狭义上来看，工艺审美活动中的情与理，又必然存在许多条件，这些条件有许多都是在农业社会的宗法制度及手工行业的特征下造成的，因此那些具体化的审美仍然不能作为独立的形式出现，艺品与人品的关系，文如其人的思想同样也深植于匠人的思想之中。"④诚然，早期人类的设计因为科学技术的有限，只能多采用天然材料，表现出产品与生态的安全关系，但是早期产品

的社会生态安全则不只是由于这个原因，主要还与当时人们形成的"宇宙图式"有关，当然，这种观念与产品的生态安全是相辅相成的。李约瑟在《中国之科学与文明》中评论中国古代设计的象征内涵时说："作为这一东方民族群体的'人'，无论宫殿、寺庙，或是做建筑群体的城市、村镇，连分散于旷野田园中的居民，也一律常常体现出一种关于'宇宙图景'的感觉，以及作为方位、时令、风向和星宿的象征主义"。这些表象的背后是中国古人看待外在时，不仅在于了解事物的客观规律，而更多地关注通过对外在现象的观察来预知人类社会的未来，因为他们相信"天人感应"的观念，认为人世间的事物都与上天的事物是对应的。这也使得早期产品有很大一部分是用于此类目的，这可以在中国古人建造城市时的观念中反映出来，早在商周时期古人建造城市时就有着类似思想的规划，像《周礼·冬官·考工记》对于"匠人营国"的记述，很多学者认为是古人观念中对于"理想城"的规划（图5.6），其形态受到了早期"规矩镜"等宇宙结构图式的影响。"一般认为镜钮代表中国即茫茫宇宙的中心，钮座代外的方格表示大地，圆形的镜子表示天……可以进一步发现'匠人营国'空间结构、时间结构和配数等诸多方面，都带有模拟时空的特点，以达到沟通天人的意图。"[1] 同样也可以说明为什么中国古代那么崇尚玉器，不光是玉材的质地温润秀美，主要是中国古人"以玉比德"的观念，这给玉器产品又赋予了社会生态的内容，如玉璧、玉琮、玉玦、玉璜等玉器不论在形制、装饰，还是质地、材料都隐含着中国古人对于"天地人神"的认识和观念。而瓷器也以似玉的质地为荣，唐代越窑的青瓷朴素无华，但釉色如玉似冰的自然变化，天下莫能与之争美。而商周的青铜器更是代表了社会身份、地位和等级，明式家具（图5.7）则是以简洁的结构和方正的形态传达

① 武廷海、戴吾三．"匠人营国"的基本精神与形成背景初探[J]．城市规划，2005'2'54.

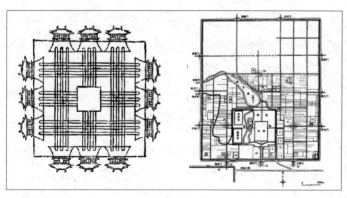

图 5.6　左：《考工记》三礼图；右：元大都布局复原图　　　　图 5.7　明式家具图

① 杭间、曹小鸥 设计的伦理学视野 [J] 美术观察，2003，6：4

出古人"质真而素朴"的美学观念和端直方正的伦理秩序。杭间、曹小鸥评论道："中国早期伦理思想的产生是由其农耕社会的生产力决定的，儒家思想中仁、礼、善等关系在血缘关系中的体现，道家思想中的无为及'民多利器，国家滋昏；人多伎巧，奇物滋起'的逻辑，无疑离不开自然经济中那种人与自然约定的关系的制约。"①

而对于早期产品对人的社会文化生态的影响，许平对日本居住空间的分析很有启发，在《造物之门》中他谈到日本住居的神圣空间中物对人的影响，一是物对人们的行为产生了约束力，神圣空间的物对人有权威性；二是物和人的心理产生联系，在人与物的复杂的精深层次中，"人类必须具备某些稳定性因素和可预料性心理才能正常活动……在这里，无论是住居中的神圣空间也好，或是神柜神像等被祭祀物也好，都代表着一种集中着社会价值观念和各种文化信息的'物'"②。在社会文化生态上，古今的产品都会对人产生影响，差异在于产品产生的是怎样的影响。相比较现代工业产品，早期人类产品似乎更符合人的心理和文化概念模式，因为它们在心理上与使用者联系得更紧密，而现代产品虽说功能更强，和使用者的心理联系却愈显贫乏。

② 许平 造物之门 [M] 西安：陕西人民美术出版社，1998：7-10

二、工业社会人与产品的生态关联

（一）工业产品带来的影响

现代工业产品给人类社会带来了巨大影响，这一点目前不能否认，日常生活中，产品或明显，或潜在地影响着每一个人。各种各样的工业涵盖了航空、医药、银行、制造机器人、航运和汽车等领域，所有这些工业都已经深入到人类生活的各个方面。工业社会给人类带来的是后世所称的"现代性"，对于现代性，韦伯认为是指社会按工具化、手段化的方式进行组织；哈贝马斯认为现代性包含工具理性和人文理性，但是由于工具理性与价值理性存在分离，现代性一再出错；吉登斯认为现代性意味着与传统社会的断裂；意大利哲学家威特姆认为现代性信仰的进步实质是信仰新东西、新商品；法国学者布希亚德指出，现代性是悖论性的，自由变成了形式，人民变成了大众，文化变成了时尚，进步变成了神话。"由于市场经济机制的作用，人变成了消费者，消费者就是上帝，就是价值和使用价值的肯定者。一切有用的东西就有价值，就是真实的现实。物对人的有用性就是外部世界唯一真实的存在，其他东西则被认为是空洞无物的东西而遭抛弃。"① 事实就是现代性工业导致了社会对物质的极端追求，功利主义成为价值观，而商品经济助长了这种趋势。一切人类活动导向了对大自然的索取，自然似乎是为人而存在的。

在许多人脑海里，"工业革命"似乎都与机器大生产、流水线和18世纪末的重型工业相关。其实这是后来附加上去的，最早阿诺德·汤因比（Arnold Toynbee）造出这个词是为了描述英国1760~1840年技术进步带来的变化。当时这个词不像现在是个中性或略带贬义，汤因比运用这个词带有褒义的意味，而且与现在许多人脑海中概念不一样，蒸汽机（图5.8）确实是英国在18世纪最大的贡献，但事实上，蒸汽机却始终没有成为18世纪的主要动力源，大多数的能量仍然来源于水轮和风车。在这之前，英国建成了一个陆路有轨系统，但是那时的商人们却以马作动力拉动有轨货车，可以想象当时所谓的工业革命是多么的保守和落后，其中还走过了许多鲜为人知的曲折道路。但是尽管有这些情况，关键的一步还是迈出了，工业革命最大的贡献就是带来了生产方式的变化，并进而带来了人类社会的变化，变化的原动力来源于人们为运送原材料和手工产品对运输需求的骤然上升②。变化一旦产生就难以遏止，没有人能够掌控它发展的方向，并且会蔓延到社会的各个领域。人们创造的机器不同程度地影响了我们对世界的看法，进而深刻地改变了人类文明的进程。汽车所带来的变化是发明者们始料未及的，它促使了高速公路的出现，改变了城镇的布局，电话的问世给人类的交际方式带来质的变化③。

整个工业革命时期，人们都被一股盲目乐观的情绪包围着，"而这种乐观的情绪也促进了技术的突飞猛进。乐观主义者认为我们可以通过一系列的发明，把世界改变成我们想要的任何样子"④。这种状况至今也未改变，也许是人类在进行实践的过程中只能通过技术与产品这一条渠道，至少绝大多数人是这样，所以当人们想改变一点什么的时候，他们只能去发明新技术，制造新产品，毕竟仅仅通过冥想来进行人生实践的人还是很少的，这就自然导向一种对技术的崇拜。

① （美）约翰·H·立恩哈德. 智慧的动力 [M]. 刘晶等译. 长沙：湖南科学技术出版社，2004：119-120.

② 付文忠. 现代性与后现代性关系问题 [J]. 雁北师范学院学报，1999，4：3.

③ 同上书，第3页。

④ 同上书，第175页。

图5.8
上：瓦特发明的蒸汽机
下：现代人仿制的瓦特蒸汽机

①（加）威廉·莱斯. 自然的控制 [M]. 岳长龄等译. 重庆：重庆出版社，1993：140-141.

②（加）威廉·莱斯. 自然的控制 [M]. 岳长龄等译. 重庆：重庆出版社，1993：144.

③李征坤等. 西方科技价值观的嬗变 [M]. 桂林：广西师范大学出版社，2004：66-67.

（二）技术的反制

设计的结果——产品出现之后，就产生了人与产品的关系，二者既有相适也有矛盾，相适是两者互为补充，共同进行人类的实践活动；矛盾是产品一旦产生后就不仅仅只受人的控制，反过来，它对于人也有控制的效应。近代以来，技术增长了人类的能力，但也使人类在相当大的程度上依赖于技术。自然仍然对人有巨大的影响，只是现在通过技术表达出来。此外，技术还成为一部分人控制另一部分人的工具。全球化竞争的过程中，人成了为控制自然而制造的工具的奴仆，因为技术发明的速度甚至连最先进的社会也不能控制。由于对自然的技术控制而加剧的冲突，又陷入追求新的技术以进行人与人之间的政治控制①。这样技术对人的反制已经超出了一般实践的范畴，从而进入到社会实践的领域。

从纯粹技术上说，人类利用技术制造的产品系统，本来是主体作用于客体的中介，如各类机械电子产品、交通工具、通信工具等等，这些产品系统越来越客体化的趋势导致技术反过来制约和束缚主体，有反主体的趋向，对主体造成了危害。现在人们越来越多地谈论人类对于电脑、网络、电话的依赖，以至于一旦这些产品无法使用，人们就无所适从，陷入焦虑状态。本来技术作为控制自然的手段是为了生命的安全，对于人类和个体来说这个目的是一致的。"但是现有的实现这些目的的手段包含着这种潜在的毁灭性，即这些手段在生存斗争中的充分使用，会使到目前为止以如此多的苦难为代价所获得的好处遭到毁灭。"②这种目的性的偏离使得技术成为不安全的因素，并外在地作为主客体的中介表现为客体对于主体的惩罚。

技术对人的反制还表现在工业社会人被媒体技术操纵情绪和控制理性，人本身转变为社会的一部分，在技术的指引下，人们似乎无法把握自己的幸福和快乐，幸福与快乐这两个概念的内涵也偏离了本意。尽管人们生活富裕，表面有诸多的娱乐，然而却是被动的，缺乏活力与感情以及自我的创造。人们似乎失去了对自身的控制，他们执行计算机做出的决定，倚重于技术和物质的价值，丧失了深层的情感体验的能力，也丧失了与这些体验相伴随的喜悦与悲伤。现时代人类所创造出来的机器变得如此强大有力，以至于它反过来支配着人类③。

（三）反思技术

对于现代技术及其产品给生态带来的问题，前文已有叙述，目前从地球这个人类生存的环境来看，生态危机已经到了灾难性的地步。土地沙化严重、水污染严重、物种灭绝、酸雨肆虐、人口爆炸、能源紧张等，种种这些都与现代工业的过度生产和生产方式有关。鉴于技术及其产品与生态危机如此密切的关系，许多有识之士纷纷呼吁工业界、产品设计界应当抛弃过激的做法，以实际行动来避免生态的进一步毁坏。在整个产品的生命周期内，在生产、流通、消费、废弃等各个环节上考虑产品的环保，应当舍弃旧的、污染大的技术，开发污染小的新技术。芒福德的人类学技术区分揭示了现代技术生态问题的深层原因，工业社会的技术属于单一技术。这种技术是权力主义的，它基于科学智力和大量生产，目的是经济扩张、物质丰盈和军事优势。于是技术不是为全人类谋福利的手段，而异化为为某些人谋权力的手段。它看上去手段多样，其实目的单一；看上去琳琅满目，其实服务的人群极为单一。

要实现工业社会的产品与生态的安全关系，还必须舍弃在工业制造和销售领域潜藏着的"有计划废止"的规则，戈登斥之为"犬儒主义"。他认为尽管大自然为所有的生物都安排了失稳的归宿，当然没理由认为人工物就要永远留存。但是也不能肆意浪费，即使像纸巾、毛巾等东西用一次就扔是其价值不高，那么汽车该如何对待？良好地保养和维修完全可以保证它的正常使用，花费也并不一定很大，还可以减少废弃物对环境的伤害[①]。如果把耐用消费品的使用寿命延长一倍的话，就相当于人类产品的产量提高了一倍，当然这是理想的算法，其实需要全人类的努力。工业设计师精心设计的产品原本是为了消费者乐于购买，使用者乐于使用，现在却演变成了人们为了获取更中意的产品而不断地抛弃原有的产品。

所以说，对于产品给生态带来的直接污染的反思，是对产品生态安全问题表层的反思，在这个表象的背后有着人们的思想根源，简单说就是把物质占有和使用当作人生的首要目的，实际上是物质主义和享乐主义的思想作祟，而这种思想又与现代工业大生产和商品经济的鼓励不无关系。因此，要反思技术对于生态安全的弊端，还必须反思人的本性如何被现代技术扭曲和异化，以及现代商业在其中又充当了一个怎样不光彩的角色。

① （美）J·E·戈登.强韧材料的科学[M].包锦章译.北京：科学出版社，1982：252~253.

① 梁彦隆. 主体间性与环境问题 [J]. 科学技术与辩证法, 2004, 2: 2.

工业社会是人以个体存在的阶段，但这并不意味个性的解放，"这意味着人们从群体形态的人身依赖的束缚中解放出来的同时，又处于金钱、财富等物的支配之下，人是极端利己的，这种个人独立是一种畸形发展，主体和主体处于相互对立的关系之中。"① 人与产品的关系在这个时期也发生了相应的改变，人与产品的辩证发展历史进入了第二个阶段。在这个阶段，人体变化缓慢，产品则飞速发展。产品越发展，它在改造自然中的作用就越大，单纯依靠身体已经越来越显得微不足道，这是因为随着产品的功能越来越强，人类实践的领域已经被前所未有的扩大，身体愈发显出局限性，并且经常被迫地变更去适应工具的新功能，这正是自工业社会以来，至今人类还无法摆脱的困境。

② （美）R·尼布尔. 人的本性与命运 [M]. 成穷译. 贵阳: 贵州人民出版社, 2006: 58-62.

"个性在社会与经济中的破坏，乃是商业文化之高度机械化与非人化的结果，这种机械化与非人化在工业文明的发展中达到了极点。现代工业文明把无人格的金钱与信用关系的逻辑推到了它的最后结局。"② 这时人就被数字化、原子化、单面化，人的肉体被简单地剥离出精神，每个个体被当作物件看待，人类最可贵的人性、情感的一面被冷漠地置之一旁，不论你愿意与否，人人都处于一个庞大的机器世界当中。那么是否回归到古代的自然主义就可以解决上述的问题呢？答案是否定的，不仅仅是因为现代人类已经不可能回到以前的状态，而是自然主义对于人的个性也有危害。个性在前工业社会受到群体意志的破坏，在工业社会受到机器意志的破坏，这就是人类社会到目前为止还未能达到个性解放的原因之一。

三、设计的生态安全趋势

③ 许平. 造物之门 [M]. 西安: 陕西人民美术出版社, 1998: 123.

工业革命时期的英国著名设计师威廉·莫里斯（William Morris）早年对于机器深恶痛绝，认为丑陋的产品和恶劣的环境都是机器带来的。后来他的态度有所转变，对机器替代繁重的劳动表示理解。但他还是在《乌有乡消息》中设想出一种比机器更为神奇的、有效的生产工具，它们可以代替机器完成巨量的工作，既不放出烟，也不产生灰。他反对机器暴力的立场是因为他真正憎恶机器生产中的污染噪声、丑陋和反人性的因素③。莫里斯是属于较早看到了现代工业生产给生态环境带来伤害的设计师，他的立场就是不能因为机器满足了人们物欲的需要，给生活带来一些方便，就允许机器去危害自然生态和精神家园，工业生产的反人性也给人类社会、文化生态带来危害。

生态环境对人的安全是非常重要的，人类实际上是生活在空气的海洋之中，或者可以说是生活在氧气池中，人的所有生理活动都建立在这么一个生态环境之上，多年的进化也就表现在人类机体对环境的适应与依赖上，例如世代在高原生活的人到高地生活不会不适应。但即使是在高原生活的人，对环境的适应也有个限度。南美洲的安第斯村落中从事采矿活动的人，海拔最高的永久村落就是海拔5300m的奥坎基尔查矿工村落。矿山公司想把村落移到海拔5600m的地方，以便更容易地采矿，矿工们坚决不同意，理由是在5600m人变得没有食欲，也无法入睡。确实人在高地生活会有很多问题，16世纪西班牙人征服南美洲后在海拔4000m的波托西建立了城市，可是她们怀孕生育的尽是死婴，不孕现象也很严重，只有在平原地区西班牙妇女才能顺利诞下婴儿。从这可以看出，地球环境中存在一些人类生活的禁区，尽管人们可以依靠人类产品去抵抗不利因素，但总是存在着不可消除的安全隐患。

生态环境对于人类的重要性还远不止以上这些，一些学者在生物学上的研究让人关注到人的理性思维与生态环境的关系。首先是达尔文的进化学说，这样一种对物质发展机制的认识促使科学家们把种种独立的现象和事实联系成一个整体。维尔纳茨基更进一步，建立了生物圈观念，指出地球上的地质、化学、生物过程之间深刻的内在联系，认为地球的全貌、地形、水圈和气圈的存在是生命所必需的。在晚年，他又创立了智力圈，即理性圈的学说。按照他的说法，人的理性逐渐地创造了能够影响地球进化的自然进程的文明，人和生物圈是统一的，在生物圈范围内人类是统一的，具有共同发展目标的系统统一的社会是生物圈发展的一个自然阶段。文明发展的总的目的就是保证人和生物圈的共同进化。人类只有在生物圈范围内才是可以认识的，人类是生物圈的因素，而人类的未来同生物圈的进化是密不可分的[1]。

（一）生态状况及产品的影响

当今，人类在地球上面临的生态环境日益恶劣，这可以从以下的数据资料中得出结论。首先是地球上人口过度膨胀，进入21世纪，地球上已超过60亿人口，并且还存在难以遏制的上升势头，预计到21世纪末，地球人口将达到90~100亿，然后才会逐渐减少，这是个惊人的数字。而对于如此庞大的人口，地球能否承受这一挑战，确实存在质疑。有证据表明，全球的生态系统正

① （苏）莫伊谢耶夫．人和控制论 [M]．吴仕康 等译．北京：三联书店，1987：254~257．

走向危险的临界状态，北极地区的冰盖已减少了 42%，全球 27% 的珊瑚礁被破坏，环境退化造成的自然灾害在过去 10 年导致了约 6080 亿美元的损失，相当于前 40 年的总和。如果人类还像现在这样使用石油燃料，预计 2100 年地球温度比 1990 年会再上升 6 ℃，会导致水资源的极度缺乏、食品生产减少以及多种致命疾病的流传。环境退化的迹象是全球数 10 种青蛙和两栖动物正在逐渐消失，它们是环境健康程度的生物指示器，其濒临灭绝的速度证明地球生态状况仍在继续恶化。环境退化使人类付出了巨大的代价：12 亿人无法获得洁净的水，数亿人呼吸着污浊的空气，土壤侵蚀，沙尘蔽日，厄尔尼诺频频降临，海洋赤潮不断发生①。

这些地球生态变化清楚地表明，人如何对待大自然的，大自然也就如何对待人。这是一种辩证的关系，人类破坏了自然的平衡，咽下苦果的最终还是人类。人们应该认识到，自然也是一种资本，而且是全人类最昂贵的资本，在进行人类生产活动的核算时，自然成本至少包括自然资源的开采、加工和污染治理成本。自然资本是维持生命的生态系统的总和，它无法通过人类生产，人类虽说能够利用自然资源，但是对于它们是如何维持生态系统健康的并不很清楚。"由于人类与非人类的根本性断裂，现代文化在根本上也是有缺陷的：我们生活于有毁灭性影响的现代工业－技术文明之中，这种文明正将地球历史的新生纪送进历史博物馆。"②现在人们越来越意识到这一点，学界就生态安全提出了"生态伦理"的概念，这种伦理观"就是要把除人类以外的世界尽量完整留给子孙后代。了解这个世界是为了获得这个世界的所有权；充分地了解这个世界是为了热爱她并愿意为她负责。"③就是说人与自然之间也有伦理关系，它是人对自然物的道德义务和道德关怀，前提是人首先对自己做出道德承诺。这"不仅仅是价值观的问题，更是一个人与自然界本质统一的问题。人向合乎人性的人复归，自然界就向合乎自己本性——和谐、美丽、稳定复归。"④环境伦理学家罗尔斯顿甚至提出"荒野走向的哲学"（Wild Turn in Philosophy），这里荒野代表着呈现美丽、完整与稳定的生命共同体。当然对于生态伦理的提法，学界还存在颇多争论，因为按照原本的理解，伦理是人与人之间的关系，人与自然之间是否也存在伦理？这需要对伦理概念本身作重新界定。因为环境伦理的过于泛化，很可能导致极端自然主义的倾向。即使前工业时期人类因为自身能力的有限，制造的工具还不足以对自

① 武宝轩等. 环境与人类[M]. 北京：电子工业出版社，2004：2.

② 刘同辉. 近年来国内过程哲学研究综述 [J]. 运城学院学报，2006，1：13.

③ 〈美〉爱德华·威尔逊. 生命的未来 [M]. 陈家宽等译. 上海：上海人民出版社，2003：186－187.

④ 曹孟勤. 从对立走向统一——生态伦理学发展趋势研究 [J]. 伦理学研究，2005，6：78－80.

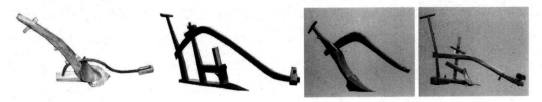

图5.9 适应各地区环境的犁

① （美）艾尔弗雷德·W·克罗斯比. 生态扩张主义[M]. 许友民等译. 沈阳：辽宁教育出版社，2001：287

② 王雅林. 人类生活方式的前景[M]. 北京：中国社会科学出版社，1997：62-63

然生态造成足够的威胁，仍然有一些人对于使用工具进行实践持有极端的观点。比如说耕地用的犁是旧世界的一项重要发明，世界各地的农耕民族不约而同地发明出适合自己居住地的地理环境的犁（图5.9），但是哥伦比亚河谷的印第安预言家斯莫哈拉却用极端的语言表明自己认定它是一种具有破坏性的，甚至是残暴的工具："你叫我用犁种地，我能拿着刀子切开我母亲的胸膛吗？"①

但是人们应该客观地看到产品作为技术的物化不是只给环境带来危害，随着电子信息化的普及，人类的工作、生活方式都会有改变，比如说远程工作、无纸办公等。现在随处可见的微信支付与支付宝明示出这种转变，支付宝实现了个人账户信息化，一部有网络的手机就可以走遍全国乃至国外。商户不再担心收到假币，消费者也不用随身携带纸币。这些新的人类活动方式也会极大地改变人类所面临的生态安全状况，无纸办公真能全面实现的话，既能减少木材的消耗，进而保留更多的森林，也能减少造纸厂的污染。远程办公能够让员工在任何地方上班，企业的考核也不是根据打卡的时间了，而是会采用"实效性"原则。这种改变的影响是再也不必建造如此众多的办公楼，公司单位自动分散化，可以极大减少建筑业的污染和能耗②。建筑师也转型了，由为公司企业设计大楼转而为个人设计小型办公和住宅建筑，回归到以往前工业社会个人的设计模式，这样的好处是个人更自由，心情愉快，工作效率也更高，工作形式多样化。而就设计来说，设计师和使用者权责明确，不至于推诿，不容易逃脱责任，产品有问题可以及时修补。

（二）人类行为及其修正

关于人和生态的安全关系，应该更多从对人这一方的反思做起。克罗斯比在他的生物地理学著作《生态扩张主义》中形象地描述也许有助于人们的理解：

只要生态系统中增添了一个新的物种，整个系统便会产生惊人的连锁反应，而作为新大陆、澳大利亚和新西兰第一种能够广泛应用理智和工具的生物的人类，一定发挥了远远超出其数量比例的影响。人类可以迅速改变自身的捕猎技巧以使预料中某种生物的防卫行为变得对自己有利。例如，他们可以挑逗领头的一只或几只雄兽进行抵抗，使它们丢下雌兽和毫无抵抗力的幼兽，以便从另一个角度进行攻击。人类可以很快学会把成群受惊的动物赶下悬崖或沼泽，可以学会在何时、何地袭击交配的动物，可以学会比一般肉食动物更有选择性地袭击怀孕和幼小的动物。人类可以纵火焚烧森林和草原，而且如果他们经常这么做的话，能够永远彻底地改变他们的生物系。即使只装备着火把以及石制武器和被火烧焦的木棍，人类也是世上最危险和冷酷的肉食动物[①]。

的确，人类技术发展史表明，第一次工业革命的特色是人用机械能（蒸汽、石油、电）代替生命能（动物和人的体能），这些新的能源是工业生产急剧变化的基础。第二次工业革命则是人类思想被机器思维所代替，控制论与自动化使得制造一种功能比人脑更精确、更迅速的机器成为可能。人类今后还会有新的工业革命、新的技术和新的产品，上面的警示提醒人们任何新技术的运用都要考虑其对环境的影响。怀特海在他的著作《过程与实在》中说："一个现实事态的特性最终要受制于它的资料，一个机体的特性取决于它的环境的特性。"[②]可见，不管人类如何摆脱自然的限制以获取更大的自由，其自身的生物性决定了他始终是处在自然环境当中的。

人类的实践活动与生态的关系也是处于不断变化之中的，例如杂草并非总是杂草。黑麦和燕麦曾经是杂草，现在它们是作物。一种作物也会反过来变成野草，苋属植物和马唐曾分别是美洲和欧洲的史前作物。二者均以其富含营养的种子而为人所珍爱，如今二者又都被降格为杂草了。即使是杂草，也不总是给人祸害和烦恼。百慕大草，一种最控制不住的热带杂草，在一个半世纪以前的密西西比河下游大堤一带被赞美为稳定器；而与此同时，离该河不远处的农民却称之为魔鬼草[③]，所以，生态与人类的关系也具有两面性，并在不断地变化。人在自然界的实践活动带有极大的功利性，这种功利性必然

① 〔美〕艾尔弗雷德·W·克罗斯比．生态扩张主义［M］．许友民等译．沈阳：辽宁教育出版社，2001：272-273．

② 〔英〕A·N·怀特海．过程与实在［M］．周邦宪译．贵阳：贵州人民出版社，2006：150．

③ 〔美〕艾尔弗雷德·W·克罗斯比．生态扩张主义［M］．许友民等译．沈阳：辽宁教育出版社，2001：157．

导致上价值体系的随意性。一种生态条件是一个客观存在，在人类不存在时，它是价值中性的，只是人类来了之后，以是否合乎自己的目的，将之分为有益或有害的，并且即使在人类内部这种价值评判也是相互矛盾的，因为不同的种群有各自的利益。自从人类社会出现以后，人对于外在的奴役，就包含着人对他人奴役的内容。"对动物（畜牧业）和植物（农业）的大规模奴役，对广大群众的奴役，以及带有中央器官－国家的大众社会的出现，这一切都是相伴相关的。""今天，对控制机器的奴役可能又预示着一种新型的人对人的信息奴役。"① 在对待生态伦理的价值观的争执上也内含着人类各方的博弈。实际上，生态条件的任何变化都会对一些人有好处，对另一些人好处就少些，而对其余的人简直就是灾难。因此，产品成为人与生态的主要中介，必须从全人类的角度运用协商机制，从而做出集体的决策。经济学中的帕勒托原则（Pareto PrinciPle）就是以妥协的办法尽量选择对于所有因素都有好处的方案，它简明好懂，简化了大量的分析，但是有效率不高的缺点。妥协意味着某种稳定性，不容许有欺骗，因为妥协是把对各种因素的不利降到最低的办法，这就使得妥协是稳定的②。

尽管现在越来越多的人关注自然生态系统的恶化，但是从人的动物本性上说，人还是本质上的人类中心主义者。麦特·里德雷尖锐的批评值得人们的关注，"我们人类这一物种根本不存在任何保护环境的本能和伦理观念，开发资源过程中所采取的节制手段以及言传身教并非出于本性。人类保护环境的伦理观念是后天习得的，完全与人类的本性相悖，并非生而有之。尽管我们每个人都知道这一点，但仍然固执地希望在我们的想象中找到一位身体力行、保护生态环境的高贵的野蛮人，从他如诗般美妙的吟唱和念叨的魔咒中找到符合我们标准的词句。但是这样的一个人只不过是我们的幻象而已……我们得拿出勇气来正视自己的错误！囚徒的困境并不一定就是检验我们人类私欲的典范和唯一标准，而是正好相反。如果大家处在这一困境中仍然能够不厌其烦，仔细辨别，这一游戏会始终有利于德行好的公民。"③ 杰伊·麦克丹尼尔也反对人类中心主义，但是他的思考更具有过程哲学的辩证思维，"我把自然看成主体，但重要的是尊重自然的态度，以及由此引起的行动，宇宙观并不重要，只要有对自然的尊重并采取相应的行动就够了。我并不是完全反对人类中心

① 〔法〕埃德加·莫兰. 方法：天然之天性 [M]. 吴泓缈，冯学俊译. 北京：北京大学出版社，2002：259.

② 〔苏〕莫伊谢耶夫. 人和控制论 [M]. 吴仕康等译. 北京：三联书店，1987：290.

③ 〔美〕麦特·里德雷. 美德的起源：人类本能与协作的进化 [M]. 刘珩译. 北京：中央编译出版社，2004：250.

① 丁立群：过程哲学与文化哲学：生态主义的两个理论来源 [J]．求是学刊．2005．5．11．

② 刘晓陶．生态设计 [M]．济南：山东美术出版社．2006．24．

主义，我只是弱人类中心主义。"① 绝对的人类中心主义不可取，但要人类完全超越人类中心主义也不现实，越来越多的学者倾向于采取相对的人类中心主义态度，这应该是现实而稳妥的方案。

（三）生态设计之路

生态问题已被当今世界所公认，20 世纪世界各国工业的发展的确令地球的生态产生了巨大的变化。遗憾的是，这种变化绝大多数是负面的，有学者认为应该称之为"生态危机"。2007 年初，联合国生态委员会的报告第一次提出全球气候变暖致因的 90% 是由于人为活动导致的。各国政府也不得不重视这一关系到所有人类利益的问题，并且研究"京都议定书"之类的全球行动，以消除诸如带来全球变暖的温室气体排放等问题。针对这样的状况，民间组织也倡导发起防止环境恶化的运动，进行环境保护。

产品设计和制造领域，作为人类活动的主要内容，其对于环保的关注是生态安全的重要内容。现在都把符合生态安全的产品称作"绿色产品"，它在生态安全方面包括产品的排放、使用的能源和潜在的毒性等指标。在产品设计中有关注生态安全的"生态设计"（Ecological Design），也称作"绿色设计"（Green Design），就是采用生态技术、绿色技术、环境友善技术（Environmental Sound Technology）以减少污染，降低材料消耗和资源消耗的工艺手段。"生态设计从本质上说就是以生态学方法介入设计界，生态原理是生态设计的核心。从更深层的意义上说，生态设计是关于人类生态系统的设计，是一种最大限度的借助于自然力的最少设计，一种基于自然系统自我有机更新能力的再生设计。生态设计是一个过程，通过这种过程使每个人熟悉特定设计中的自然过程、生态过程，从而参与到生态化设计的环境之中。"② 其实不论叫什么名称，产品设计必须考虑其对生态环境的影响，这已成为人们的共识，所有的设计师都应该对此有所领悟。一方面人类的产品都是按照人类认识的规律设计的，但这些规律不一定是正确的，何况有时还没有遵照这些规律；另一方面人类的产品的确干扰了自然生态本来的秩序，设计师应该增强责任心，采取谨慎的态度。表 5.1 显示了一些环保设计措施对于 3 个环境因素的影响：

① Ab Stevels: 关于欧盟提出的电子产品环境指令和政策的实效性，家电科技，2005，1，47

设计对三个环境因素的影响情况①　　　　　　　　表 5.1

	排放	能源	潜在毒性
	+	−	+
用天然气代替煤发电	二氧化碳减少	更多高能耗资源	没有飞灰产生
		+	+
用塑料代替金属	产品生产的能耗减少	回收利用存在一些问题	塑料中的添加剂
	−	−	+
无铅化	处理过程能耗增多	消耗更多的资源	无铅
		+	−
使用阻燃剂	能耗减少	原料消耗减少	潜在毒性增加

注：此处"+"表示对环境有利，"−"表示对环境有害。

可以看出，这些措施都有利有弊，只能在具体设计中来考虑。正是由于产品与材料资源的这种关系，产品设计中的材料运用就显得很重要，应该选用绿色材料制造产品，有以下几条途径：

1. 使用再生资源。少用短缺或稀有的原材料，多用废料、余料或回收材料作为原材料；尽量寻找短缺或稀有原材料的代用材料；

2. 降低材料的消耗量。减少所用材料种类和数量，并尽量采用相容性好的材料，以利于废弃后产品的分类回收；

3. 采用无毒的材料。所谓无毒一般是针对人来说的，实际上还应该把自然界的生物包括进来，即不仅对人，而且对自然界有危害的材料都应视作有毒，所以尽量少用或不用有毒、有危害的原材料；

4. 提高资源再生利用的效率，优先采用可再利用或再循环的材料。

完全按照这些原则选用材料是一种理想，但是设计师与工程师应该朝这个方向努力。首先，稀缺的材料之所以用在产品当中肯定是这种材料具有普通材料所没有的特殊性能，比如钛金属，它原来属于航天材料，很昂贵，但是它轻质高强，韧性也很好，所以现在用途很广泛，如眼镜架、网球拍、自行车架、棒球杆、高尔夫球杆等，所以绝不使用稀缺材料目前还不太现实，找不到性能相近的廉价替代材料。其次，使用废料、回收料虽说减少了资源占用，但是有可能存在其他对人体不利的事情，比如说再生塑料只能用于一些对人体接触不紧密的产品，而不宜使用它制造食品袋。这就像欧盟国家抵制美国的转基因食品一样，一是人们感情上一时无法接受，二是这类产品到底有无危害尚无最后的结论。

生态设计对产品结构有以下这些要求：

1. 产品在满足功能的基础上，尽量做得小，以节约材料；2. 产品的结构尽量简单，以方便安装和拆卸，既是为了缩小包装体积，也便于维修；3. 结构模块化处理，使得产品部件的使用寿命更加合理；4. 尽量少用不可逆的紧固方式，采用可装、可卸的紧固方式，便于维修和再利用，不至于因为产品外壳一次性而缩短使用寿命；5. 简化产品的包装，产品的包装在满足便于装箱运输的条件下，尽量小巧，并且可以多次使用。

产品的制造工艺上，则有这些途径：

1. 提高产品的成品率，一般结构越简单的产品生产成品率越高；2. 减少制造流程，以降低声源污染和节约能源；3. 产品设计要考虑生产时的污物排放，尽量使得排放少、无毒化。

人类实践活动的产品应该如何适应生态安全的需要，克里斯·亚伯提出了发展的另一种范式，"在人和自然的、平衡的生态系统中，文化多样性对进化的重要性，不亚于生物多样性对进化的重要性。因此生态发展政策明白地拒绝了：发展必须以西方工业化模式的假设，或发展必须集中于城市中心，或不加限制地城市化是一个发展的自然的结果……生态发展强调人民自身发明和产生新的资源和技术的能力，以提高他们的吸收资源和技术的能力，使之产生社会收益，设法对经济有所控制，同时发展出他们自己的生活方式。"① 即不同的社会状况和环境条件才是决定产品生产方式的因素。在生物学中一般将生物多样性（Biological Diversity，简称为 Biodiversity）划为 3 个层次。最顶层是生态系统（Ecosystem）多样性，包括热带雨林生态系统、珊瑚礁生态系统和湖泊生态系统等。第二级是物种多样性，物种是生态系统的组成部分，包括有藻类、蝴蝶、鳗鱼以及人类种群等。最底层是基因多样性，它构成了物种遗传多样性的物质基础。威尔逊阐释了生物多样性的"保险原理（Insurance Principle）"，即一个生态系统（如森林或湖泊）中的

① （美）克里斯·亚伯. 建筑与个性——对文化和技术变化的回应 [M]. 张磊等译. 北京：中国建筑工业出版社，2003：222-223.

物种数量越多，这个生态系统就具有更高的生产力和稳定性。对不同类型生态系统的许多独立研究都得出了相同的结论：在一个生态系统中，如果物种越多，这个生态系统就越稳定，并且具有更高的生产力。生态系统因此而具有自生的能力，并保持自身稳定，一个物种从群落中消失之后，如果群落中有很多候补的物种，那么消失物种所腾出的"生态位"会被其他物种迅速而有效地占据①。这个原理同样在产品设计领域也适用，一种或一类设计的方法再好也不是排除其他设计方法的理由，一个比较现实的例子是建筑中的垂直交通工具，即使现在高层的建筑一般都安装了电梯，但为了安全还必须设计楼梯，因为一旦停电，人们还可以步行上下楼。因此只有保存多种产品设计方式的可能性，人类实践的生态系统才有更大的保险性。

现在产品设计界，由于生态可持续观念的宣传，3R（Reduce、Reuse、Recycle）的理念已经广为设计师所知。图5.10是汤姆·迪克森（Tom Dixon）设计的S形椅子，产品采用灯心草、柳条、旧轮胎橡胶、纸及铜制作而成，呈现出传统的手工艺特征并且有很强的雕塑感。迪克森一贯乐于采用可回收材料与焊接金属进行产品设计，他称之为"回收废品的创造"②。在汽车设计领域，发达国家提出了面向回收和拆卸的设计方法，实际上是提出基于产品生命周期的新观念，以往产品的生命周期都是以整个产品作为考虑对象，例如到了年限的汽车应该报废，就整车报废，其实汽车的各部分报废年限并不相同，这就没有做到物尽其用。现在的新观念是从产品的局部系统或是零件来看待产品生命周期的，报废时，产品中生命周期长的模块零件可以运用到新的产品当中，并由此产生了面向回收的设计（Design For Recycling，DFR）。面向回收的设计可以使构成产品的零部件和材料能够并且方便地被再使用，具体设计方法和原则如下③：

1. 固定方法的标准化，提高拆解效率。例如车体零件焊接、铆接强度高，但是扣件和螺纹连接则利于拆卸，具体如何使用，设计师应该统筹安排。
2. 采用系列化、模块化的设计。如一个品牌甚至一个制造商的汽车产品尽可能地共用零部件和标准件，这样有利于减少资源浪费，模块化还有利于延长产品生命周期。
3. 尽可能地选取可重新使用的零部件或经过工艺处理后具有与同类新零件相同

① （美）爱德华·威尔逊. 生命的未来 [M]. 陈家宽等译. 上海：上海人民出版社，2003：156、29、154.

② 紫图大师图典丛书编辑部. 世界设计大师图典速查手册 [M]. 西安：陕西师范大学出版社，2004：129.

③ 赵树恩等. 废旧车辆可拆卸性技术研究 [J]. 陕西工学院学报，2003，4：30-31.

图 5.10　S形椅子

功能和寿命的部件。如汽车的驱动桥和变速箱的壳体等零件可回收利用。

4. 考虑零件的异化再使用方法。回收的部件不一定还用于汽车，可以寻找在其他领域的作用，像物理、机械教学的模型。

5. 物质使用最小化。应该尽量使用最少的原材料制成产品。

6. 材料种类最小化。产品设计时应尽可能减少材料使用的种类，以利于回收和降低消耗。

7. 选择理想的材料。在不影响功能和使用者健康的前提下，尽可能使用可再循环利用材料、生物材料及回收再生材料，促成资源使用的良性循环。

8. 充分考虑材料的兼容性。即材料构成的零部件无法拆卸，也可以一起被再生利用。

这种面向回收的设计原则和方法具体贯彻到设计实践中又产生面向拆卸的设计（Design For Disassembly，DFD），即在产品设计的初始阶段就将可拆卸性作为结构设计的目标之一，使零部件得到最大限度的回收再利用，使最终产生的废弃物数量为最小，以利于节约能源，保护环境，同时使企业获得最大利润。当然这两种设计原则还只是起步阶段，还不是很成熟，因此，把类似的设计原则提出来作为产品设计的生态安全原则显得很有意义。

生态安全是当今人类科学发展观的重要内容，表现在产品设计中就是产品设计师运用生态观去看待整个产品设计的过程，除此之外，产品设计还应该提倡一种诚实、道德的设计观念，诚实的设计观念是指产品设计师在设计产品时，对产品的结构、功能、材料、装饰等都应本着实事求是的态度，该怎样就怎样，不故作匠气，不矫揉造作，战国末期楚国的著名辞赋家宋玉在《登徒子好色赋》中赞东家之子之美曰："增之一分则太长，减之一分则太短，著粉则太白，施朱则太赤"，诚实的产品设计也可类比为："增一分则伪，减一分则天"。所以说一个诚实的产品设计师需要把这种实事求是的态度当作天职，既不受市场利润的诱惑，也不受业主不当的胁迫，诚实应该成为产品设计师的第一操守和职业道德。这种设计师的道德对于人类安全的意义在于人类作为一个物种的长远繁衍，从生态学、人类学对于人类中心主义的反思可以看出，人们已经关注到人类200年来的活动不但破坏了地球的生态环境，更主要的是这些活动破坏的是人类所依存的生态环境，皮之不存，毛将焉附？在这个概念上，所有不诚实的产品设计长远地看都会破坏生态环境的平衡，都会危害到人类整体的长治久安，诚实的产品设计，其意义不仅是产品结构简单化以节约资源和能源，也不仅仅是产品结构坚固化以保证使用功能的安全，它是属于具有长远眼光的设计观念，关注到产品对于人类作为物种可持续的作用，这种作用是一贯的、连续的、日积月累的、潜移默化的，虽说任何时候设计师都不可避免历史局限性，但设计师应该做到在已知的知识范围内尽量诚实地进行设计。

当今产品设计的生态安全方向，还应该包含生产方式的内容。工业化大生产的方式带来了许多人们意想不到的生态问题，这迫使人类需要做出另一种选择，是该改弦易辙的时候了。现在生活水平的提高促进了人们对于生活质量的追求，也面临产品的设计制造回归小型化的机遇，现代工业大批量同质的产品已经令人厌烦，个性化的产品符合人的需要。可以预见在产品设计领域回归古代模式，大量小规模的精品设计作坊的出现符合时代潮流，因为它既发挥了设计师的个人特长，又提高了就业率，还丰富了人们的生活，活跃了经济，文化创意产业应以此为模式。当今3D打印辅助制造已经普及，极大地帮助了设计师个性化的产品设计与制造，并促使P2P商业模式的产生。此外，新的清洁能源也显示出大型城市和人类聚居区的不合时宜，舒马赫论证了只靠太阳能和风能无法带动洛克菲勒大厦（图5.11）的电梯，大规模的生产和城市生活不适应太阳能时代。生态学家威廉·奥法尔斯赞成说："如果完全依靠太阳能，我们就得朝着节

图 5.11　左：洛克菲勒中心；右：RCA 大厦

①（美）杰里米·里夫金，特德·霍华德，熵：一种新的世界观 [M]．吕明，袁舟译．上海：上海译文出版社，1987″179

② 许平．造物之门 [M]．西安：陕西人民美术出版社，1998″82

③ 同上书，第263页。

④（美）约翰·H·立恩哈德．智慧的动力 [M]．刘晶等译．长沙：湖南科学技术出版社，2004″1-2

省和分散化的目标对技术和经济作出重大的变更。"①这样一来，"个人化的生产方式中也许就会形成新的产业形式或产品领域。从宏观的历史进程来看，工业化的规模生产实际只是当人的信息控制能力与技术控制能力受到限制的条件下所不得不选择的一种生产方式，一旦人类社会克服了这些障碍，规模化的生产模式未必还是唯一的选择，工业化生产方式必定会受到新的挑战"②。确实，现在人们对于手工制品的热衷暗示着单件化生产方式可能再次来临，前些年，在北京举行的大型的个体手工艺产品展销会的火爆似乎也预示着社会有着这种转向的需要。

产品的生态安全狭义地看是指产品本身及其行为和后果无害于大自然，而在广义上，产品的生态安全还包含着产品应该推动美的生态。这种美的生态不仅仅是产品的形态给人以美的享受，而且还包括使用的舒适以及使用产品产生的美感。就拿木工工具刨子为例，许平形象地比较了中西刨子工作时的不同，指出了中国刨在劳动中产生出一种美感。"中国刨和西洋刨相比，出屑槽更为讲究，它被雕成各种方形、桃形、花形，不仅是一种装饰，还是一种精巧的结构设计，它能使刨子在加工不同硬度的木材时，木屑流出如淙淙流水泉涌不断，或如水花飞溅四下疏落，既是一种劳力的节省，又是劳动中一种美的形态。"③可以想象使用这样一种产品劳动时人的身心都会愉悦，这已经让劳动十分接近于审美"实践"了。

第二节　人－产品－外在的设计关联

产品作为人与外在的中介是通过所谓"技术"实现的。立恩哈德在著作《智慧的动力》中分析了"技术（Technology）"这个词，希腊语 Τεχνη 的意思是制造某一工具的技艺或技巧，那是雕塑家、石匠、作曲家或工匠的专利，它的后缀'-ology'表示做某工艺的学问。由此看来，技术是有关制作某种工具的知识④。而人们通常认为，技术是社会活动的工具和技能的系统，是历史发展的劳动技能、技巧、经验和知识，是认识和利用自然力及其规律的手段。海德格尔也曾经考证"技术"（Techne）来自希腊语，本义是通过某种艺术或工艺的方式使被遮蔽的东西显现出"真理"（Aletheia），就是所谓的"去蔽"

（Unverborgenbeit）。所谓技术，说到底就是操纵外部现实、外部事物的方法，人们对待技术的态度本身就有很大的区别，所以，技术作为操纵外部事物的方法，就存在两面性，这也使得产品在人或人类的安全上具有两面性。

一、人与产品的设计关联

（一）产品对于人的意义

产品是人类为了扩展自己的脚步范围而制造出来的，从古至今的人类实践也表明他们的确做到了，而且做得还不赖。只是这一进程中并不仅仅是人类在通过产品改造外在，人类同时也被产品改造着。"机器延伸了人类的触角，把我们带入一个人类足迹所不能企及的地方，机器放大了我们的声音，甚至赋予我们以翅膀……机器折射出我们的生活，我们的生活又在我们所制造的机器中再现，我们已经见到人是怎样地为机器设备所改变。"[①]可以说，自从有了产品，人类的世界就发生了巨大的改变，世界万物都要经过产品的过滤才进入人的认知，人类是戴着"产品"这个有色眼镜去认识世界的。产品是人的肢体的非生命延伸，归根到底是属于人的结构，其发展是为了适应人类改造环境的实践，所以，在人与环境的作用中，首先需要的是产品功能的发展和提高，产品具备了新的功能，人的一种新的肢体也就诞生了。

正是这个意义上，应该在产品作为人类实践的手段和人与外在互动的中介这个层面来认识产品安全的问题，实际上，设计师设计出一个产品也就是给人们设计出了一种实践方式，一种对待生态环境和外在的态度。因此，关于产品的安全还应该从全人类发展的战略高度来看待，以往的观念中，人们总是以一种"以旧换新""旧的不去，新的不来"的态度对待产品，他们对于新产品总是抱有强烈的好奇心和热烈地期盼，乐于尝试和接受。而对于旧产品，则弃之如履，再也不愿多看一眼。其实，新产品代替旧产品肯定有其内在的逻辑，但这里要提到的是，旧产品虽然退出了人们的主流生活，也并不表明它就一无是处，诚如前面所言，一个产品就是人们的一种实践方式，一种对待生态环境、外在的态度，它代表着人类处理外在关系的一种可能性。这种可能性是可贵的，是需要保留的。这又可以采用生物学的规律来理解，生物学中早就肯定了保持足够多的生物多样性对于生态系统的稳定是十分必要的，因为多一种生物就多一种

① （美）约翰·H·立恩哈德．智慧的动力［M］．刘晶等译．长沙：湖南科学技术出版社，2004：21．

能够保持生态平衡的可能性。此外，生物学上还注重对遗传基因的储备，举一个简明的例子：以往的水稻每亩单产量不高，还存在倒伏、病虫害等问题，现在农业科学家采用杂交技术和基因技术对其进行改造，但是杂交种和基因种从何而来？袁隆平最先就是从野生水稻中获取的，野生水稻早就被淘汰了，农民甚至将其作为杂草除之，但是它虽然产量低，却具有抗倒伏、抗病虫的优良品质，科学家正好将这些优良的品质利用技术杂交到高产水稻中。野生水稻发挥了关键性的作用，给我们最大的启示就是它保存了一种可贵的可能性，产品（人工物、工具、器械）也需要这样一种可能性的保留。

虽然产品作为技术的外在物化，目前有一些对于人类发展不利的影响，但是很显然，人类如今已不可能抛弃技术而独自走向安全的境地。因为技术与产品不是自在的，它们都是人类发明的，并被人类运用的工具，因而技术的变化是由人主导的。没有迹象表明，技术的进化有着非人的因素，事实上，一直是人的技术把一个个物质结构注入盲目进化的宇宙之中。

（二）产品给人带来的影响

在生物圈、经济系统，还有法律系统中一般存在着共同演化的累积机制。这种共同演化的累积一定又包含了共同演化的组织，而这种组织既能灵活地适应改变，又能坚定地抵制改变，这种规律称作"雪崩效应"。在产品领域也会出现类似的雪崩，例如汽车的出现，使得马车、马鞭、马鞍还有驿马邮递都随之销声匿迹，而加油站、高速公路、汽车旅馆、快餐店则应运而生。所以说，产品在人类社会出现，往往不是孤立的，而是会形成一个相互关联的产品系统，与之对应的就是一种实践方式，特别是那些重大的产品发明，它们总有许多衍生产品，一旦它们退出了历史的舞台，那些衍生产品也就随之消失，颇有些"一朝天子一朝臣"的味道。

产品与人类生活需要息息相关，但是不同的学者却对此有自己的认识。20 世纪 30 年代，法籍瑞士建筑师勒·柯布西耶认为："机器和手工艺是这个谎言充斥的世界中的一种真实存在！机器的确富有人情味，但我们并不真正了解机器。"他呼吁："整个世界缺乏一种起协调作用的东西，以使现代社会的人性美德凸现出来。"柯布西耶那时是赞美机器的乐观派。立恩哈德则说："被克拉克称之为神话般的物质时代始于 19 世纪初，到大约 10 年前才有迹象表明我们已渐渐摆脱了那个时代的技术束缚。两百年来辉煌技术先是模仿人体，然后远远地超越了人体。而今天，计算机和现代生物学正在向我们昭示：高新技术不再使我们自惭形秽，它正在朝着满足人类的需求方向转轨。高新技术不仅模仿我们的身体，而且也模拟我们的思维。"[1] 他也可以算是一位机器左派。

但是还有些学者从自己的角度反思着技术与产品给人类带来的影响。芒福德认为，现代科技的单一化使劳动简单重复，由此带来的是科技对人的心理强制，人对技术的无条件信奉成为人的生存目的，这不利于人的潜能的进一步发挥。本来科技作为一种手段本身是理性的，但其结果却是疯狂的。弗洛姆也认为"技术对生命的威胁已经指向全人类。现存的技术系统对人产生了严重的影响，人已经成为机器的附属物，成为一个纯粹的技术消费者。人的被动性成为现存工业社会中的人的一个最重要心理特征，人被机器异化。"[2] 现代社会的整体组织是使社会同质化的系统，通过这个系统，社会像一个机器一样运作，而人只是作为它的一个零件发挥作用。现存的技术系统有两个很不好的指导原则：1. 凡是技术上能够做的事都应该做。这否定了人文价值，人文价值认为应该只做使人快乐的事；2. 最大效率和产出原则。这一方面促使个体被迫去适应机器的速度，另一方面则认为产品越多越好。这样人就变成了机器的附属物，按照它的步调生活，又转变为一个纯粹的消费者，生活的唯一目的就是忙着消费。

马尔库塞则指出发达的工业社会导致了技术性集权，并产生出单向度的人，人的单面性和社会的单面性使得人被当作同质化的个体，并且现时代的技术强化和维系着这种单面性，例如标准化的生产使人更依附于机器，物质生活的满足使人丢弃了批判能力而成了统治制度的顺从工具，大众媒体对人们的控制等。[3]建筑师弗兰克·费尔南德斯（Franc Fernandez）也认为"人比建筑物更重要"，他说道："一个城市的伟大之处不以建筑物的高度，公交体系的长度和宽度，或者夜总会、运动场、会议中心的数量来衡量。"[4]

产品对人们的生活总是存在利与弊两方面的影响，手机是现代生活中给人们带来了许多方便和安慰的产品，但专家还是归纳出它的 6 个不易为人察觉的危害：

① （美）约翰·H·立恩哈德. 智慧的动力 [M]. 刘晶等译. 长沙：湖南科学技术出版社，2004：238.

② 李征坤等. 西方科技价值观的嬗变 [M]. 桂林：广西师范大学出版社，2004：51.

④ 吴良镛. 世纪之交的凝思：建筑学的未来 [M]. 北京：清华大学出版社，1999：94.

③ 冯硕. 后现代主义视觉艺术 [J]. 戏剧，2002，3：85.

① 艾柯尔, 马克. 人类最糟糕的发明 [M]. 北京: 新世界出版社, 2003: 83-86.

1. 手机容易造成人对它的依赖。现在许多人离开手机就烦躁或无精打采。

2. 会引发爆炸。这听上去不太可能，但在加油站接听电话的确很危险。

3. 诱发车祸。开车打电话会分散注意力，致使车祸。

4. 造成新型污染。制作手机的材料中存在有毒物质。

5. 造成飞机失事。手机信号对飞机有干扰，美国曾发生一起用手机接听电话导致飞机坠毁的事故。

6. 给诈骗者提供机会。现在发到手机上的欺骗短信防不胜防，已经有不少人被骗。[①]

这还不包括存在争议的手机电磁辐射对人体的伤害问题。看来人们在使用任何产品时都要有一定的度，适度地使用，才能保持人与产品良性地互动。这是因为人通过产品与外在互动，在享受产品带来的安全的同时，也将自己对于安全的主动权交了出来，当人们早已习惯于这种藩篱中的安全时，一旦系统的稳态被打破，人类将很难生存。

人与产品的系统还存在自组织行为，心理学家皮亚杰用"同化且顺应"来形容之。一方面，人会把外界的刺激整合到自己的概念模式中，这是同化；另一方面，人受到外界的刺激还会引起自身原有概念模式的变化和调整，甚至建构新的模式以适应客观的变化。具体表现在人们需要产品设计出来能够适应自己的概念模式和行为习惯，可实际上，很多情况下，人们也会调整自己去适应已有的产品，特别是在当今社会全球化背景下，国际大工业迫使世界各地的用户去适应标准化的产品。图 5.12 所示的手掌式自我理发剪，它的设计就符合人们梳理自己头发时的姿势，但同时使用者也需要适应使用产品采用的独特手势。但是克里斯·亚伯指出："对于任何设计职业来说，如此热衷于将自己置于技术的桎梏下……是一种可悲的现象。同时也是十分短视的。现在我们可以不再让消费者去适应机器，而是反过来让机器去适应消费者。"[②] 只是不论是人适应产品，

② 〈美〉克里斯·亚伯. 建筑与个性——对文化和技术变化的回应 [M]. 张磊等译. 北京: 中国建筑工业出版社, 2003: 16.

图 5.12
左图：HeadBlade 剃刀；
右图：使用者的手成了剃刀的握柄

还是产品适应人，人类都只能开发出一些新的行为，抛弃一些旧的行为，因为人的行为是与产品对应的，这样长久下去，人类逃脱不了退化的命运。

而人们对于一个新生的产品在生活中到底应该占据一个什么样的位置，往往不是在设计之时就可以预见到的。在电话刚发明并投入运用的头几十年，用电话作为聊天说话的手段遭到了人们的反对，尤其是电话公司抱怨线路被一些无关紧要的通话占用了，他们希望用户不要再用电话聊些琐碎的事情，而要讲究实效。直到 20 世纪 20 年代，电话公司才开始真正了解到人们为什么要使用这一奇妙的装置，因为人们希望通过电话彼此建立一种带有某种生命气息的联系。现在电话公司当然再也不会有这样的念头，他们肯定希望顾客聊得越长越好。人们真正看到，电话的根本用途是社会交流。产品教育我们，启迪我们，同时又在人类生活中扮演自己的角色。

（三）产品与人的设计关联

尽管存在这些对技术的反思，在人类历史进程中，产品推动人类社会的发展仍是主流。人和产品的关系有一种"共进化"的关系，"共进化"是指两种或多种生物间相互依赖的进化，是它们之间长时间相互作用的结果。例如有花植物和它们的动物传粉者，植物用花蜜来吸引昆虫，而昆虫在采集花蜜时，自然就帮助植物传播了花粉，当然这种关系是经历了千万年的时间才建立起来的。[①] 人和产品的关系虽说不是人利用产品来帮助自己的繁殖（现在的体外受精和试管婴儿技术也确实是帮助人类繁殖的工具），但是，某种程度上有一定的"共进化"关系，自从人类社会第一件产品诞生以来，人类就已经无法离开产品（人工物、工具、器械）去独立地进行自己的实践。在这个过程中，人与产品也势必形成相互依赖的进化，产品需要人将它设计制造出来，人也须臾离不开产品的帮助。从历史的结果来看，人的发展与技术的发展也的确都是两者长时间相互作用的结果。技术作为人性的产物和人性的产品而彰显自身，虽然技术发展已经创造出一个庞大的人工自然，但终究代替不了原生自然，自然的自生决定了人不能改变自然，而只能享受和保护自然，作自然的伴侣。

人与产品的关系可以用交通方式来说明，古代的人们长途旅行多是骑马，现代的人们则是坐汽车，比较一下这两种人使用的交通工具（马在骑乘前需要人的

① 武宝轩等. 环境与人类 [M]. 北京：电子工业出版社，2004：43.

驯服，也可以视为人改造的一种工具）是很有意思的。汽车使用汽油，汽油不是天然的物品，需要开采提炼，并且地球上储量有限；马则是吃草，这在野外基本上都有，并且草能自我生长。汽车不存在衰老、死亡的问题，但也会老化，需要修理维护；马则有衰老的情况，不能永久使用下去。汽车在没有加油站的地方毫无用处；马一般能找到青草和淡水就行。汽车对于道路要求很高，连路上的小坑都有可能导致事故；马则对于道路的要求很低，基本是条路就行，路上的坑洼可以忽略。这是因为汽车前行的原理与马有本质的不同，汽车是靠4个轮子与地的摩擦力前进，轮子始终与地面接触，它无法离开地面像马一般跃起跳过沟渠（特技飞车表演除外），而马是4只马腿着地，由马蹄与地面的摩擦力驱动马匹前行，它并不是滚动前进，而是四蹄交换蹬地，总有马蹄处于腾空当中，马腿的关节促使它收放自如，这样马很轻易地就可以跃起跳过障碍物。于是，骑马的人们不太需要大规模地修筑公路，他们甚至可以在大草原上来去自如。而开汽车出行的人们一般需要了解去目的地的路线，如果没有合适的道路，他们是很难到达的。

上面的事例表明一种产品会让人们产生与之相应的一种使用方式，进而就成为一种生活的方式。物对于人有很大的反作用，"不仅仅在于不可驾驭的、宏观的物质条件的限制，人们自己造的物也限制着自己的行为"。对于产品的功能而言，"实际上功能相互排斥，给了一个功能就意味着失去另一个功能。一只杯子多一只把手，多了防烫、易持这个功能，也就失去了任何方向上都可持杯的方便……实际上，生产者所能做的，只能是选择给什么功能而不给什么功能，这就意味着从一个角度去鼓励人们的某种行为，而从另一个角度去制约另一种行为。"[①] 如图 5.13 所示的杯子。马和汽车同样是用来交通的工具，但是选择了其中的一种，也就意味着选择了某些功能而放弃了另一些功能。对于产品的安全来说，这可以理解为设计师选择了一种设计，使用者选择了一种产品，也就相应地选择了一种安全的方式，而放弃了另一种安全的方式。

但是这种选择并不是完全对等的，人们会在其中权衡安全方式的利弊，最后的选择结果都是利多弊少的安全方式，就拿上面的汽车与马的例子来看，在目前各国道路都修得很好的条件下，显然汽车要更方便、安全一些。自行车的演变也很好地揭示出任何一种产品的演变都是朝着更加安全的方向，安全在很多时候是促使

① 许平. 造物之门[M]. 西安：陕西人民美术出版社，1998：19.

图 5.13　有把的水杯和无把的杯子

产品改良的触媒。自行车出现得很晚，甚至晚过蒸汽汽车和火车，那时汽车还很不成熟，人们出门都爱坐火车。火车费用较低，但就是有个缺点：地点受到铁路的限制。于是人类寻求新的解决办法，自行车就此诞生。1866 年有脚蹬的自行车出现，这种自行车的前轮变得越来越大，因为轮子越大，每蹬一下脚蹬自行车就能走得更远。但是它导致自行车不稳当，很危险。因为这种普通型自行车太不安全，最后终于被一种所谓的安全自行车（图 5.14）——带有两个相同大小的轮子，后轮由链条和扣链齿带动的自行车所淘汰。[1]

图 5.14　19 世纪末的安全自行车

虽说绝对的产品安全是没有的，但是人们的选择却可能因为认知的缺乏或是不可预防的灾害产生安全隐患，就像 2006 年底因为台湾地震引发了太平洋海底光缆断裂而导致东亚和南亚国家与国际互联网联系中断一样，给人们生活带来极大的不便和经济损失。现代社会依赖技术而生存，就必然存在一定的风险，绝对安全的要求只会剥夺现代技术的生命力，使它裹足不前。因此人类所要做的就是确定一个可以接受的风险度，避免无法承受的灾难。现在的问题是人们囿于认识的局限还无法保证每次的选择都在这个风险度之内。所以，在采用技术和技术失灵带来更大的灾难之间存在着无法消弭的矛盾，设计师只有小心翼翼地寻找二者间的平衡，以期找到那个最恰当的拐点。

人制造出产品，产品就代替了一部分人对外在的直接感知，特别是那些用于认识外在的仪器，从诞生伊始就存在着帮助人们认识外在还是诱使人们偏离真相的争论。比如人的观测逐渐被精密的仪器所代替，甚至有人认为仪器从一开始就取代了人类，只是仪器还无法完全取代人类。这种代替人的感知还导致技术存在愚化人的倾向，越来越高的机械化和自动化，使得对于产品的操纵变得简

① （美）约翰·H·立恩哈德. 智慧的动力 [M]. 刘晶等译. 长沙：湖南科学技术出版社，2004'' 83'

单，这给人们带来便利和安全的同时，也使得人的脑子愈来愈拙于思考。一个平凡的人受到鼓励只需要重复简单的动作，聪明的人显得有些多余，这个结果可能易于导致人类才能和天赋方面的负向选择，这种愚化是技术异化人的另一种表现方式，就像糖衣炮弹，看上去很美好，实际上会麻痹人。另外，现在人们行动在很大程度上依赖于机器，人的肢体因进一步被替代而弱化，一旦有一天当人的功能都集中在脑部时，人们是否会成为类似于机器人的不会行走的超级计算机呢？那时作为一个生物个体的生命意义在哪呢？但愿人类永远不会有这样一天。因此，虽说产品的功能越多对于人类越有帮助，但也应该看到，在人与产品的功能分配上有一个度的问题。就是把人与产品合作完成的工作——功能进行如何合理分配的问题。以人与机器为例，由于人与机器各有自己的优点，也存在各自的不足，如何发挥人与机器的长处，避免各自的短处，就是设计中需要考虑的系统功能合理分配的原则。以人的局限性来说，有准确度的局限、体力的局限、知觉能力的局限、动作速度的局限等；而机器的局限则有持续工作的局限、正常动作的局限、机器判断力的局限、成本的局限等。因此两者应该协调互补，在长期的实践中人们总结出这么 5 个功能分配原则：

1. 比较分配原则。比较人与机器的现实局限进行客观地、符合逻辑地分配。

2. 剩余分配原则。首先尽量让机器承担功能，机器无法完成的余下的功能由人来承担。

3. 经济分配原则。以经济效益为原则，系统地考虑两者的支付费用来确定。

4. 宜人分配原则。功能分配要满足人的多种需求，能够发挥人的技能和创造性。

5. 弹性分配原则。即把某些功能同时分配给人和机器，根据实际情况，使用者自主选择参与的程度。[1]

著名物理学家薛定谔对于人与机器的分工有着精辟的见解，"枯燥，仅次于需求，成为我们生活中痛苦的又一根源。我们不应让发明的精致机器生产越来越多的多余奢侈品，相反，我们必须计划改进它，以便让它替人类做所有那些不智慧的、机械的、使人像机器般的工作。机器必须取代那些人类已太熟练的劳作，而不是让人来做那些用机器做太昂贵的工作。"[2]

产品与人的安全关联还表现在文化上，罗兰·巴特从符号学意义上发掘了人与

① 李红杰等. 安全人机工程学 [M]. 武汉：中国地质大学出版社，2006：177.

② （奥）埃尔温·薛定谔. 生命是什么 [M]. 罗来鸥等译. 长沙：湖南科学技术出版社，2003：113-114.

产品的文化意蕴，他在《符号帝国》中以东方吃饭使用的筷子和西方的刀叉相比较，"这种用具不用于扎、切，或是割，从不去伤害什么，只是去选取，翻动，移动。……而不是像我们的餐具那样切割和刺扎，它们从不蹂躏食物……食物不再成为人们暴力之下的猎物，而是成为和谐地被传送的物质"[1]。这种区分不仅仅可以说明东西方人与产品的差异，实际上还暗示出以西方文化为主导的现代工业某种不健康的人与产品的关系，就像英国人类学家德斯蒙德·莫里斯在《人类动物园》所说的"现代生活条件与动物园的情况相类。动物园当然可以保障一定程度的安全，但这种安全是付出了昂贵代价换来的"。即现代工业产品走向了忽视人性，也忽视自然性的歧途，人与物在这种产品的中介下都不得其所，会陷入无所适从的境地。

二、人、产品与外在的设计关联

（一）人通过产品对外在进行改造

在人与外在的主客体关系中，存在 5 类客体：1. 远古时代的人类祖先，在草莽中开始最初的人的活动，本然的、原始的自然界是人的活动的第一客体；2. 被改造的自然界是活动主体本质力量对象化的产物，是"人化的自然"，成为人的活动的第二客体；3. 人自己由意识活动创造的感觉、情绪、形象、观念、符号作为活动的客体，可以称之为第三客体；4. 作为客体的人和社会，不同于其他客体，可称之为人的活动的第四客体；5. 当一定的主体活动成为某种主体（或主体本身）活动的对象时，可称之为第五客体。[2]本书研究的产品领域的外在主要属于这里的第一和第二客体，也包括一些后三种客体的内容。

人为了让外在更适合人类生存，对外在进行了坚持不懈、持续地改造，这种改造并不是人类这个物种的独特属性，有证据表明几乎所有的物种都具有改造自身周围环境的本能，为的就是使环境更适于自身的生存。20 世纪 60 年代，科学家、发明家詹姆斯·洛夫洛克（James Lovelock）在《自然》杂志撰文指出："生命并不是简单地适应它生根的行星所给定的环境，它还改变那些环境，让它们稳定下来从而使自己长期生存下去。这个观点得到了生物学证据的支持和光大，证据来自马各里斯（Lynn Margulis）对微生物改变行星条件的力量的研究。"[3] 因此可以说一部人类发展史就是一部改造外在的历史，当然这其中最主

① （法）罗兰·巴特. 符号帝国 [M]. 孙乃修译. 北京：商务印书馆，1994：24-25.

② 郭湛. 主体性哲学——人的存在及其意义 [M]. 昆明：云南人民出版社，2002：17.

③ （美）J·布洛克曼. 未来50年 [M]. 李泳译. 长沙：湖南科学技术出版社，2004：37.

要的就是对人所处环境的改造，形成所谓"人化自然"。前面已经说过，产品在这个改造外在的实践中起着重要的作用，实际上，它就是手段和工具，并成为人与外在的中介，产品也是外在的一部分，只是它与人类直接接触，联系最紧密，因而就与人的安全关系也最密切。

人对外在的改造由于自身的局限，其对人的影响往往是两面的。一般表面上看都会给人带来利益，因为这是人类进行这种实践的基本动力，如果连这种显性益处都不存在，人们不可能去费力改造，这是起码的目的性；而隐藏在现象背后的则往往会给人带来危害，就是说一般是隐性的不利，这使得它对人类安全的影响深远。以农业产品为例可以清楚地看到这种改造实践的利弊关系，早在公元前 8000 年，居住在死海附近、原靠狩猎为生的图番人开始收割食用一种野麦的果实，这逐渐改变了他们的饮食结构和生活习惯。到了公元前 6000 年，一次基因突变在麦地里出现了类似现代的小麦，这种小麦有很强的繁殖力，更能满足图番人食用的需要，但是它却丧失了自我播种的能力。它的种子紧紧地贴在麦秸上，不会随风飘落，假使农夫不去收割和播种，它就会消亡。和世界各地的人们一样，图番人欣喜地选择了播种小麦，而把野麦当作杂草一样从地里除去，但是他们不可能想到，从此以后，他们将自己乃至整个族群的命运和这种作物紧紧地联系在一起。人们越来越不能离开这种作物，这是人的选择，只是在作出这种选择的同时，人类也交出了自己的命运。当然这仅仅是一种理想的实验室分析，实际生活中人们在多渠道的食物选择上有效地规避了不安全。但是这种分析也让人们看到人为事物消极的一面，即使是人类自己作出的选择，也不都是全利的，人类改造外在的每一步似乎都存在着风险，这不得不令人们在改造的实践中小心谨慎。

（二）外在以自己的方式发挥影响

历史上，外在常常以自己的方式提示着人类"自身"的存在，有时它的方式可称作"残酷的"。欧洲中世纪因为人口过剩，在 13 世纪末出现了饥荒。1351 年黑死病又大面积传染，至 1430 年情况略有好转时，欧洲已经失去了接近一半的人口。这场人类传染病史上最大的灾难的确给欧洲社会带来了许多改变，但是改变最大的还是人们的观念，这可以从灾难发生后出现的产品得到结论。鼠疫给劫后的欧洲带来的后果是瓦解了封建制度，并且给幸存者带来了那些死亡者留下的财富和土地。人们开始追求享乐，"手工劳动的价格变得昂贵起来，工资飞涨，制作工艺也日趋精湛起来。当死神随时可能降临时，时间也就变得宝贵起来。鼠疫来临之前，以教会为中心的世界曾经是一个不可思议的永恒世界。而现在，人们则需要长时间地劳作以追求资本收益，生命处于一种随时随地都有可能完结的状态之中。随着鼠疫泛滥的年代所出现的第一批新技术，便是机械钟和沙漏"①。这个事例从侧面表明技术如何受到外在的影响，外在条件的变化就会引起认知的变化，进而引发一系列的链式反应。这种改变有时是如此之强，以至于外在条件恢复之后，人们的行为也不会恢复到之前的状态，而是永久地持续下去。

人类的技术还受到自然规律和自然自身的制约，所以技术是有边界的，一些自然规律所禁止的功能任何产品都是无法具备的，因为人是自然的一部分，人的实践活动对于自然不是任意的。比如，南方的气候环境与北方有很大的不同，南方属于湿热气候，潮湿多雨，在南方使用的电器就会面临这种独特气候的考验，照相机的镜头也存在霉变的问题。于是南方的建筑多采用直高的围墙围合成窄窄的小巷（图 5.15）以产生拔风效应，利用自然风的流动来带走湿气，达到干燥的目的。北方的气候则干燥少雨，经常的大风黄沙又会产生电器产品的防尘问题，这说明人类产品始终处于外在环境的考验当中。

外在对于人的影响，还包括其通过产品系统对人类社会产生影响。这里必须谈到一位几乎被遗忘的发明家威廉·奥绍尼西（O'Shaughnessy）。1855 年英国殖民地政府根据奥绍尼西的设想在印度建设了一套 6400km 长的电报系统，把加尔各答、孟买、白沙瓦等城市连接起来，这套表面看来是纯技术的系统对历史的影响是深远的，英国正是靠它加强了对印度的殖民统治，在镇压印度士兵的起义中发挥了决定性的作用。据说一名被俘的士兵被行刑前指着电报线大义凛然地喊道："我们是死在这些可恶的电线上的。"这个事例揭示出，有时产品系统的影响明显不在设计师当初的预想之内，但是一旦产品投入到人类生活中使用，它就与其他因素一起会产生"发酵"的效应，其后果很难预料，这也属于系统的一种涌现特性，都是设计师无法控制的。

图 5.15　江西安义古村落中的窄巷

① （美）约翰·H·立恩哈德. 智慧的动力 [M]. 刘晶等译. 长沙：湖南科学技术出版社，2004：38.

（三）技术的特性与设计、消费的问题

任何事物都具有两面性，技术也不例外。正是这样，技术才可能成为一种异化的力量，甚至成为一部分人奴役另一些人的工具。一方面技术是这个时代丰裕的财富和给人类便利的神奇力量；另一方面技术又是压抑人性和贫困的根源。技术异化的一个直接原因可以归于技术的无度扩张，它被人们过于乐观地运用于任何领域，其实技术是有边界的。这就要求技术产品不要试图消灭和代替自然界，更不应试图代替人类。

技术并不仅仅表现为人类设计制造产品的手段，而应该看作是人类与外在互动的实践手段。"技术不仅是被动的思想的物质标记。每一种技术都是一种工具，一种做事的方式，其存在就说明，其中体现的思想行得通……除了记录思想之外，技术还有更加重大的意义：其中的思想与外在现实冲突之后保存了下来，因而在一定程度上能够准确地描绘或解释外在的现实。"保罗·莱文森基于这种思想把知识分为3类：1. 未经体现的知识；2. 业经体现但失败或行不通的知识；3. 业经体现而且以某种最低限度的准确的方式行得通的知识。第一种知识只是潜在的知识；第二种知识就是经验教训；第三种知识是人们普遍认可的知识，存在于我们周围的一切技术之中。这样知识就由技术体现而被确定其对于人类的有用性，从这里也可以看出技术的本质原本就应该是在人类实践活动中对于人类有利的手段、知识。而对于人类不安全的手段、知识就不应该称为技术，它属于莱文森划分的第二种知识。在这种认识下，莱文森强调："我们不能把技术与知识划等号。相反，我们要认定这样一个观点：技术是成功知识的表现，经过与物质世界的冲突而保存下来的技术，尤其是知识。"[①] 这样，技术来自于自然，又用于自然就很明确了，只是技术必须是有助于人类的实践，技术的特性也就表现为有利于人类安全的知识。

现在设计领域有一种很不好的倾向，由于设计涉及的技术、社会、人文等因素过于复杂，包含了多重的人类因素和服务于人的技术因素，所以任何一个设计师都不可能完全把握这些复杂的因素。但是许多时髦的设计师却假装能够对付这样的挑战，并为此设计出许多矫揉造作的方法，实质上只是玩些老套的形式游戏。这种现象反映了设计界自身的一种弊病，即设计师不愿意放弃精英意识和主角心态，不能容忍丢失他们曾经掌握的对人类生活方式的话语权。可恶的

① （美）保罗·莱文森. 思想无羁 [M]. 何道宽译. 南京：南京大学出版社，2003：117—118.

是产品造作的形式更影响到功能的发挥，其实简洁朴素应该是现代产品的第一要素，朴素并不等于简陋和粗制滥造，而是带给人创造性和艺术性的清新美感和使用愉悦。另外，产品设计师也应该避免类似精英意识和主角心态，理解无论建筑还是产品都是人类实践活动的衍生物，这有助于设计师明晰产品应该如何产生，克里斯·亚伯就批判了建筑师闭门造车的困窘心态，其实当今所有的设计师都需要摆正位置，认识到产品的"从群众中来，到群众中去"，才能够解决更多的实际问题，这正是产品的本质。

产品使用完后的废弃物污染环境是人和外在的安全关系中重要的课题。产品的废弃物现在已经成为令世界各国头痛的问题，因为它的不妥善处置会影响全人类的安全。尽管有削减垃圾源、循环再生、堆肥、焚化、填埋等几种通用的方式，但实际的效果表明还是削减垃圾源是最有效、最为可行的一种途径。这就需要人们作为普通的消费者要改变使用产品的观念，其实就是改变人与外在的关系，改变角色定位的观念。据报道广州现在每天产生的近 1000t 垃圾中，70% 是一次性垃圾，比 10 年前增长了 40 倍，因此人们需要有意识地节制对产品的滥用。以现在餐厅常见的一次性木筷为例，我国古代肯定比现在的木材资源丰富，但是没有可靠的证据表明古代的中国人像今天这般广泛地使用一次性的木筷，卫生不应该成为浪费和不合理消费的借口，何况现在早就有消毒柜等解决卫生问题的器具。培养一种与外在善意交流的生活方式看来已经成为人类能够安全生存下去的关键，无论是人与他者的交流，还是人与他物的交流，现代的人们都缺失了有效的方式，也许该是人们重拾宗教般的虔诚来对待这个问题的时候了，产品设计师可以在具体的手段和方式上助人们一臂之力，而不是像现在成为开发商的助手无止境地设计、制造。当今人类在地球上无限制地建设开发就如同一个恶魔吞噬着土地，图5.16形象地讽刺了人类改造地球的现状。实际上，产品完全有能力扮演更加有益的角色，产品应该帮助人类成为良性的生态链中的一环，自然界的生物都能够很好地扮演它自己的角色，人类作为地球上唯一的高等智能生物更应该做到这一点。

（四）人－产品－外在的安全关联

狭义上，"人－产品－外在"的系统一般是指人与产品、人与环境、产品与环境的关系。人与产品之间可靠性是重要的因素，人与环境之间主要是温湿度、照明度、

图 5.16 人类的建筑活动就像一个恶魔吞噬着一切

噪声、环境污染等因素，产品与环境之间主要是温度、腐蚀、振动、辐射等条件。这是产品与人或者外在的物质的、功能的安全关系，属于表层的关系。广义来看，产品不仅指工具实物，还包括人类活动的过程，如生产活动等，即产品不仅指代静态的实物，还包括动态的过程。于是，"人－产品－外在"的系统也就是"主体－活动－环境"的系统，"生产的对象在所有中介类型中都既可能是主体的标志，又可能是环境的标志。产品和结果也既可能是主体的标志，又可能是环境的标志。"因为从人的活动类型来看，有这么 3 种：

1. 创造条件。人类活动以制造出产品而告结束，或者消融在自己的产品中。

2. 传送条件。人类活动的终结是创造或确立某种条件和必需该条件的某种生命过程之间的关系。对象属性或地位的改变不会使人们获得新的独立的对象，而是使承受作用的活动对象直接包含到另一生命过程或活动的正常运动之中。

3. 人的力量的自足表现。作为生产要素的对象和产品所保障、服务和中介的，不是某种其他的东西，也不是处于活动过程之外的另一个生命过程，而是主体力量的自我表现。[①]

这是抽象地陈述人作为类活动的特征，在具体实践中，其实是个体与产品、外在直接发生关系的，这里，人作为个体活动与作为类活动是有区别的，具体的安全问题总是与具体的个人关联的。

对于系统中的环境因素，克里斯·亚伯在谈及生命系统的安全时，特别提到了生命系统应对恶劣环境时，以保持自身选择的多样性来获得安全。"一个生命系统，只有当它生成的组织层次与其所生存的变化中的环境相适应的时候，它才是成功的。环境的组织程度越低，或是越混沌和不可预测，生命系统的适应性就必须越强，这就要求它有一种同样自由松散的组织形式。"[②] 这个论述是富于哲理的，对于产品来说应该也是这样，一个安全的产品应该具有广泛的适应能力，也就是具有较宽的使用条件的范围。比如说，电器对于电源电压的适用范围当然是越广越好，这就有点像药品抗生素，西医为了消炎，总是力图开发出

① （保）Л·尼科洛夫. 人的活动结构 [M]. 张凡琪译. 北京：国际文化出版公司，1988：56—61.

② （美）克里斯·亚伯. 建筑与个性——对文化和技术变化的回应 [M]. 张磊等译. 北京：中国建筑工业出版社，2003：23.

一种可以对付所有引发炎症病菌的药，称为广谱抗菌药，当然对于药品的广谱抗菌引发的副作用是必须关注的。但是产品不存在这个问题，一个安全的、在多种环境条件下都能够正常使用的产品，说明它具有针对复杂环境的很强的自我调节能力，很明显，这种产品的安全性更高。

在人、产品与外在的关系中，除了外在的环境，还包括外在的"他者"，也就是人与他人之间的关系。哈西德教派的马丁·布伯（Martin Buber）是犹太哲学家、神学家和社会活动家，在他著名的"对话哲学"著作《我和你》（I and Thou）中阐述了人是生活在两种基本关系之中的观点，即我－它关系（人与外在）和我－你关系（人与人）。在人类社会形成之后，人的不安全就不只是源于自然的流变，而且也源于社会和历史的不确定性，所以人们就会寻求对他人的控制来防止他人对自己的控制。正是这种社会中有人在自身范围之外去追求安全，他们利用产品作为工具，产品被异化为奴役他人的工具，对于这些被奴役对象，产品成为不安全的物件。

应该看到产品对于人类安全的作用主要还是正面的，如前所述，这也是技术与产品能够发展到今天的原因。现代的信息、交通技术给人类提供了广阔的空间和无限的可能性，自由时间的增多有利于人们进行深层次的交往，并且以信息为手段的精神交往将会日益增强。在这方面产品具有人类自身所无法比拟的优势，它拓宽人们的视野，提供新的活动方式，正是产品的介入令人可以获得更多的安全或完成自身机体原本无法完成的实践，使人具有了其他生物所没有的自我超越的可能。"人类的发展历史实际上也是人类不断地背叛自己的生物本能，而一步步走向人之为人的过程。人类每一次文明的进步都是人自己一次次超越狭隘的利己主义，把道德关怀的范围逐步由自我向外扩展和延伸。"①

① 曹孟勤.【人为自然而存在】与人之为人 [J]. 烟台大学学报，社会科学版. 2004' 3'' 253'

第三节　设计安全的辩证逻辑

一、辩证逻辑一：人类活动方式带给自身的潜在危害

当代的人类社会作为主体在人类安全上愈发显出疲态，正陷入困境。本来是主体支配客体，现在却为客体所支配，对于主体这就是异化，对于客体就是反主

体化。"异化"（Alienation）一词源自拉丁文 alienatio，有"化为异物"的意思。而科技的异化，就是指人们利用科学技术生产的产品，本来是为人类服务的，现在反过来成了压抑、束缚人类的力量，成了不利于人类生存和发展的一种异己性力量。于是有学者在此基础上提出"科技人化"，以区别于科技神化、科技物化和科技异化。但是科技人化不是仅靠科技手段就可以达成目标的，因为科技对人的异化，只是异化力量的表象，其背后有复杂的因素，诸如社会阶层利益冲突、人类对科技理性的误读、国家民族矛盾等。所以说人的异化主要表现为人的活动的异化，卢卡奇从人的数字化、客体化、原子化和平均化来分析了现代工业社会人的物化表现，他认为，"发达的商品经济遵循着'建立在被计算和能计算的基础上的合理化原则'，它在不断理性化的进程中，逐步形成和强化了依据商品本性和理性原则建立起来的机械化体系，这一专门化、理性化的生产体系和社会机制取得了超人的自律性，劳动者被整合到这一机械体系之中，变成了抽象的数字，失去了主体性和能动性，其活动变成一个专门的固定动作的机械重复。"[①] 个体被看成是孤立的存在，人被当作生产体系中的一个部件，必须符合和遵守机器生产的方式，不合时宜的个性被压制，顺从者作为好工人受到奖励，人被平均化。

人被自身实践活动异化或者说个体被人类整体实践活动异化的内容是复杂的，表现在很多方面。首先，人身体的目的性和手段性是天然的一对矛盾，它决定了"人既是自己的目的，又是自己的手段，人因此不能不在观念和实际上把自己划分为二，且必定落实为身体自身的手段性和目的性的二分。手段通向工具，工具属于技术，技术讲究的是效率，效率遂不能不成为人生的一大主导性原则，并势必贯穿于人与物和人与人两方面的关系，在使人与物的关系成为实用性关系的同时，也使人与人的关系演化为功利性关系即服务于生产效率的有效的合作关系。"[②] 这就是说人类实践采取的手段不一定会带来原有目的性的效果。其次，这种分离也导致技术没有成为给全人类谋取福利的工具，反而成为加大社会各阶层差距的帮凶，这是技术对人的异化的另一方面。技术对人的异化，一般人们都关注的是技术对人的反制，其实还有另一方面，就是技术背离了作为手段为全人类谋福利的初衷，其诞生后很快就异化为少数人的统治工具，并且加大了贫富差距。再次，就是个体被动化，人的生命失去了感性的可贵本质，有倒退到机械的无生命的物品的危险。生命是以单个的形式呈现的，一个人、一朵花、一只小

① 苏晓云．卢卡奇早期的物化异化观及其当代启示[J]．求索，2003'4'121．

② 复光．【身体】辩证[J]．江海学刊，2004'2'9．

鸟，抽象的大众生命并不存在。可是今天，我们对生命的体验日益机械化，人类活动的主要目的变为了生产商品，并在崇拜商品的过程中，自己也成了商品。人们对机械装置的喜爱超过有生命的存在，只对客体的、抽象的人感兴趣，而不关注活生生的个人。工业大机器生产导致了现代官僚组织的出现，工业文明又把这种人类社会的组织类型带到了世界各地，这些人都是驯服的机器人，深深为机械的东西所吸引，却与一切有生命的东西作对。男人们沉湎于赛车、数码相机、电脑等一切机电产品，女人们则流连于各大商场，关注首饰、服装、小装饰品，大家感性的生活越来越少，一切按部就班，而对机械的操纵在他们眼里明显比与人打交道有意思得多。人们对生活漠不关心，最终被死亡和全面毁灭所吸引，现代科幻的机器大片更是进一步塑造着年轻一代的机械灵魂，长期麻木的心态抛弃了鲜活的生活内容，难怪越来越多的父母惊奇于自己的小孩怎样会那么迷恋恐怖片和惊悚片。实际上，在表面具有的多种选择和自主选择的假象背后是现代人被无意识、无助地推向未知的世界。人的被动性是现代工业社会中人的异化综合征体现。这一点可以从现在青少年特别容易迷恋于网络游戏清晰地反映出来，他们都认为可以凭借自己的力量控制游戏的进程，其实即使再厉害的游戏高手还是要按照游戏设计者预定的安排来完成游戏。青少年对既有社会规范的反叛，可以看作是个体对于这种被动性的一种醒悟，但是无论他们留长发、蹦迪、唱 R&B、跳街舞、滑板，还是穿波希米亚风格的时装，甚至故意学港台腔以对抗所谓标准的播音腔，最后他们都被大众时尚工业收容了，这种个体反叛主动性选择背后却是被潮流推着走，揭示出现代商业社会更深层次的人的被动性，反叛变成了顺从，这是对个体自主性的莫大讽刺，但却折射出现代社会人的主动性的严重缺乏。生物学的研究表明，被人类饲养的动物，由于自然淘汰的机会少了，比起野生种来具有行为退化等倾向。在某种意义上说人类也对自己实行了自我家畜化。最后，人被异化还表现在给人类生活方式带来的困惑：美国战略思想家布热津斯基在著作《大失控与大混乱》中谈到他对西方生活方式的"丰饶中的纵欲无度"的担忧："丰饶中的纵欲无度的概念基本上指的是，一个道德准则的中心地位日益下降而相应地追求物欲上自我满足之风日趋炽烈的社会。与强制的乌托邦不同，丰饶中的纵欲无度……主要着重于立即满足个人的私欲。界定个人行为的道德准则的下降和对物质商品的强调，两者相互结合就产生了行为方面的自由放纵和动机方面的物质贪婪。'贪婪就是好'——80年代后期美国雅皮士的口号——对于丰饶中的纵欲无度来说是恰如其分的座右铭。"[1]这种商品泛滥的潮流

① (美) 兹比格涅夫·布热津斯基 大失控与大混乱 [M]. 北京: 中国社会科学出版社, 1994: 75-76.

造成了物质与资源的极大浪费，给生态环境带来无法挽救的伤害，也间接地危害了人类及其后代。

人和产品的本质异化，首先表现为人和产品的物质化，现代技术下，一切事物都以物质形式显现；其次表现为人和产品的效用化、对象化，一切以效率功用为衡量，人和产品都被当作实践对象，而且对于人是人与他人的简单对峙；最后人与产品的这种对象化割裂了人和产品原本具有的同一关系。所有这些都不是外在的某种力量导致的，而是人类社会发展到今天自发产生的，这就势必让人类反省自身的行为、自身的实践方式。人的许多发明创造并不是追求真理和必要的，很多时候的产品就是人类非理性的产物，比如现代女性常穿着的高跟鞋（图 5.17），医学研究表明年轻女性长期穿高跟鞋会由于身体重心前倾，使得骨盆的负荷量增加，腰背肌肉易劳损，神经受压迫，从而引发腰部疼痛。当然非理性产品不一定会带来不安全，但是这种非理性经常会给人类的实践活动带来偏差，非理性的产品本来就包含着对待人类价值的随意性，随意性是对绝大部分人的价值的忽视或者是对人类安全考虑的缺失，这类产品也是人类活动方式存在问题而引发出可能带给自身的安全隐患。当然对于技术异化人的问题，也有学者质疑无异化技术存在的可能性，是不是要达到和谐的境地，就是要寻求一种不会异化人的技术呢？很显然，问题并不这么简单。这种想寻求一种超级技术来达到理想境界的想法还是落于科技至上的俗套，对于现代技术异化人的问题的批判，并不意味着指明人类的发展方向就是寻找无异化技术，这种技术是不可能存在的，是一种乌托邦幻想。这类批判是告诉人们应该看到目前人类使用技术的问题，指出问题是为了矫正，在实践中逐渐克服，而不是要矫枉过正，或是讳疾忌医，今后的人类技术还会存在异化人的现象，但是必须制止这种现象的扩大化，将之限制在一定的范围。

图 5.17　现代女性流行穿着的高跟鞋

二、辩证逻辑二：人类认知与科学技术的安全隐患

人类认识事物的方式最早主要是经验的积累，实践获得的经验是利还是弊促使人们总结归纳形成知识。但是这种建立在绝对实证基础上的认知

方式不够系统，很难理出头绪，这样一来，在需要经验指导实践时，繁多的、杂乱无章的经验要恰当地胜任针对性的指导角色就存在困难。随着人类认识世界的进一步深入，逻辑理性的经验整理成为知识教条，人们在实践时可以循着人为的规律采用根据经验归纳出的知识指导行为，但这种理性逻辑的认知方式也有其弊端。历史上人们在这一阶段的认知中，一个巨大的成就是辩证思维的产生，它至今影响着人们的思考方式，可是"传统的辩证思维强调的是认识事物的基本方法，但是这种简单化的思维模式往往是脱离了思想内容的纯粹的思维形式，是脱离了实证知识的纯粹的方法"[①]。这种纯粹的思辨忽略了思维的本质是由抽象到具体，是指导人们的具体实践，否则这种思考毫无疑义，简单的"一分为二"的思维方式并不利于人们对世界的普遍联系和整体优化的把握。因此，对于辩证法的对立统一的认知方法，不应该像以往着重于对立的分析，从事物的正反两方面来认识事物。如果说这是需要的，那么在今天更需要系统整体的认知方式，也就是应该着重于统一的分析，一个事物的两面更应该是二位一体，要明确使用二分法、多分法来分析事物也只是认识事物的权宜之计，是迁就人类的认识局限的分析方法，真实的事物并不存在这样的两面或多面，它就是一个一体的事物而已。所以，在认识事物之后，转化为指导具体实践，必须采取统一的思维来实行，这也就是目前系统科学倡导的非线性的复杂性思维，这其实不是人类的发明，而是人类又进一步认识到外在事物的本质所导致的。非线性的复杂性思维是不排除无序性的有序性思维，人们需要的是打破原有的思维定势，从无序中找到新的有序性，开拓新的思维领域，构建新的理论。这样的思维提高了对安全的认识，这也使得当今安全的范畴不再同于以往。早期对于安全的认知流于混沌，基本上安全就指代个体人身的安全，现代科学发展起来以后，对于安全的认知又流于片面，一分为二的分析方法使得安全总是针对某一方面的安全，现代系统科学的确立使得对于安全的认知达到整体的高度，不易于产生顾此失彼的片面措施，安全科学也由此旁及到许多相关的领域。但是就目前的现状而言，这还只是人类努力的方向，通过抽象来辩证地认识事物也许正代表着人类的局限，这种人类难以克服的局限成为产生安全问题的最大矛盾之一。

人类认知另一个先天的矛盾就是将人类需要的人为事物当作和解释为本质的自在事物。这使得人类在设计制造产品时，常常自我得意地认为技术是能够

① 沈晓珊. 在反思中发展系统思维科学的理论 [J]. 系统辩证学学报' 2004' 2' 11.

① (美) 迈克尔·莱文森: 现代主义 [M]. 田智译. 沈阳: 辽宁教育出版社, 2002: 34-35.

② 陈嘉明: 现代性的虚无主义 [J]. 南京大学学报 (社会科学版), 2006, 3: 124.

③ (美) 迈克尔·莱文森: 现代主义 [M]. 田智译. 沈阳: 辽宁教育出版社, 2002: 34.

"去蔽"的, 而没意识到技术与产品仅仅是能够给人们带来方便, 满足人们的实际需要而已。叔本华在《作为意志与表象的世界》里的悲观主义哲学认为,"人的意识是为了实现自己的盲目的'意志'而天生出来的, 就像翅膀和爪子一样。而意识的可笑之处就在于, 它想象自己有独立的意志并照此运作, 不认为自己只是自然的伟大进程或自然意志的反照。他认为人类的一切意志都是幻象。这样来理解事物, 个体理智唯一有尊严的态度就是在精神上从整个进程里退出来……尼采受到了叔本华的强烈影响……但是他逐渐颠倒了叔本华的思想结构, 将其作为一种对生机论的肯定。"① 尼采一针见血地指出:"我们对事实、对世界的解释, 是根据自己的需要来进行的。在他看来, 科学的前提是我们的欲望, 一种讲求实际、追求效用的欲望, 其目的是控制世界, 使之为我们的需要服务。"对于尼采来说,"知识仅仅意味着是权力的工具, 逻辑和理性范畴只是用来使世界适应人类的目的的一种手段。……哲学的迷误, 就在于未能认识到这一点。"② 也许尼采的观点有些极端, 但是他指出了人们不太注意的认知的本质缺陷。技术何尝又不是如此? 正是类似的认识让人们盲目乐观, 造成对技术的滥用, 从而产生出当今人们面临的诸多困境。

人的意志在现代科技中体现的一个最明显的例子就是"时间"的概念, 应该注意到时间只是人用来衡量外在的一个尺度和工具。现代主义作家、艺术家珀西·温德汉姆·刘易斯在他的著作《时间与西方人》中抨击了这个时代对于时间的反常迷恋, 他认为"从哲学和科学领域的伯格森、爱因斯坦和 A·N·怀特海到文学领域的乔伊斯和普鲁斯特, 都存在这种迷恋。他认为时间没有空间真实, 因为除了飞逝的现在以外, 只有在回忆和期望的幻想方式里才能认识时间里的经验。因此, 对时间的整个迷恋是一种放纵的退缩"③。自从人类发明钟表之后, 对于时间的持续性认识被大大地强化了, 人们看到电视以分秒精确地播出, 每一丁点时间都会插入广告。而在农业社会, 没有对于时间如此精确的认识使得人类的活动悠闲缓慢, 很少有迫不及待的事情, 从来不需要精确到分秒去做一件事, 这也许与他们从不需要乘火车和飞机有关, 这使得他们的活动更自由闲适。但是, 也需要认识到, 这种对于西方人迷恋时间的批判是警示人们不要走向极端, 不要堕入时间的迷雾, 并不是绝对地抛弃对时间的认识。应该看到, 几乎人实践的每个动作都是在过程中完成的。

人的认知缺陷还表现在人天生所具有的动物的经验本性，即本能地从经验出发看待事物。人类常常将差别（distinction）和类别（difference）混为一谈。这种经验的归类带有极为主观的成分，但人们却对认知的结果和其效用性深信不疑。经验是主观的产物，只是由于它对于外在的感知具有直接性，经验才成为人类知识最直接的来源。尽管经验有时会带来错误的认识，但不可否认，经验又是通向真理的一条道路。真理因而具有相对性，对于人而言，真理也就是人的真理，简单说就是一切对人而言是可行的规律。同样，"事实不管是其他什么东西，它是经验；没有思维不可能存在事实。……在经验中，事实是被获得的东西。因而只有借助经验世界的一种连贯性，才能获得事实。只有一个十足连贯的观念世界才是一个事实世界。"[1]因此事实也是主观的产物，是经过观念加工过的。卢特兹在他的著作《形而上学》中谈到，"并不是由于其中包含着某种本质，事物才存在；而是只有当事物能够产生在它们里面存在一种本质这样一种表象时，它们才存在。"所以说，事物都是经过人的经验加工过的。奥克肖特也认为，谈及一件事物就是指出一种行为模式，而不是呈现出一种被认为是使事物如其所是的纯粹本质物。

既然真理和事实都是基于人的经验，人认识事物的规律就不一定是物自体的规律，或者说事物本质的规律。马克思说过，"理性永远存在，但不一定存在于理性的形式之中。"金观涛认为："辩证法也是如此，表达运动的矛盾永远存在，但不一定存在于矛盾的形式之中。"[2]这样一来，基于理性、逻辑的科学与技术也就存在着"不一定"的可能性，这种科技的缺陷表现在以下几个方面。

科学理论的基石，特别是数理逻辑的自圆体系，已经受到了极大地质疑，或者说人们已经看到了数理逻辑体系的局限性。1931 年奥地利的逻辑、数学家克尔特·哥德尔（Kurt Godel）发现并证明的"哥德尔第一不完备性定理"清楚地表明一贯被认为是严谨真理的数理逻辑体系也只是人类的思想而已，因为它是有限的、并不是完全自足的。对于智能产品而言，任何定理证明机器都至少会遗漏一个真的数学命题不能证明，数学真理不可能完全归为形式系统的性质。这似乎表明，在机器模拟人的智能方面必定存在着某种不能超越的极限，或者说永远不能制造出可以做人所能做的一切的产品。

① （英）迈克尔·奥克肖特. 经验及其模式 [M]. 吴玉军译. 北京：文津出版社，2005：41.

② 金观涛. 系统的哲学 [M]. 北京：新星出版社，2005：149.

科技的语言表达方式也会带来安全隐患，科技有一套自己的所谓保持公正、理性、客观的陈述方式，力求用事实说话，从不用第一人称描述研究的成果。但这并不意味着科技的表达方式就是最接近事实的，确实有些时候这类表达反而会引发更多的误解。也许这只是科技界为了表达对自身研究成果信心的陈述方式，也许这是语言本身的问题，语言界对于语言的精确性早有疑问。但不管怎样，在准确地传达信息这一点上，目前人类还不知道如何做得更好。

在科学测量这类重要的实践上，人们对其的局限性也存在争论。海森堡（Heisenberg）的测不准原理警告说，人类不可能同时精确测量粒子的位置和速度，温伯格则认为"在量子力学里，仍然可以在某种意义上说任何物理系统的行为是由它的初始条件和自然律完全决定的。""当然，不管原则上存在什么样的决定论，在我们面对像股市或生命那样真正不那么简单的系统时，它帮不了我们多少。历史上偶然事件的发生，使我们总有永远也不可能解释的东西。"①现在了解一点理论物理普及知识的人都知道在微观的领域，有所谓的"测不准关系"，即人类感知的局限使得人必须通过仪器来了解宏观和微观的世界，但是仪器作为产品成为中介之后，却又使得客观的物理量先天的成为测不准的，这一矛盾导致了人类感知外在的困境。同样，在宏观领域，也就是产品所在的领域，其实也存在着类似的状况。人们使用一些产品去拓展他的世界，可是当人适应了产品，离不开产品，"人物合一"时，人就不会觉察到产品对于自己观察外在的潜在的影响，人其实已经戴上了一副"有色眼镜"去看待世界。在这个意义上说，人通过产品与外在发生关系，即使在宏观领域，也存在感知的直观性困难，可是由于人的智慧，一般不会产生危险，遗憾的是，人类常常忽略了这一点，甚至意识不到它，而导致一些大的事故。科学的实验方法也不仅仅是人类认识外在的客观工具，它实际上是人与自然对话的方法，这说明它的性质并不完全客观，而带有人类先天的主观意愿。科学家有可能做自己高兴的事，但不能强迫自然只说他爱听的话，"尽管自然是部分地被容许讲话的，然而它一旦表达了它自己，就不再另有异议：自然从不说谎"②。自然科学都存在这样对待自然的态度，设计何其相似乃尔。

卡尔·皮尔孙在《科学的基本原理》中表述了他对这个问题的观点，"科学并不'解释'宇宙的运转，它只描述在一定条件下发生的事。很明显，承认认识论上

① （美）S·温伯格 终极理论之梦 [M] 李泳译 长沙：湖南科学技术出版社，2003：31

② （比）伊·普里戈金，（法）伊·斯唐热 从混沌到有序 [M] 曾庆宏，沈小峰译 上海：上海译文出版社，1987：80

的局限并没有妨碍科学的进步，它实际上还强化了创造方面的需要，即在常识和传承的术语之外进行思考，不过它清楚地向我们揭示，科学首先是人类的思想体系，然后才是世界的反映。"① 这里，皮尔孙表明了两点：其一，科学只是一种人类的思想；其二，科学肯定在一定程度上反映了世界。这就需要我们既要相信科学，又不能盲信科学，而在人类思想和客观存在之间的缝隙之中就天然地蕴含着不安全的因素，作为人类科学技术的载体，产品也不可避免此类缺陷。当然应当肯定人类的认知总在不断地接近客观规律，人类只是需要了解并随时警惕认知的缺陷带来的偏差，人类有理由对科技与产品的前景表示乐观。

三、辩证逻辑三：产品系统涌现带来的隐患

产品作为一个系统，其自组织会涌现新质，也就会带来新的安全问题。系统的组织包括两方面：一方面是系统（产品）的自组织，产品各部件一旦组装到一起就会自然地到达一个稳态；另一方面是产品与外在的组织，任何产品都不可能孤立地存在，它和使用者、外在等一起像有机体一样具有组织性。

首先，产品的自组织会在自身系统内涌现新质，新质就可能存在产品原来没有的安全问题。"自组织"（Self-Organization）是现代系统科学一个重要的概念，即自行形成有组织的系统，各部件会呈现有组织的分工，也称有机化。系统科学认为这种自组织存在于所有系统中，"包括无机系统、有机系统、社会系统和文化系统等等，组织化是指一事物或系统从无到有，从简单到复杂，从无序到有序，从低级到高级的发展进化过程"②。对于产品来说，其自组织就是为了完成某个或某些功能装配在一起的部件在产品系统中自行形成一种相对的稳态，这种自组织有一些是产品设计师可以把握的、有意设计的，但也不可否认任何一个产品在设计、制造装配之后，其自组织又会形成设计师原本没有预料到的成分，比如说，自行车是作为交通工具被设计出来的，设计师当时并没有想到它被用于健身（图5.18），也就是说系统涌现的新质有的是人为的、设计师已经预知的；但是总还是存在一些不是人为的，产品自身在装配后涌现的新质，这是设计师无法预知到的。对于涌现出来的新质会给产品的稳态以及使用者、环境等因素产生怎样的安全方面的影响值得设计师关注。虽然产品是各部件自组织达到平衡稳态的，但是系统科学的熵理论和非线性作用都表明一个达到平衡的系统总是短暂的、暂时

① （美）迈克尔·莱文森：现代主义 [M]. 田智译. 沈阳：辽宁教育出版社，2002：14.

② 秦书生：自组织的复杂性特征分析 [J]. 系统科学学报，2006（1）：19.

图 5.18　现在越来越多的人骑自行车健身

的，系统的稳态是相对的。稳态是相对的，就说明产品可能失稳，迟早会被打破平衡，失稳、打破平衡就可能给人类带来的安全问题。热力学第二定律的熵增理论揭示出自组织的反作用，它表明有组织的系统存在熵增的趋势，而熵增带来的后果是系统从有序转向无序，从秩序变为混乱，其持续的结果就是旧系统的解体，这就像中国古代哲学所称的"不破不立"。这种解体也不完全是消极的，在旧系统解体的过程中，新的组织、新的事物就在不断涌现，如果条件成熟，新的系统会在此基础上形成。关于产品自组织产生的特性，其"复杂性并非元素的属性，而是系统对元素进行组织和整合的产物，是在系统整体层次上涌现出来的东西……普利高津提出，复杂性存在于一切层次，不同层次的复杂性既有差别，又有同一性……自组织是系统自发走向复杂系统的能力、途径，是开放的复杂系统在大量子系统合作下出现的宏观上的有序结构"[①]。产品的安全问题也是属于这种复杂性之中的一类问题，产品的安全属性也存在于系统（见图 5.19）的一切层次，不同层次的安全既有差别又有同一性，具有这样的认识有助于设计师整体综合地分析产品的安全性。

其次，产品产生后又会形成大系统的组织，在更宏观的层面涌现新质。组织性是系统的核心，作为系统的灵魂它包含以下 4 重含义：[②]

图 5.19　左：中国三峡大坝；右：机械手表

① 秦书生．自组织的复杂性特征分析 [J]．系统科学学报，2006' 1" 20'

② 张晓平等．系统观思维的兴起及其对传统思维方式的变革 [J]．重庆交通学院学报（社科版）' 2004' 3" 79—80'

1. 不可还原性。系统的属性不是各部分属性之和，它会涌现所有部分都不具有的新的属性，因此，系统的这种组织性决定系统不能还原成各个部分，产品设计也就无法从构成产品的各个部件的特性去把握产品整体的特性；

2. 自我保持性。一个能够称为系统的事物一定具有自我保持的特性，对于产品来说尤其如此，一个只能存在几秒或几天的产品很少在实际运用中能发生作用，其现实意义不大，因此，真正的系统总是能够自我保持一段相当的时间，这个时间至少等于它的生命周期；

3. 变异革新性。系统不仅维持已有的组织性，还时刻发生变异和革新，以实现进化。这类变异优化的被保留，劣化的被抛弃，系统从而越来越显示出进化的秩序，产品的安全性也处于不断地进化当中。此外，尽管熵增在所有的系统中存在，但是它允许局部熵值减小而其他地方熵值增大，这样系统能够发展出各自形式和结构，以供进化选择，这就给人们选择更加安全的产品提供了基础；

4. 层次性。美国著名管理学家、人工智能专家赫伯特·西蒙已从数学上证明了有等级结构的系统进化要比非等级结构系统快得多，并且它们自我保持的时间将更长，当系统解体时，等级结构的系统并不会完全分解，只是成为若干低层次的子系统，这有点像产品中的模块，它们随时准备以整体参与新产品的组织，而非等级结构的产品系统就会分解成若干部件。

系统的这些特性促使人们对产品的认识思维也要有所改变，例如前文提及的传统的线性思维应转变为非线性思维，分析思维应转变为整体思维，其次，还需要从传统的实体性思维转变到关系思维，产品系统的属性不再仅仅是实体的属性，甚至很多情况下产品实体部分的属性只占整个系统属性的小部分，实体和周围环境形成的关系属性更符合现实的状况，更能提供整体产品系统的视野。再次，还需要从静态逻辑思维转变到过程思维，像前述人机工程学的研究，以往就多是静态逻辑的思维，系统整体的观点促使人们更多地研究产品使用过程的人机工程学，人们越来越注意到"现实世界本身就是过程，是发展，是演化，是变化，这个变化着的过程是实实在在的，现实的生成本身就是现实的存在"[1]。过程思维是考虑时空环境的思维，是一种动态的思维方式，其方向可能不确定，但有启发性。此外，还需要从传统的决定性思维转变为非决定性思维，即人们需要认识到所谓科学得出的规律，许多实际上是统计规律，它能够刻画一个大的图景，预测系统大的走向，但是不能严格判定系统中个别因素的状况。

[1] 同上文，第81页。

不明白这一点容易使人们刻板教条地使用科学成果，实际在具体的实践中，应该具体情况具体分析，这样处理的手段更具灵活性，产品设计尤其需要如此。

四、辩证逻辑四：设计安全的相对性

在现实中，个体的安全是相对的，没有绝对的安全。绝对安全的观念有点像对无限复杂世界的数学抽象——人们意识到它的存在，但也知道永远也无法绝对准确地表述它。产品安全也是如此，这迫使设计师采取一种适度安全的设计态度。以数学研究作比喻，这就像采取近似的数学方程，用有限的几个参数来表述无限的世界，数学家知道运用的参数越多就越接近，可是到底应该用多少参数才够呢？[①] 的确，就产品特性来看，安全只能是相对的，有这么几方面的因素：1. 人类自身掌握的科学技术的有限；2. 科学技术是相对真理；3. 产品的非理性功能；4. 人类实践离不开产品。对于第一点是不言自明的，人类的认知还远没有达到终极的地步。第二点是科学技术尚存在不足，对产品而言，一般的智能机器具有线性的、试错式的简单思维，这与人脑具有的复杂思维能力相距甚远。但是现在高速发展的人工智能技术已使机器具有深度学习的功能，以电脑下棋为例，一台全新的计算机经过一周的深度学习，就可以达到人类专业棋手的棋力。甚至像 AlphaGo 这样的计算机在与李世石、柯洁这些当今顶尖围棋高手的对弈中展现出超越人类的智能，让人类棋手毫无招架之力（图 5.20）。当然，目前这些智能机器还只是在一些特殊的领域显示出超越人类的能力，在一般的领域仍然按照人类的指令工作。现代的技术设计制造出来的机器在处理具体问题时，还是会犯教条式的错误，未能达到真正灵活处理的地步，这就存在安全隐患。第三点是人类的非理性会导致一些非理性技术的出现，人的认识局限会产生对技术后果预测的局限。克隆技术和基因技术让人类站在了自我毁

① Russell C. Lindsay. Design Safety: Reasonable Safety vs. Fool proof Design[M]. Cost Engineer44, 2002: 10.

图 5.20　卡斯帕罗夫与深蓝电脑对弈

灭的历史性边缘，已经有许多科学家提醒人类这些可能造成的恶果。例如通过基因技术将某些人改造成超人，剩下的人就只能保持凡人身份，实际上必然沦为超人的奴隶，人类社会似乎有倒退回奴隶社会的嫌疑。还有克隆人可能带来的伦理问题。但是，由于多种因素的影响，人们还是以科学的名义进行着研究。第四点是尽管产品存在着诸多的不足，也有可能隐含着安全的隐患，人类的实践活动仍然无法离开产品的帮助，人们已经无法想象失去了产品后的生活会是怎样，或者说人离开了产品就不成其为人。

后现代哲学认为事物没有绝对的属性，事物成为事物的质的规定性是短暂的，事物只是过程当中的一个现象，因此产品的安全也是相对的。决定事物性质的量总是存在于两种质的规定性的中间，比如长度与距离是起点与终点的对立，生命是生与死的对立。同理，安全也存在于理想的绝对安全与事故的对立之中，处于特定时空中。因此，安全既是一个过程，也有质的规定性。

产品安全的相对性是在哲学层面的定性，并不妨碍产品在实际运用中的可靠性和稳定性，只是在整个产品系统当中，设计师可以参考生物界的一种有趣现象。在生物界，每种生物在生态系的结构和功能中都有它自己的位置和作用，生物学称之为"生态位"。例如3种不同的小鸟生活在同一棵树上，它们总是在树的不同部位活动和觅食，有的在树顶，有的在中间，有的在下部或树洞中，并且吃的虫子也不完全一样。这就是很典型的"生态位"现象，它促使人们考虑产品系统在整个人类生活中的作用和位置，应该说，就全部人工的产品来讲，也需要发展类似这样的"产品生态位"。各类产品各司其职、各尽其职，在安全上互为补充，一种产品在某些安全方面有缺陷，另一些产品可以填补。这既有助于人类的实践，又尽可能地减轻对生态环境的影响，可以说，这就是理想的产品生态安全的状态。当然，自然界有一套自己的选择规律，万亿年的时间得以形成这样和谐的状态，人类在形成自己的产品生态系统时，其最终的形成势必需要一个漫长的过程，但这明显是人类社会应该合作努力的方向。

第六章 设计的历史规律与未来理想的逻辑

为了客观地把握人类安全哲学和产品设计安全的发展，本章先从发生学的角度，历史地考察人类已经走过的历程中产品设计的安全规律，然后在此基础上展望人类今后的发展，并在两个层面上提出产品设计中应该考虑的安全原则。主要分为两部分：前两节总结、归纳出两个人类社会已经历的产品设计安全规律，先是被动地接受自然赐予的安全，后是努力运用理性去控制安全，但是都不太成功。后两节提出今后产品安全设计应遵循的两个安全大原则：人类近期的产品设计安全大原则是人与物的协调，这是从人类的高度来谈的，先从艺术设计的角度分析产品设计的理性安全和感性安全，分别提出相应的原则，然后指出了产品安全的三对关系，进一步提出宏观的原则；人类远期的产品设计安全大原则是达到和谐的境地，这是从超越人类的高度来看的，具体有五条宏观的原则。从历史来看，人类发展是与科技进步同步的，人类的安全要求也是与安全科技进步同步发展的。

关于安全科技进步与人类自护能力提高的阶段示意如图 6.1 所示，从这张图可以清楚地看到，随着人类对于世界现象认识的加深以及对于科学技术的进一步掌握，人类对于安全的参与程度也更加深入。从人与自然的历史发展来看，最早是自然对人的统治；近现代自然下降为有用物，人试图统治之；但是人类已认识到了这种关系的弊端，因此近期的安全目标应该是达到人与自然的协调，和平共处，相互适合，人类获得舒适的状态，这是靠技术与产品可能解决的；

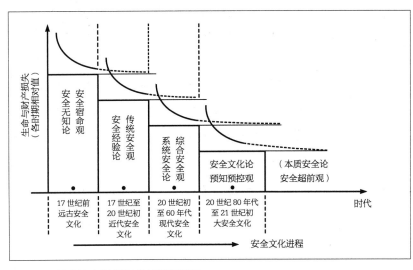

图 6.1　安全科技进步与人类自护能力提高的阶段示意图

远期的安全目标应该是达到人与自然的和谐统一，这需要人类社会的一切领域的进步，包括教育管理、社会观念、政府职能、科学技术、艺术宗教等。同样，人与人的关系也经历着相似的发展历程，最初人与人之间是狭隘的依赖关系；后来商品社会发展，人的社会关系更广了，表面上人与人的相互依赖性减弱了，但是被异化；因此近期的目标应该是技术与产品要用于改善这种人与人的异化关系，新的工具建立新的关系，产品可以帮助人们更平等、更自由，更脱离那种异化的依赖；远期的目标应该是产品可以帮助每个个体得到全面的发展，并且与他人可以在自由平等的意愿上和谐相处。应当说，人类社会要达到远期目标还有一段相当长的路程，但是近期目标是完全可能而且必要的，它将作为实现远期目标的基础和铺垫。

第一节　天赐的设计逻辑——被动地接受

一、人类早期的设计观念

徐德蜀等学者把安全哲学分为 4 个阶段，其特征如表 6.1 所示。

安全哲学发展的四个阶段及其特征　　　　　　表 6.1

阶段	时代	技术特征	认识论	方法论
1	工业革命前	农牧业及手工业	听天由命	无能为力
2	17 世纪至 20 世纪初	蒸汽机时代	局部安全	事后型（亡羊补牢）
3	20 世纪初至 20 世纪 50 年代	电气化时代	系统安全	综合对策（系统工程）
4	20 世纪 50 年代以来	宇航技术与核能	安全系统	预防型（本质安全化）

（徐德蜀等. 安全文化通论［M］. 北京：化学工业出版社，2004：70. ）

其中前两种属于被动地接受安全，即人类较少地依靠自己的力量来保证安全，而是更多地依靠大自然赐予的安全，也就是俗话说的"靠天吃饭"。杭间、吕品田认为："在科学思想蔚然成风之前的漫长岁月里，朴素的生存本体论构成人类看待万物的立场或宇宙观的基础，世界的目的就是以它人性的、生命化的、充满诗意的架构支撑和庇护人类生活。"[1] 但是，时常出现的天灾仍然使前工业时期的人类"对于事故与灾害只能听天由命，无能为力。认为人类的命运是老天的安排，神灵鬼怪掌握着人类的生死大权"[2]。人们只能无所作为地面对意外的伤亡事故，并自我安慰地解释为神灵的发怒，因此这时期人类面对不安全的

① 杭间，吕品田. 艺术：科学【神性】的提示者［J］. 装饰，1999，1，23。

② 徐德蜀等. 安全文化通论［M］. 北京：化学工业出版社，2004，70。

① 马克思恩格斯全集 [M]．人民出版社，1979：35．

因素是逆来顺受的，在很多情况下，人们无法依靠自己的力量来保障安全，所以说是"天赐安全"的时代，属于靠天吃饭，典型的试错阶段。由于没有多少实践经验，人类的群体知识还处于摸索积累的时期，人们只能靠个体的试错来实践。当一个产品生产出来后，实践表明它是安全的，那就是成功，皆大欢喜，可以推广；如果一个产品生产出来后，实践当中有事故，出了错，那就只好改进或放弃重来。比如前文所述的中世纪欧洲工匠建造哥特式教堂的钟塔时，由于不懂得结构计算，只能凭经验建造，常有垮塌的事件。工匠们只有总结失误，再重新建造，常常一个塔楼要建几十年甚至一百年。另外，早期的人类产品多是依靠天然的条件，像早期民居就是根据地形和气候条件形成地域性很强的住宅，比如陕北的窑洞、新疆的民居属于生土建筑，充分利用了泥土的保温效应，达到冬暖夏凉的效果。第二个时期是农牧业社会和早期工业社会，是经验论时期，也是事后型的安全哲学，因此在本质上也属于被动地接受。这个时期，人类已经大量制造和使用工具，但由于能力有限、经验也不足，科学技术还处于很低的水平，无法做到有目的地预测和预防安全问题。一般还是事后来反思总结，也属于头痛医头、脚痛医脚的被动对策方式。但是这种安全的认识和处理方法比起前一阶段有了明显的进步，它以唯物主义的方法总结经验，为以后的预防打好了基础。

② 毛萍．[让大地成为大地]——论海德格尔的艺术拯救 [J]．湖南师范大学社会科学学报，2004，5：40．

早期人与人的关系直接根植于人与自然的关系，其关系的内涵相当狭隘，"人对自然的狭隘关系制约着他们之间的狭隘关系，而他们之间的狭隘关系又制约着他们对自然的狭隘关系"①。海德格尔在谈到现代技术的危机时，对比了传统技术的不同："在传统技术那里，人对自然虽亦进行技术解蔽，但同时它还保留了人对自然的其他解蔽方式，譬如宗教的、艺术的解蔽方式。……农民劳作时所具有的一种不同于技术理性的宗教信念把土地、植物和动物带入了另一种显现中，使土地、植物和动物在神灵的光圈中在场而出现，故是一种解蔽。……宗教解蔽使得技术解蔽不可能成为一种强求着的限定，而是一种补充和支持意义上的养育和照顾，从而也就保护了自然。"② 正是这样一种人与外在的安全哲学观念，诞生了中国古代的"天人合一"的生存状态，李约瑟就认为中国传统的科学技术观是一种有机统一的自然观，始终寻求一种人与自然的和谐，并将其视作一切人类关系的理想③。只不过古代人类是在技术能力偏弱的情况下被动地形成这样的安全观念，现代人类保留了人与外在的关系的多种

③ 李根蟠等．中国经济史上的天人关系 [M]．北京：中国农业出版社，2002：13—14．

可能性之后，人与万物都可以成为一种在其位的真正的存在。表现在农牧业当中，传统的饲养是一种用养育和照顾的措施去补充和支持畜禽类的生长过程，但是现代的饲养却把畜禽类当作一种"持存物"对待，它不是一种动物，一个生命，不再有自身性、独立性，只是服从于人们食用的需要，被强求进入一种非自然状态。

图 6.2　汉代龟座凤形灯

早期产品中有许多反映这种"畏天"的安全思想的设计，比如我国古代的建筑多为木构，十分忌火，害怕火灾，就常在建筑屋顶的正脊中间塑一个宝瓶，寓意"以水镇火"。这种心理安全需求往往转化为一种安全意识，我国宁波著名的藏书楼为了预防火灾，求得上天庇佑，甚至取名"天一阁"，"天一"出自"天一生水，地二生火，天三生木，地四生金，地六成水，天七成火，地八成木，天九成金，天五生土"（《尚书大传·五行传》），原本出处是远古人类观测天象而形成的"河图"。河图以十数合五方，其中"天一生水，地六成之"，故"天一"可以镇住火灾。图 6.2 所示为日照海曲汉墓出土的汉代龟座凤形灯，其上为凤凰鸟（朱雀）头顶灯盏的式样，下为龟形座，具有很深的文化内涵。朱雀在四象中主南方，南方为火，所以朱雀象征火。以朱雀做灯柱，头顶着燃烧火焰的灯盏，自然具有帮助灯火长明之意。龟（玄武）在四象中主北方，北方为水，所以龟象征着水。这种设计恰好反映了古人祈福于天的安全意识，以水镇住可能发生的火灾，因此，以龟做底座。

二、规律一：被动接受外在的逻辑

早期人类的安全一般是处于被动接受的状态，一方面是因为早期人类所掌握的科学技术还十分有限，人类无法按照自己的意愿去改变不利于自身生存的环境和条件，因此，大部分情况下，人类只能接受自然赋予的安全，就像动物一样，这种唯一保留的选择环境的权利体现了动物和人类的能动性。现在看来每种动物似乎天生地具有选择理想栖居地的本能，这里面应该有部分遗传的因素，也有后天经验的因素，"动物理想栖息地的最终判定标准是，栖居地内食物的丰富性，不受天敌的危害，及能高效地繁殖和养育后代"[①]。它们对环境会形成本能的反应，比如土拨鼠认为西北坡等同于严酷的冬天，乱石堆等同于凶恶的蛇，柳树或赤杨树丛等同于可怕的猫头鹰和隼。早期人类与动物在选择适应环境上

① 俞孔坚. 理想景观探源 [M]. 北京：商务印书馆，1998：66.

① (美) I·L·麦克哈格. 设计结合自然 [M]. 芮经纬译. 北京: 中国建筑工业出版社, 1992: 42.

② (德) 约阿希姆·拉德卡. 自然与权力: 世界环境史 [M]. 王国豫等译. 保定: 河北大学出版社, 2004: 42.

很相似，只是更精明、挑剔并且有一些忌讳。那时人类的知识所能给予人们的安全是微乎其微的，有时自然界产生灾害，人类也只有痛苦地咽下苦果，但是这种"被自然所左右，愤恨自然而产生"① 的心理也占据了人类的头脑。只是人类学会了等待，一旦他们掌握了科学技术，就要摆脱束缚，争取主动成为人类的主要诉求。而另一方面早期人类安全处于被动接受的状态指的是那时的人类会因为偶然性事件而获得安全，人们有时为了其他目的或是无目的进行的活动，却导致了一些预料之外的结果，这当然也是由于科学技术的落后产生的。比如说人类早期的农业是刀耕火种，指的是早期人类社会多采用火耕的技术来获取粮食。其实最早人类用火烧地并不是为了耕种，甚至根本就不知道这样的做法会有利于耕种。人们使用火最早是为了打猎，用火烧荒野，可以把藏身于野草当中的野生动物惊起，这样猎人们就好上去围捕。只是后来发现"经过焚烧的土地上生长起来的茂盛的新鲜绿色植物吸引了大量的野生动物。这就使得原本较困难的狩猎变得简单，同时也减少了其不确定性"② 。早期人类很快就发觉焚烧过的土地上的植被生长得特别好，这才尝试用火耕的方式肥沃土地以种植庄稼，印第安人直到 18 世纪末都在采用这种火耕的方法。可见当时人类安全的获得不是人类自己有意识去获取的，而是无意识被动得到的，也算被动地接受安全的另一种方式吧。这样的事例古代有许多，例如人类圈养家畜也是如此，早期人类有时俘获野生动物比较多时，一次无法吃完就会暂时将它养起来，以备今后食用，渐渐地动物就被驯化了，人类也就发展出畜牧业，极大地保证了自己的食品来源。

对于产品来说也是如此，传统产品一方面由于人类所掌握的技术尚不发达，都比较简单，这种简单既表现为功能的简单，即无法给予人们更多的主动安全；也表现为操作的简单，即人们极少因为使用产品而发生大的事故。另外，以往的产品多采用人力、畜力驱动，也就较少有污染问题。以洗衣机为例，1874 年美国人比尔·布莱克斯发明了第一台洗衣机——木制的手摇洗衣机，是在木筒里装上 6 块叶片，用手柄和齿轮传动使衣服被翻转洗涤。这种洗衣机很快被电动洗衣机取代，但是随着能源的紧张，人类又需要节约能源的产品，新华社新德里 2007 年 1 月 11 日电报道 1 名 18 岁的印度女孩发明了用脚踏驱动的洗衣机，一次最多可以洗涤 3 公斤衣物，用脚蹬上三四分钟就可以洗干净，既方便又省时，还节能兼锻炼身体。另一方面，由于古代人类的认知还极为有限，人的需求也比较简单，没有现代人类这么多的需要，因此传统产品所需具备的功能也就比较纯粹、单一，减少了因为产品引发的事故，此外，古代人类的安全需求相比较也少得多，因为古代人类所面临的外在的状况要比现在单纯得多，这也使得古代人类在一定程度上可以接受被动地安全。

荷兰学者舒尔曼将传统手工业技术称作古典技术，而将机器生产为特征的称作现代技术，他这样归纳两者的差异：

1. 古典技术产生于自然，受制于自然提供的物资和可能性，而现代技术掌握自然，环境被打上技术的烙印；2. 古典技术采用自然能够提供的材料，其造物形式也与自然赋予的形式相联系，而现代技术将纯自然的材料减至很少，形式上也尽量脱离自然赋予的形式；3. 古典技术多采用动物和人类的肌肉力量，现代技术采用间接的原子能、太阳能；4. 古典技术由人类使用的工具技能决定形式，现代技术中人的技术融入机器的技术装置中；5. 手工业时代，制造者多是消费者，现代设计师与使用者基本分开；6. 与古典技术相比，现代技术尽量在技术中除去人的因素，实现生产自动化[1]。

这种区分较全面地揭示了技术的变迁，但在另一方面也正是古代社会政治、经济、科技、文化的内容决定了古代产品的形制、特征、风格、功能，并让传统产品表现出以下安全特点：

1. 由于手工产品和早期工业产品产量很低，所以它的销售传播范围很小，这样就便于售后服务；2. 产品一般结构简单，这样它的可维修性好，部件更换也方便；3. 传统产品一般加工简便，使用者根据实际使用情况略为改动的可操作性很强；4. 传统产品一般多采用常见的天然材料，如木材、竹料、泥土等，少量使用的人工材料也很普遍，如金银铜铁，材料种类少，因此维修取材容易，而且废弃后一般都可回归自然；5. 大部分产品为人力、畜力、水力、风力等天然能源驱动，不耗费化石能源等污染大的人工能源。

这又使得传统产品相对于现代产品更能体现出一种人与物协调的安全状态，一种现代人所向往的适美境地。这不是因为古代人类的科学技术更高明，而是那

（荷）舒尔曼. 科技文明与人类未来 [M]. 北京：中国人民大学出版社，1995：11. 转引自李砚祖. 产品设计艺术 [M]. 北京：东方出版社，2005：38-39.

图 6.3　风力发电装置

时的人类需求较少所导致的。图 6.3 所示即现代风力发电装置，也是现代科技回归自然的一种体现。

第二节　人为的设计逻辑——理性的有限

一、依靠理性获取安全的观念

历史上，人类发展出理性，以理性获取和传授知识，以理性来对付困境获取安全，既是人之为人的必然，也是人类进一步发展的动力。应该说人类发展到今天，理性的思维功不可没，在理性基础上诞生的科学技术，不仅表现在生产功能上，还表现在社会管理功能上，这两方面理性的力量不但提高了人类的生产率，而且提高了人类的生存安全。

在生产功能上，理性的科学技术从工业革命以来对人类社会的推动力显而易见，早期蒸汽机的发明，解放了工人的重体力劳动，提高了生产效率，更使许多机器的诞生成为可能，接着纺织机、火车、汽车、电报、电话等发明更是极大地推动了人类社会的进步，从根本上改变了人类以往的生活。理性的科学技术还推进了现代科学管理的发展，从 20 世纪早期的"泰罗制"到福特的"流水线作业"一直到管理科学的兴起，现代系统论、控制论、信息论的诞生，博弈论、决策论的出现，都使得生产率空前地提高，人类社会的产品前所未有的丰富。毫不夸张地说，工业革命之后的人类和工业革命之前的人类生活在两个世界里，只是这后一个新世界也不是乌托邦，还存在许多问题。

可以简单回顾一下人类依靠理性获取安全和自身发展的历程。古希腊是西方文明的摇篮，也是西方理性思维的摇篮，苏格拉底、亚里士多德、毕达哥拉斯等人都有着朴素的理性思想，而柏拉图更是认为只有科技工作者才配管理国家，从而发展出科技统治论。近代科学家、哲学家培根提出了"知识就是力量"的著名论断，他把知识当作人类一切力量的总成，在《新工具》一书中再三强调发挥科学技术作用的重要性，甚至认为科学技术能够把人类社会带到理想境界，也就是科学技术能够消除人类社会的不平等现象，能代替社会革命，消除社会矛盾，总之成为无所不能的工具。在他之后，圣西门的乌托邦式科技统治论也强调科学家和实业家对社会的决定性作用，与前两者的思想相比，他的科技统治论思辨的成分减少，合理的成分日益增多。近代，科学界普遍认为大自然是一个简单的、线性的、秩序的合理可控系统，近代的标志性产品——钟是最好的体现，那时的人们认为大自然就像钟一样准确地、规律地运转着，当然可以理性地认识它。19世纪末20世纪初美国经济学家、社会学家索尔斯坦·凡勃伦（Thorstein Veblen，1857～1929年）提出了一个重要的概念"技术本能"，也"就是创造人类生活有用的财富的本能，这种本能既是人的创造活动，也是人类改进生产工具，更充分地利用自然资源的原因"[①]。他看到了资本主义社会商业与工业的矛盾，资本既能促进技术的发展也能阻碍技术的进步，进而认为资本所有者已经成为工业体系的外行，因而丧失了部分控制权，因此，社会的发展应该依靠独立的科技专家，而不是依赖于商业的技术人员，这样就可以拯救人类社会。这当然有些理想化，一个明显的问题是，科技专家如何独立才能不在可能的情况下又成为资本家，资本家如果因为商业利润而不公正，谁又能保证科技专家不会因为个人利益而失去公正呢？所以即使是像凡勃伦这样看到了商业科技和理性异化的问题的专家，还是会陷于过分夸大科学技术对人类社会的决定性作用的泥潭。

的确，在如今这个科技昌明的年代，人们会不自觉地被科学技术所表现出的强大的力量所迷惑，而将科学技术视作人类社会的救世主，一切的问题都寄希望于科学技术来解决，这种思维就是"科技万能论"，其基本的信念是"所有的实在都在自然秩序之内，运用科学方法、技术手段不仅可以解决物理的、化学的、生物的问题，而且可以解决社会的、心理的乃至价值层面的诸多问题"[②]。现实的人类科技成就也确实让人叹服于科技的力量，与古代的人们相比，现代科技的成果已经让现代的人们享受到了前所未有的便利，汽车、火车、飞机等交通

① 李征坤等. 西方科技价值观的嬗变 [M]. 桂林：广西师范大学出版社，2004：38.

② 同上书，第44页。

工具完全实现了古人所梦想的"坐地日行三万里"，现代人类正以古人无法想象的速度在世界各地间穿梭流动。人与人的交流不但方式多样而且十分便捷，且不说电话可以将远隔重洋的人们连接起来，手机还让人们随时随地和世界任何地方的朋友通话。讯息的传递再也不必像古人那样飞马递书了，更不会烽火为号，电视、网络等传媒将地球变成了一个巨大的村落，人们在家里就可以明了天下事。即使是飞天这个人类自古以来最大的梦想，现代的科技手段也帮助人们实现了，俄罗斯、美国、中国都具备载人航天的技术，人类也雄心勃勃地一再策划登月，造访广寒宫。从 19 世纪到 21 世纪以来，科技界确实给人类带来了太多的惊喜，煤、石油等化石能源的使用到利用水力、风力发电，直至核能的开发，氢能源等清洁能源的利用，使得地球上绝大多数的人使用上了电灯、冰箱、洗衣机、空调等生活电器，极大地改善了人类的生活质量。这些科技对人类发展的贡献是史无前例的，不能抹杀的，研究产品设计的安全原则也就是为了能够让科技更好地为人类服务。但是，不可否认的是，有很大一部分人在这种强大的科技力量下迷失了自我，他们无意识地抛弃了人这个人类社会最关键、最活跃的因素，而把自身毫无保留地交给了科技，这并不是真正地面对真理的态度，他们像对待宗教一样对科技顶礼膜拜起来，甚至容不得人们对科技发展的半点反思，他们觉得科技理性现在就可以解决一切问题，并且任何人类社会的问题都应该采用科技的办法来解决，哪怕是社会领域的问题，这种把对科技的认识上升到信仰的高度的做法可以称之为"唯科学主义"。唯科学主义孤立地强调科学技术的独立性、自主性，没有看到科学技术也是人类历史发展的产物，没有看到科技的中性会导致正反两方面的效应，科技作为工具会受到社会各种因素影响，它不能单独决定人类社会的发展，真正决定这个发展的是人。

现代技术与以往技术不同之处就在于它是一种"强求"和"限定"的解蔽或展现，海德格尔称之为"促逼"（Herausfordem）和"摆置"（Stellen）。它把人、自然、物都定位为技术生产体系中的一个物质性存在、功能性存在，于是人的实践活动所涉及之物都偏离了其原本所在的位置，而被强制于一个技术与产品需要的位置，这种违背物的本性的强求和限定必然会给人－产品－外在系统带来不稳定的因素，也就是说，人采用技术的本意是：利用自身掌握的手段使得外在具有更有利于人的稳定，只是到目前为止，人类在这方面做得并不理想，技术与产品在人的实践活动中给系统带来的更多是一种扰动，成为一个干扰源。

图 6.4　美国卡特里娜飓风以及洪水造成的灾难

现实中有太多的实例表明了这一点，气候的全球变暖、厄尔尼诺现象、拉尼娜现象、频发的飓风和洪水（图 6.4）、环境的破坏、土壤、水源被严重污染，都跟人类活动有关。现代的工业化农业有些走上了歧途，家禽、家畜圈养在狭窄的笼子里，给猪吃瘦肉精多长精肉，给鸡吃激素以便多产蛋，这些人为的拔苗助长的技术严重违背了自然界的生长规律，科学主义的盲目崇拜有走向极端的危险。

马克思也认为在近现代工业的资本主义制度下，"人对自然的改造和利用也达到了前所未有的程度：'与这个社会阶段相比，以前的一切社会阶段都只表现为人类的地方性发展和对自然的崇拜。只有在资本主义制度下，自然界才不过是人的对象，不过是有用物。'当自然从被崇拜、被神化的对象降低为'有用物'之后，人对自然的关系也被倒转过来，人由自然界的奴隶变成自然界的'主人'、主宰，与这一变化同步的是，人与自然相对抗。"[1] 人从此脱离了狭隘的人际关系，自我借助于科学的至高无上而兴起，但是抛弃了原始等级社会的个体很快又被技术与经济等级化，人只是从对他人的狭隘依赖转换成对物的依赖，这时期的自我正是建立在这个基础上的，安全也就建立在这个基础之上。

二、规律二：人类理性是有限的

在人类历史上，对人类日益沉迷于理性发出振聋发聩的喊声的是一位数学家，哥德尔（Kurt Godel）的"不完备性定理"首次用理性的方法证明了理性的相对性，理性完全是人类自己的游戏，它可以帮助人们完成许多事，但它并不是"诸事的原形"。"哥德尔表明，在一个比算法公理还丰富的公理系统内，总存在看似很合理，却无法在系统内给予证明的叙述。而且哥德尔还表明，我们总可

① 李万吉. 自然界的人化和人的自然化解析 [J]. 山东师范大学学报（社会科学版）, 1999, 3: 57.

①（美）斯图亚特·考夫曼. 科学新领域的探索 [M]. 池丽平等译. 长沙：湖南科学技术出版社，2004：171.

以扩充公理，根据这些扩充的公理，那些看似合理却又不可证明的叙述存在于形式系统中是完全可能的。另一方面，他也表明，这些新的扩充的公理化系统，其自身也是看似合理却又不可证明的叙述。"①

在 20 世纪 70 年代，赫伯特·西蒙（Herbert Simon）引入了"追求满意"（Satisficing）与"有限理性"（Bounded Rationality）的概念。西蒙的"有限理性"是指现实生活中的人是处于完全理性和非理性之间的状态。确实，现实生活当中人并不都是理性的，并且很多时候人其实是非理性的，人在认知外在、判断事物的时候都有主观性的成分，D·H·威尔金森（D.H.Wilkinson）阐述了人认识自然界存在的局限具有 4 个层次："先是'无关宏旨'的环境规模与生年之有限；接着是较根本的一个局限，涉及了未知的力、未知的物类、未知的自然规律；再接下去是更加根本的一个局限，涉及了我们必须赖以表述知识与理解的那种语言的最终匮乏。第四种也是最深层的一种局限，这关乎我们的本性：这不是规模上的局限，而是涉及了我们愿意采纳以求达致理解的那些条件。……它表达了人在面对自然界时的思想倾向，代表了人们对自然界的结构和运行操作的偏见。……人在一个更深刻的意义上也是保守的动物：他的本性只容许他接受特定种类的对自然界的描述，其他描述不是因为不相关而被斥诸门外，而是根本不被考虑，根本不出现于人的思维中。"② 的确是这样，任何一种生物都生活在自己的世界中，并且通常它们永远都意识不到这一点，人类能够看到自己的局限已经是很大的进步，但要谈及跳出偏见与定势的框框又谈何容易。很典型的一种人类的日常思维就是相似原则：1. 认为相似的条件和环境产生相似的结果。在目前人们的认识阶段，比较已有经验、套用已有经验还是最主要的方法，也是人们日常生活中遵循的主要原则。2. 认为一定条件下，事物包含的相似功能越多，其作用就越大，应用就越广。这是指具有多功能的产品适用范围比单一功能的产品要广。

②（美）亨利·哈里斯. 科学与人 [M]. 商梓书等译. 北京：商务印书馆，1994：147.

理性作为人类的文化方式是以人类掌握世界的独特方式存在的，而理性作为主体的能力不仅是以真理的形式表现出来，同时还以谬误的形式表现出来。"作为一种态度，理性是客观的……超私人性往往是理性表现出来的最直接的规定。作为一种方法，理性又是逻辑的，即以归纳和演绎及其关系为其基本的思维方式。"科学是人类理性的人文形式之一，它体现着理性的基本规定。瓦托夫斯基曾概括了科学思维的 3 个特点："一是科学思维作为对事实关系的一种抽象，它体现着一种内在的普遍有效性；二是科学思维是对象结构逻辑化的结果，带有符号的特点；三是科学思维是能够而且应当诉诸于实证检验的。"但是，理性又具有非自足性，体现为两个方面：一是理性无法给自己提供理性的预设。这使得所有科学理论需要建立在一个先验的预设上；二是理性具有价值中立性。实际上理性与价值体现着"是"与"应当"的分野，但是休谟早就指出从"是"无法推出"应当"，因此理性存在着异化的可能。当今的技术崇拜和技术泛化使人变成了技术操作的对象就是理性异化的一个表现[①]。

人的认知的非理性首先来源于人知觉的非理性，不存在标准的知觉特性，不存在唯一的知觉标准参数，不存在对信息知觉理解的唯一标准。个体的知觉受诸多因素影响，这提醒设计师不能过度依赖人机工程学书本的知觉知识，不能教条化，具体产品还是需要做具体的调查研究。知觉会产生错觉（图 6.5）已为很多研究所证实，而且人知觉功能有一定生理和心理特性和限度，不可能很长时间专心注意一件事。这又提醒设计师，人作为产品的使用者来说也许并不是那样完美的，人具有先天的局限性，设计师在设计产品时只能迁就于人的这些特性，安全性才会有保证[②]。

人为的安全的局限性还表现为科学家、设计师和技术人员的个人心理的功利局限性，这种个体心理难以超功利的因素也决定了人类的实践活动是有限理性的。设计师也是普通人，他的需要会导致产品偏离理性的轨道，即便是不求功利的设计师还可能有对于美、对称，也许还包括对于简洁、完满、秩序等的冲动，这类审美的需要有时同样会推动产品偏离理性的航道。此外，现代的科学、技术变得越来越不那么纯粹，政府的干预、企业的资助等诸多因素干扰和影响着它们的进程与方向。"任何人类的需要都可以成为涉足科学，从事或者深入研究科学的原始动机。科学研究，也可以作为一种谋生手段、一种取得威望的源泉、一种自我表达的方式，或者任何神经病需要的满足。"[③]

理性的有限还与现代的科学技术中过于强调方法有关，即方法中心论。方法以其较为严谨的方式，束缚了多种的可能性。持方法中心论的科学家往往不由自主地使自己的问题适合于自己的技术，这就导致方法的局限成为产品的局限。

① 鲁鹏等. 历史之谜求解——人类生存的十对矛盾 [M]. 南宁：广西人民出版社，1996：137-139，154-155.

② 李乐山. 人机界面设计 [M]. 北京：科学出版社，2004：53-54.

③（美）A·H·马斯洛. 动机与人格 [M]. 许金声等译. 北京：华夏出版社，1987：1-3.

图 6.5　令人眼产生视错觉的画

人们倾向于做人们知道如何做的事，而不是做那些人们应该做的事。这种处理问题的潜在方式也决定了人类面对问题时理性是有限的，技术与技术人员的局限性也导致人为提供的安全的可靠性有待进一步提高。"方法中心论的另一个强烈倾向是将科学分成等级。这样做非常有害。在这个等级中，物理学被认为比生物更科学，生物学又比心理学更科学，心理学则又比社会学更科学……方法中心论往往过于刻板地划分科学的各个部门，在它们之间筑起高墙，使它们分属彼此分离的疆域。"① 这里，马斯洛以前瞻性的眼光指出了现有科学技术的缺陷，并且提出了解决问题的可能途径。这种从人类的全部活动中来关注人类安全问题的整体系统的方法，正是应该提倡和赞同的，具体的内容见本章第三节、第四节。

法国哲学家拉康发展出"镜像理论"来反驳笛卡儿的绝对理性，他认为主体能否自主是值得商榷的。笛卡儿以"我思故我在"的名言表达他对人类能够拥有自主的主体的确信，认为人类的所有知识都可以建立在统一自主的主体这个牢固的基础之上。拉康则暗示出他对于主体自主性缺乏信心，在他看来自我是由在一种外在环境中无法被自身掌控的外部力量所决定，自我已经永久地被限定在与自己异化的境地。进而拉康认为人类知识存在先天的缺陷，"知识系统试图寻找并得到某种终极的一致而不是与此相反的，实际生活中存在的破裂和崩溃。正是这种统一、和谐一致的理想、希望和期待强烈地吸引了人类的注意和努力"② 。拉康的这种观点有些极端，但是对于沉湎于知识体系的人们却是一剂猛药，振聋发聩。他的"镜像理论"表明笛卡儿所说的主体并不能自由地决定自己的生活，他会受制于主体无法控制的力量。

现代技术最大的问题就在于，把理性作为人类通向自由王国的阶梯，而忽略了人类理性的本质的有限性。这样的产品实例不胜枚举，许多产品最初设计的功能都是从满足人类的某种需求出发的，可是最后的结果却总是带着些许遗憾，其中主要存在着不安全的因素。譬如飞机是人类发明用于快速远距离旅行的，却没想到它也成为战斗的武器，甚至民用飞机都被恐怖分子利用成为攻击性工具。再比如刀具很早就有，是人类用于日常切削的工具，十分普遍，但同样在人类早期，刀也成为人类相互杀戮的工具，至今还是这样。这

① （美）A·H·马斯洛. 动机与人格 [M]. 许金声等译. 北京：华夏出版社，1987：17－18.

② 刘文. 异化、误认与侵略性：拉康论自我的本质 [J]. 求索，2004，12：134.

说明技术理性目前是无法做到绝对存益的，它带有明显的工具性，这也就导致产品只能是服从于某些人的目的，服从于某种目的，而对于另一些人可能就有安全隐患。"现代性知识观认为，知识无限增长（也能无限增长）就是人类社会希望与进步的无限增长，根本看不到这种知识观的局限性，也就是它的乌托邦性。"韦伯就认为"现代性所理解的知识是工具性的知识，是对世界的度量、控制、驯服、奴役的手段。"①王岳川也认为，"工具性的理性，只服从必然而排斥自由，理性注定了必须服从逻辑，服从共同的法则，这样才不会失去工具性和明晰性、真实性。究其而言，理性不对任何事情做判断，它也不能对任何幸福加以承诺，它与自由是格格不入的。"②尼采则认为逻辑也不过是人类开发的一样工具，并不是先验的、自明的真理。也没有绝对的可靠性和权威性。由于逻辑起源于非逻辑，理性也就起源于非理性。费耶阿本德也反对理性方法的普适性、唯一性，"任何一种方法都有其自身的局限性，因而不是万能的"，应该告别理性，"理性是有局限性的，不是万能的，不具有唯一至上的优越性"③。费耶阿本德的有限理性论指出了理性的三大缺陷：1. 排他性。一种理论被认可之后，其他相左的知识全被斥为非理性；2. 规则的教条性。理性的规则比较死板，很多前提条件决定了它是有限的；3. 普遍的齐一化。理性只有以标准化来对待多样的事物，这导致很多的问题④。利奥塔指出，"人们并非天然地作为先验的主体而当然存在，主体的地位和意义是由某种特定文化语境和生存背景塑造、打磨出来的，或者说是无法自制的理性虚构出来的，因而并不能当然地作为知识。"⑤卡尔·波普尔认为："相信历史有固定的命运，是一种纯粹的迷信。"而且，他还补充说，就算真有命运，那也是不可知的。"不可能以科学或其他任何理性的方式，预测人类历史的方向。"⑥人类的历史也表明，工具理性不可能在全人类达到唯一性，盲从理性是很危险的，有时会带来巨大的灾难，由于不同的种群、不同的个体会存在不同的工具理性，或是不同层次的工具理性，只要理性的工具性一日还存在，人类理性就永远是有限的，对待理性人们就需要有一个审慎的态度。

① 付文忠. 现代性与后现代性关系问题 [J]. 雁北师范学院学报，1999，4：3.

② 王岳川. 后现代主义文化研究 [M]. 北京：北京大学出版社，1992：151.

③ 陈嘉明. 现代性的虚无主义 [J]. 南京大学学报（社会科学版），2006，3：123.

④ 王书明. 后现代语境中的费耶阿本德哲学 [J]. 大连大学学报，2004，1：41-42.

⑤ 陈治国. 重写现代性：利奥塔后现代知识理论的一个转折 [J]. 中共济南市委党校学报，2002，3：91.

⑥〔美〕罗伯特·赖特. 非零年代——人类命运的逻辑 [M]. 李淑珺译. 上海：上海人民出版社，2003：217.

① 吴萍.「人是理性的动物」辨析 [J]. 福建师范大学学报（社会科学版）, 2000, 3: 24-25.

② 金观涛. 系统的哲学 [M]. 北京: 新星出版社, 2005, 1: 167.

③（美）小约翰·科布, 大卫·格里芬. 过程神学: 一个引导性的说明 [M]. 曲跃厚译. 北京: 中央编译出版社, 1999, 4.

当然，人类也不能因为理性的局限就彻底抛弃理性，因噎废食是不可取的。相比较其他的物种，理性是人类独有的属性，不具有理性，人就不称其为人。可以说人是理性与非理性的统一体，一方面，人类没有理性将一事无成，他只有通过思维才能够获得自己的范畴和法则。另一方面，理性也不是纯粹的空洞和抽象，它是内在地包含着各种感性因素和非理性因素于自身之中的。正如伽达默尔所说的，人就是一个圆，是一个由语言与前语言或者理性与非理性组成的圆①。金观涛则认为，当今世界处于理性主义退潮的时期，但是人类不能抛弃理性。他呼吁到，"那种认为科学和理性方法有严重局限性的先入为主的信念，那种认为世界是分裂的，包括我们对世界的认识也许是分裂的心理，是值得我们深思的！我怀疑，对科学方法论信心的动摇是否表明一百多年来人类的科学和理性在自身丰硕成果面前产生的迷失之感，是否表明科学方法的异化，表明科学已经失去了正视自己成功的勇气！"②

第三节　适宜的设计逻辑——人与物的协调

一、过程的视角

作为技术外在物化的产品与人的关系是具有过程性的，"过程"的范畴在哲学界已有许多讨论。现代西方哲学有一个分支就被称为"过程哲学"，主要的两个代表人物是阿尔弗雷德·诺斯·怀特海（Alfred North Whitehead，1861~1947年）和查尔斯·哈茨霍恩（Charles Hartshorne，1897~2000年）。"过程哲学中的过程有两种含义：一种是通常意义上的过去、现在、未来的时间历程，即变化、生成、增长、衰亡的过程；另一种是过程哲学思想所赋予的新意，即正在发生着的动态共生活动，在这个共生本身的过程中，没有时间，又绝非静止。"③因此，过程哲学是具有普遍联系的生成观，普遍联系和过程是两个最重要的概念，分别是"有机体哲学"和"相对性原理"。怀特海在谈到"过程的原理"是这样的："一个现实实有是如何生成的，这决定了该现实实有是什么；因此……它的'存在'（Being）是由它的'生成'（Becoming）构成的'。……当一个现实实有根据自身行使作用时，它便在自我构成的过程中发挥若干作用，同时又不失去自身的同一性。它是自我创造的；而且在它的创造过程中，将自己的多样作用转变成一个一致的作用。于是'生成'便成了不一致转变为一致的过程。在具体的每一情况中，一旦达到这一点，'生成'便终止了"①。在他眼中，过程并不是周而复始的圆圈运动，而是螺旋式上升的演进。他坚持在本体论意义上，过程就是实在，实在就是过程，系统的根本特征就是活动，活动表现为过程，即从状态到状态的生长，从整合到再整合的过程。怀特海认为宇宙"是一种面向新颖性的创造性进展"，而笔者也认为设计就是人类参与创造性进展的实践方式，那么由产品设计所带来的安全问题也就必然地处于这个过程当中。而对于人类认知结果的检验，怀特海提出"恰当的检验不是最终的检验，而是过程的检验。"因此，关于产品安全的检验也应该是在过程中检验的。

路易丝·麦克尼对福柯思想的分析很有意思，她认为福柯强调非连续性和断裂是强调历史发展的深层连续性的一种极端方式。"一方面，认识论断裂的范畴如何使福柯能够在一种历时态的层面上，在对一种知识型转变成另一种知识型的描述中揭示了连续性。另一方面，在共时态的层面上，在任何既定时刻存在于各种不同形式语言之间的先验的形式的类似——'同时发生的功能'之中，非连续性的观念也揭示了连续性。"② 实际上，福柯并不是认为过程是断裂的，而是对理性的历史预定论很反感，他以极端的断裂的陈说传递给读者，其实过程是无主体的、分散的、充斥偶然性的、多样化的连续。

利奥塔认为，技术就是科学游戏，"而游戏规则本身并不能得到证明——它是专家在游戏过程中达成的暂时性共识"③，也就是技术与科学都是处在过程中不断发展的。这种过程性也导致了后现代理论对于知识与人类社会的相对性理解。

谈到过程，还不能回避的一个概念就是"时间"，因为人们一般是以时间来衡量过程的。只是时间的量度并不绝对和唯一，时间是一种感觉，每种动物都应该有自己的时间感觉，我们的时间就是人类的时间感觉，即使是人类的时间感觉早期与现在也不一样，它与空间和速度有关。对于客观的、绝对的时间的否定，是人类认识某种程度"去蔽"的重要一步，丝毫不妨碍对于存在过程性的肯定。

而对于系统内因素是多向联系的动态的过程，后现代哲学的许多学者有着类似的看法，德勒兹的差异哲学推崇创造、生成、流动的"游牧思想"，他的所谓横向的、"根状茎"的思维方式，实际上就是动态把握对象的思维方式。利奥塔

① (英) A·N·怀特海. 过程与实在 [M]. 周邦宪译. 贵阳: 贵州人民出版社, 2006: 31, 34.

② (英) 路易丝·麦克尼. 福柯 [M]. 贾湜译. 哈尔滨: 黑龙江人民出版社, 1999: 60.

③ 陈治国. 重写现代性: 利奥塔后现代知识理论的一个转折 [J]. 中共济南市委党校学报, 2002, 3: 92, 95.

① [习] 社会科学辑刊，2004，3：5

薛伟江. 后现代主义哲学思维方式的特征

② (美) J·E·戈登. 强韧材料的科学 [M]. 包

锦章译. 北京：科学出版社，1982：12-13

对知识合法性的考察，也是通过多种语言间的游戏，来说明知识实际上是生成性的获得过程。伽达默尔在其新解释学中，将理解的结构看作是解释者与被解释者相互作用，不断生成新视界的融合过程①。也许有人认为，这些哲学观念与产品设计有什么关系呢？这正是后现代哲学与以往哲学的不同，后现代的哲学思想更加关注生活，走向实际，所以罗蒂曾说，哲学不应该"大"写，而应该"小"写。当产品设计师关注这些当今较新的哲学思想时，他才能够把握住产品系统中的新规律，人们对于世界的新认识以及在实践活动中的新需要。

说安全是过程性的，是因为产品的安全是在历史进程中不断发展的，是历时性的。来看看安全刮须刀，许多年来，设计师们一直在为刀片的安装、固定和拆卸不断革新。后来有设计师想到可以在生产时就将刀片固定在塑料装置内，这样外包塑料的刀片整体成为可替换的产品，人们使用时将它安置在一个手柄上就可以了。的确在产品的安全设计中，有时安全过程的不断获得就是一个简化的过程。说安全是具有过程性的，还表明安全的动态平衡性，安全是在进程中的。以人为例，人能够站着，不是因为他是像其他物品那样木然无知地站在地上，而是依靠通过对人体肌肉所作的一系列微妙的、或许是不自觉的调节。人站着会感到疲劳，如果肌肉调节的过程因人的昏厥和死亡而中断，那么人就会骤然倒下②（图 6.6）。虽说一般的产品系统不像人那样依靠肌肉，但是所有系统组织都有类似的动态平衡，安全只能是过程性的，并在过程中产生。

图 6.6 体育运动鲜明地揭示出人体是如何把握身体的动态平衡的

过程是物质存在的一种基本状态，"整个自然界被证明是在永恒的流动和循环中运动着"（《自然辩证法》，第 16 页）。作为无限层次的自然界，都是处于演变过程中的。产品作为人为的第二自然，当然也是处于过程演变之中的。如今在产品设计中也存在过程设计的新观点，它以多元的选择途径和反馈-匹配式的交互，来完成一项交与的设计任务。它的基本原理是先存在具有一些功能的部件，然后根据功能部件之间相互寻找能共同完成某项任务的部件，并且根据相互组合的结构和功能反馈来决定是否组合在一起。实际上，这种设计方法反映了稳定的可建构性的原理，属于同时考虑过程和产品设计的概念框架。

二、适宜的隐性设计逻辑

"适宜"在产品中可以理解为合理、舒适，合理就是合乎客观规律，合乎审美情趣；舒适就是人身体的舒服，动作不疲劳，有愉悦的体验。运用以上过程哲学的视角，"适宜"可以看成是对于安全的过程理解，是一种隐性的安全状态。适宜与舒适是人们对于安全认可的日常表述，它指产品处于不安全→安全的过程状态，没有使用者所认为的适宜与舒适，产品实际上就没有达到安全的状态。文化哲学创始人维科从词源的角度分析了适当，认为 science（科学）与 scitum（适当）词源相同，意大利人优雅地把scitum 译作 ben inteso（充分理解）和 aggiustato（妥当调整），因为人类知识仅仅在于使事物以优美的比例相适配[①]。实际上，产品设计就是造物的艺术和技术。而"所谓造物艺术，就是在人与自然相适应而生存的过程中，利用自然的或人工的物质材料制成生活与生产必需器具时所形成的艺术创造"[②]。由此可见，人类很早就认为好的产品必然是经过艺术创造的适合的产品，而适合的产品又必然是以优美的比例适配的科学的产品。

适合的安全的一项重要内容就是产品的使用舒适。所谓舒适是指人在使用产品时，有称心如意的感觉。机器、工具等应满足人体尺寸、人的生理、心理、生物力学要求（如图 6.7 所示），不仅能减轻劳动者生理上和心理上的疲劳，而且有利于安全，甚至还能够使产品的使用者从悦耳、悦目升华为悦心、悦意、舒适、愉快，乃至享受[③]。因此，符合适合的安全的产品应该可以让人们享受设计，享受设计师给人们设计的适合的行为方式和实践方式，在通过产品的交流当中，使用者会与设计师产生共鸣，会对设计的精巧报以"会心的一笑"。对于产品设计而言，"审美的艺术于是出现在人们图谋自我拯救的方案之中。因为，艺术把握世界的方式，是一种基于生存本体论的、非对象性的综合思想方式，它维护并包容人的丰富性。感性的、直觉的、体验的以至富有浪漫创造性的因素，可以毫无障碍地融入世界构成的把握。因为，在可供选择的方案中，唯有审美的艺术不仅可以包容和肯定人类自由的灵性，而且还能赋予它们以现实的形式。"[④] 这就是为什么在讨论产品安全的问题时还必须讨论产品设计的艺术，或者说有必要在艺术设计的领域讨论产品设计的安全问题。

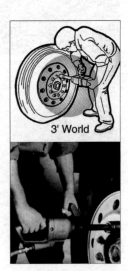

图 6.7 符合不同姿式的手柄设计

① （英）利昂·庞帕.维科著作选 [M]. 陆晓禾译. 北京：商务印书馆，1997：109—110.

② 许平.造物之门 [M]. 西安：陕西人民美术出版社，1998：567.

③ 李红杰等.安全人机工程学 [M]. 武汉：中国地质大学出版社，2006：204.

④ 杭间，吕品田.艺术·科学【神性】的提示者 [J]. 装饰，1999，1：24.

人类产品的适合的安全还需要依赖于人类采用适度的技术，这种观点可以说是起于著名经济学家 E·F·舒马赫（E. F. Schumacher）的"把人当回事的经济学"（Economics as though people mattered，又译小即是美），该学说强调在发展项目的选择中，劳动力的价值和尊严。适度技术的概念起源于对一个多样性社会，一个自给自足的繁荣家园和社区的憧憬，这种技术也许最后会导致人类群体社区的再度小型化，当然这已经是属于社会学的内容。"从最广泛的意义上说，适度技术更多指的是：我们选择和评价一种特定技术的使用方式的态度，而不是指特定的技术类型或技术层次。……人类所需要的并不是一股脑地抛弃先进技术，而需要一个根据生态原则筛选的技术发展，从而为人类社会和自然界的新的和谐做出贡献……有一个值得注意的，非常有潜力的综合技术，指的是复杂的技术革新和传统知识杂交的统一体。"[①] 这种新观念已经在指出一个方向，即既要警惕技术的滥用，又不能因噎废食，先进的技术本身并没有错，只是不能简单地拿来。人类现在迫切需要的是加强和发展一种选择的力量。选择之所以重要就在于它明确了未来的方向，可以说，选择技术就是选择安全，一旦人类选择采用某种技术，整个生活方式、社会组织方式都会围绕之产生一套新的模式，而安全或不安全也将随之产生。汽车就是一个生动的例子，假如说在发明汽车的初始，其动力原理采用了利用太阳能等天然环保能源，而不是汽油等化石能源，地球的环境可能就不是今天的样子，也不会面临今天的问题。这不是马后炮式的痴人说梦，学习一下汽车的发展史就知道完全具有这样的可能性。

适合的安全并不一味地强调产品的绝对安全，而是包含两方面的含义：1. 它是建构于人与物的协调的基础上，并不因为一方而去损害另一方；2. 它基于现实的可操作性决定了它只能是，也必须是产品的适度安全。一个一味想追求最好的产品，追求最安全、最可靠、最便利的产品的道路注定是曲折的，有时甚至就只是设计师的幻想。以下这个事例发人深省，19 世纪末，许多发明家都在为制造出一台代替印刷工人排字的机器而努力，1884 年奥特玛·默根萨拉（Ottmar Mergenthaler）研制出莱诺整行铸排机将人工排版速度提高 5 倍。而一位名叫詹姆士·佩奇（James Paige）的设计师早在 12 年前就已经取得了他发明的佩奇排字机的专利权，1882 年就制造出第一台实用的样机。立恩哈德这样叙述这件事情：

① （美）克里斯·亚伯：建筑与个性——对文化和技术变化的回应．张磊等译．北京：中国建筑工业出版社，2003：223-227．

佩奇在设计他的机器时犯了两个细微而愚蠢的错误。其一是他不断强制自己去改进机器。直到1887年，他才做好准备去获得他们所生产的机器的专利，而此时莱诺整行铸排机已经上市3年了。但佩奇始终坚信他的机器最好，因为他的排字机比莱诺整行铸排机要快60%，他怎么可能输呢……佩奇排字机就像是一匹桀骜不驯的赛马，而莱诺整行铸排机却好似任劳任怨的马匹。根据佩奇的设计，他的机器运作起来就像人一样，明显是模仿了人的动作，但是默根萨拉设计时却完全摒弃了人的动作，他认为机器可以用不同的方式运作，所以他的莱诺整行铸排机更简单、更便宜、更容易维护，而且不容易出故障。机器对偏差的限制也不是那么严格。再者，佩奇排字机远比莱诺整行铸排机复杂，它有1.8万个零件。从根本上来说，佩奇排字机是因价格昂贵而失去了市场。到1894年，佩奇排字机在竞争中被彻底淘汰。

幸存下来的一台佩奇排字机，目前存放在康涅狄格州的哈特福德的马克·吐温纪念馆里。这是一台美妙的机器，同时该机器提醒人们好的设计不仅仅在于其性能，还必须结实耐用，便于操作。实实在在的简洁是设计任何东西首先必须考虑的。这样，制造和设计成为优先权问题的重要组成部分，其重要性丝毫不亚于原始的构想本身。机器的灵魂存在于在细节的方方面面[①]。

设计符合"适合的安全"的产品，需要多层次的技术观念，就是在全社会、全人类的产品系统中建构多层次的技术结构，综合性地运用高新技术、中间技术（Intermediate Technology）、适宜技术（Appropriate Technology）、传统技术来解决不同层面的问题，并且形成有机协调的整体。不应该提倡开发出一种新技术就完全取代以往的所有技术，必须认识到所有的技术都有其适应的环境，多层次、多种类技术的存在有助于维护人类的总体安全。

适合的安全归根结底就是从产品本质出发的一种综合设计安全，这种随着时代和人类掌握的知识不断扩展内容的整体设计观念能够发现和观察到显性和隐性的安全问题，并能运用多学科的成果、手段创造性地解决问题，建立起处理复杂系统的整体与部分之间的关系的方法。同时，适合的安全又是过程的，是不断变化的，不同地域、人群、身份对同一产品的"适合"的认识是不一样的，有不同的要求。"从地球的概念来看，'合适'又有着超越国家和地

①（美）约翰·H·立恩哈德：智慧的动力[M]．刘晶等译．长沙：湖南科学技术出版社，2004：270．

察〞，2003〞，6〞：5〞。　①杭间，曹小鸥．设计的伦理学视野[J]．美术观

区的阐释，作为人类共有一个的生态圈，它要求设计从可持续发展的角度来向人提供合适的产品，任何无视资源浪费、环境污染、没有节制地使用物品，都应该被拒绝！"①

三、安全的显性设计逻辑

行文至此，关于产品的安全问题都是从技术与心理的角度阐述的，诚然，安全与技术密切相关，但也和人的心理感受联系密切，这就关系到产品设计的艺术化处理。当今的产品设计已经是技术与艺术相结合的学科，在艺术设计领域同样存在产品设计当中的安全问题，只是其范畴和内容与人们日常所理解的安全略有不同，或者说它所引发的安全问题不是十分明显，有时是隐性的，但这并不说明这类安全问题不重要。关于艺术设计领域的产品设计安全，尽管它也与前文所述的所有基于产品的结构、工艺、材料等层面的安全密不可分，但为了叙述的必要，仍在此节将其专门列出，以便更好地阐明观点。

③　同上书，第 161～167 页。　②诸葛铠．设计艺术学十讲[M]．济南：山东画报出版社，2006．158-159．

应该说，产品的艺术设计，就安全来说，主要指产品的可见、可触摸和可感受部分给使用者带来的心理感受，包括心理的抚慰、有趣、亲切、温暖感以及使用时的心理安全感，觉得放心、可靠，或者是消费时的心理认同感，认为可信、坚固等。具体地谈，包括产品的设计形态和材质、色彩感受。所谓设计形态，诸葛铠认为：首先它具有视觉要素的空间规定性，其次具有空间知觉的不确定性和多维度的空间感，最后还具有动态和稳态空间结构相对立的特征②。影响产品形状个性的空间特征包括边界轮廓线的特性，像直线的刚硬理性，曲线的柔美温润；还包括产品三维尺度的对比，是人们产生视觉重心的重要因素，很简明的事例是上大下小的形状令人感觉不稳；此外产品边缘的线脚处理也会形成形状的个性，如硬线脚让人感觉生硬，但又能清晰地表明结构，而软线脚过渡自然，产品的整体感很强③。产品的材质和色彩也会给人们带来不同的感受，具体见表 6.2、6.3、6.4。总之，艺术领域的产品安全归根结底是要给消费者或使用者以信赖感，让他们觉得这个产品是可依赖的、安全的，最终是达到给予用户心理安全的目的。

产品艺术设计的安全内容又可以从以下层面进行阐述：一、产品的外观形态，

包括对产品内部运动部件的包裹，对产品安全结构的艺术夸大和表现产品坚固性的艺术处理等，这类艺术设计的目的可称作给予用户理性的安全；二、产品的材料质感，包括产品材料艺术处理后给人的感受、材质的搭配和材质的触摸感等，这类艺术设计的目的可称作给予用户感性的安全。

色彩的视认度　　　　　　　　　　　　　　　　　表6.2

易于看到的配色			不易于看到的配色		
顺序	底色	图形色	顺序	底色	图形色
1	黑	黄	1	黄	白
2	黄	黑	2	白	黄
3	黑	白	3	红	绿
4	紫	黄	4	红	青
5	紫	白	5	黑	紫
6	青	白	6	紫	黑
7	绿	白	7	灰	绿
8	白	黑	8	红	紫
9	黄	绿	9	绿	红
10	黄	青	10	黑	青

(李当歧. 服装学概论［M］. 北京：高等教育出版社，1998：260.)

色彩令人产生的联想　　　　　　　　　　　　　　表6.3

色彩	抽象联想（概念）	具体联想（现象）
红	热情、活力、危险、革命	太阳、火、血、口红、苹果
橙	温情、阳气、疑惑、危险	橘子、橙、柿、胡萝卜
黄	希望、明朗、野心、猜疑	香蕉、菜花、向日葵
黄绿	休息、安慰、安逸、幼少	嫩叶、草、竹
绿	和平、安全、无力、平安	田园、草木、森林
青绿	深远、胎动、诽谤、妒心	海洋、深绿、宝石
青	沉静、理智、冷淡、警戒	天空、水、海
青紫	壮丽、清楚、孤独、固执	紫地丁、桔梗
紫	高贵、优婉、不安、病弱	菖蒲、葡萄
红紫	梦想、幻想、悲哀、恐怖	妖精、酒楼、乱肉
白	纯洁、明快、冷酷、不信	雪、棉、纸、白兔
灰	中性、谦逊、平凡、失意	老鼠、灰、云
黑	神秘、严肃、黑暗、失望	炭、夜、黑板、黑发

(李当歧. 服装学概论［M］. 北京：高等教育出版社，1998：261.)

柔温型质感	刚冷型质感
玉石	玻璃
象牙	釉瓷
无釉瓷	有色金属
大理石（白）	黑色金属
木材	花岗石
纸材	大理石（深色）
纺织品	塑料

（诸葛铠. 设计艺术学十讲［M］. 济南：山东画报出版社，2006：171.）

（一）产品外观形态带来的理性安全感受

1. 产品结构安全的艺术化设计

（1）对于产品外壳的艺术化处理，既达到包裹产品的运动部件，将危险隔离在人体可接触的范围之外，又给予用户以安全的信心。图6.8所示左图是意大利设计师马赛罗·尼佐利（Marcello Nizzoli）1957年设计的Mirella缝纫机，这个优秀的设计获得了金指南针奖，不仅是因为该设计外观具有雕塑般的美感，而且它也体现了一个产品理性安全的原则——将产品具有潜在危险的运动部件尽量地包裹起来，隔离在人体可接触的范围之外。中图是美国设计师艾略特·菲特·诺伊斯（Eliot Fette Noyes）1963年设计的IBM72型打字机，打字机以圆润简洁的外壳将打字机内部复杂的构件包裹起来，既使得键盘和操控键清晰明了，而且用户使用起来也十分放心。这些都是好的产品设计安全的实例，可右图所示的产品在安全上就不那么令人如意了，这是意大利设计师伊齐欧·皮拉利（Ezio Pirali）1953年设计的VE505台扇，皮拉利也是一位优秀的设计师，他的这个设计十分简洁，外部的金属框架也是这个产品的结构支撑，由于隔绝性太差，设计师采用了橡胶的扇叶。但是无论如何，用户第一眼看到这个产品除了觉得小巧可爱之外，没人会认为它是安全的，哪怕采用了橡胶的

图6.8
左：Mirella 缝纫机
中：IBM72 型打字机
右：VE505 台扇

扇叶，这还是一个安全上不成功的设计，以上产品设计的安全内容可以归纳出"包裹隔离"的原则。

（2）将产品的结构部件外置和放大，即通过艺术设计的手法将之夸大，可以达到令用户感到安全的目的。比如说如（图6.9）所示左图是阿根廷裔意大利设计师米格尔·加洛兹（Miguel Galluzzi）1993年设计的M900怪兽摩托车，这是他为意大利著名的摩托车生产厂商杜卡迪公司设计的产品，很快就以理性与审美的良好结合获得了用户和设计界的交口称赞。这个产品大胆地将运动部件外露并采用锃亮的金属外包将其夸张衬托出来，镀铬的钢梁十分显目地暴露在外，巨大的前后刹车碟也很抢眼，种种设计都传递给使用者以安全的信息，将产品的功效性和安全性、审美性和谐地统一起来，这样的产品的确是让人享受的。右图是日本GK设计集团1996年设计的雅马哈"皇室之星"摩托车，该产品采用了复古的太子款摩托车的外观，除渲染出怀旧的气息之外，在人体工学上十分合理，适于长途驾乘。在外观上，设计师也用艺术的处理手法突出了产品的安全性，除了也采用前后轮的大型刹车碟之外，V形布置的引擎和双排气管都以锃亮的镀铬处理加以夸张，前部黑色的粗壮护脚杠传递出专业的信息，给人以安全感。图6.10所示左图是意大利设计师恩佐·马瑞（Enzo Mari）

图6.9
左：M900怪兽摩托车
右：雅马哈"皇室之星"
摩托车

图6.10
左：Alta Pressione高压锅；
右：MN-01"狂想曲"
自行车

1998 年设计的 Alta Pressione 高压锅，这个全金属的高压锅却在锅盖处设计了一个造型大得有点夸张的橡胶手柄，这是密闭和开启锅盖的装置，设计师为了让用户感觉安全，将手柄设计得很夸张，既方便了握持，又增添了趣味感。右图是澳大利亚设计师马克·纽森（Marc Newson）1999 年设计的 MN–01 "狂想曲"自行车，车体采用超轻的铝合金一体成型，上下两根主梁结构清晰可见，前后轮加上刹车碟更增添安全感，正因为车体造型简洁，材料又轻，为了让用户具有安全的信心，设计师将产品的结构艺术化地明白表现出来，以显示其可靠性。以上产品设计的安全内容可以归纳出"安全构件的外置与夸大"的原则。

（3）结构坚固性的艺术处理也能传递给用户安全的信息。图 6.11 所示左图是意大利设计师哈里·贝尔托亚（Harry Bertoia）1952 年设计的 22 号钻石椅，产品以新颖前卫的造型成为经典的设计，但是其传递给用户的安全信息十分模糊，其靠背虽说以金属的材料表达出坚固性，但是纤细镂空的结构并不让人感觉安全。这是由于结构构件过于纤细的外观给人以不可靠感。中图的产品也存在类似的问题，这是瑞典设计师乔纳斯·伯林（Jonas Bohlin）1999 年设计的 Liv–Collectin 系列家具，产品造型表现出北欧设计的简洁美，但其关键的支撑构件过于纤细的造型却不能给人以可靠感，尽管在实际的使用当中产品的结构并不会出现失稳的问题，但其外观所传递出的造型信息却是不安全的。而右图则是在产品安全方面较为成功的设计，这个由芬兰设计师艾洛·阿尼奥（Eero Aarnio）1963 年设计的球椅，采用玻璃纤维和布料传递出温暖的感觉，特别是其半包裹的外观，用户坐在其中很有安全感、私密感，这些艺术设计的处理让用户对这个产品产生安全可靠的感受。以上产品设计的安全内容可以归纳出"结构坚固性的表现"的原则。

图 6.11
左：22 号钻石椅
中：Liv–Collectin 系列家具
右：球椅

2. 产品结构安全的工艺化设计

理性的安全表现在产品结构安全的工艺处理上，还可以遵循以下3个原则进行设计，这就不仅是艺术设计的范围了，应该说是艺术与技术相结合的产品设计安全处理方法。其实，功能与形式本来就是一个相对的范畴，"功能与形式密切相连。一个合理地表达了内在结构或适当地表现了功能的形式应当是一个美的形式，这就是中国古代所提倡的'美善相乐'的思想，合理的功能形式是一个好的善的形式，因而必然也是一个美的形式"[①]。

（1）产品设计中采取主动措施，通过新发明、新技术来消除可预见的危险，以保证使用者的安全，这种措施可以归纳为"改变"原则。

（2）在改变一下无法实现，或者尚未发现新技术时，可以把产品当中可能伤害使用者的部件包裹起来，以简单的隔离措施让使用者免遭伤害，这种措施可以归纳为"隔绝"原则。

（3）在以上措施采取之后，仍然存在安全隐患时，可以采取以产品的自我毁坏来换取使用者的安全，这种措施可以归纳为"消融"原则。

以上3种原则是产品安全设计的原则，在具体的产品设计中也有指导意义。下面的设计实例说明了其在具体设计当中的运用：

① 电扇的安全设计

电扇叶片会割伤手指，存在安全隐患，针对这个安全问题的设计可以运用以上的3种设计原则来考虑：首先，可以运用改变的原则，电扇叶片伤人是因为人的肢体可以触碰到电扇，所以台扇的安全隐患最大，采取让电扇远离使用者的措施，使其触碰不到，如改为吊扇或壁扇；其次，可以运用隔绝的原则，人的肢体可以触碰到电扇叶片是由于外罩的网眼太疏、太大，不能完全将使用者隔离在危险区域之外，于是增强隔离措施将外罩网眼加密，使用者的手指都无法进入，如图2.5所示；另外，还可以运用消融的原则，现在已经有电扇厂家以一种特殊的PVC塑料来制作叶片，这种材料的性能使得电扇叶片具有独特的安全特性，即使是人的手指触碰到叶片，也不会有伤害，因为这时叶片会变软，当然采取一旦有异物触碰到叶片就令其停止运转的方式也属于此类措施。

② 玩具的安全设计

玩具的小颗珠状物如娃娃的眼睛容易被小孩抠下来吞食，存在安全隐患，这个安全问题的设计也可以运用以上的3种设计原则来考虑：首先，可以运用改变

① 李砚祖. 产品设计艺术 [M]. 中国人民大学出版社, 2005: 385.

图 6.12
上：圆珠笔与墨水笔
下：笔尖局部放大

的原则，珠状物伤人是因为儿童容易吞食，自身又很尖硬，所以金属的和玻璃的珠状物安全隐患最大，改变珠状物的材料，使用柔软的布料替代或是其他的安全材料；其次，可以运用隔绝的原则，采取特殊的连接方式，令儿童的力气无法将珠状物从玩具上抠下来，也可以采用描画眼睛的方式，杜绝儿童的不安全行为；另外，还可以运用消融的原则，因为材料坚硬，儿童吞食后会对其身体有害，可以改成即使被儿童吞食也对其无害的材料，如采用吞食后可消化的材料，就像有的报纸阅读完后可以食用一样。

③圆珠笔的安全设计

圆珠笔的安全隐患是早期的圆珠笔常会渗油，污染使用者的衣物。因为早期的圆珠笔是没有笔芯的，其墨油就装在笔管里，笔头上镶嵌一颗钢珠，使用长久之后镶嵌钢珠的部位会摩擦出间隙，于是油就会渗出。其改进也是运用以上的设计原则来解决：一般是运用消融的原则，另外采用细的塑料管装油，成为可更换的笔芯，其装油量不大，在钢珠磨出间隙之前，墨油就使用完了，这种安全措施效果最好；有的设计师运用隔绝的原则，干脆给圆珠笔加上一个笔套，即使油渗出也不会渗到使用者的衣物上，但是这种措施效果不太好，因为渗油影响了书写；也有设计师运用改变的原则，认为出现间隙是因为钢珠的硬度不够，于是换用金等硬度高的材料，结果笔珠不会磨损了，但是嵌套还是会磨损，防渗效果不好。见图 6.12。

④自行车的安全设计

自行车的链条会在行驶时将骑乘者的裤腿卷入，存在安全隐患，也可以运用以上的设计原则来解决：首先，可以运用改变的原则，自行车链条伤人是因为链条和大齿轮离人的腿部太近，所以容易将飘扬的裤腿卷入，令骑车者摔倒，将大齿轮的位置改变，如有的自行车改为斜前方（图 6.13），但是效果不好，骑乘姿势也不舒适，现在有种自行车彻底改变了传动方式，采用齿轮杆件传动，不

图 6.13　左：风豹 T.I. 人力车（迈克·伯罗斯设计）；右：上海小伙朱啸松自制的斜躺自行车

存在齿轮，可以杜绝卷裤腿的安全隐患；其次，可以运用隔绝的原则，有一些自行车厂家就采用全包链的方法，让齿轮和外界隔离，效果非常好，但是又产生维修不易的难题，还有一个简便的隔离方式是使用者自己用橡皮筋把裤腿扎起来，虽说不太美观，但是很实用。

⑤高压锅的安全设计

高压锅使用时内部压力大，经常有旧的高压锅爆炸的消息，存在安全隐患，同样可以运用以上这些设计原则来解决：首先，运用隔绝的原则，加强高压锅壁材料的强度和厚度，或者是采取锅壁与锅底一次成型，扣件的强度加大等措施；其次，可以运用消融的原则，就是给高压锅安装一个气阀门，在高压锅内部压力过大时，通过气阀门放气减压，这是消融的方式来增强安全。其实从这个实例可以看出，隔绝的安全设计措施类似出现问题解决问题的方式，有些被动。而消融的安全设计措施则像大禹治水的方式，属于主动疏导。

⑥汽车的安全设计

汽车高速运动，存在安全隐患，设计师也采用了许多措施保证安全：运用隔绝的原则，比如安全气囊、安全带等措施；运用消融的原则，就是在应对正面碰撞的危险时，为了使驾驶室不变形或少变形，故意将发动机舱的钢板强度用得比驾驶室低一号，通过发动机舱的变形来抵消碰撞力，并且将发动机舱设计成向下沉入式，保证驾驶者的安全，这是以消融的方式来增强安全。

在实际的安全设计中很多地方都是运用这几种安全原则来解决问题的。比如对于用电安全，采用绝缘措施是运用隔绝的原则；采用短路跳闸的措施是运用了消融的原则。而公共场所的旋转门有时会夹住客人的手，现在都设计成触碰到异物自行会停下来，像许多汽车的电动升降车窗具有防手夹功能一样，实际上运用了消融的原则，钢化玻璃也运用了消融的原则，即使破碎后也不会产生尖锐的角，以免割伤人。

（4）不论何种产品设计都需要考虑绿色环保的问题，可以归纳为"环保"原则，产品运用无毒害的材料和清洁能源，在前文5.1节已有分析，不再冗述。而通过高科技手段改良原有功能的获取方式，从而达到节约资源的环保目的也应该成为产品安全设计的重要内容。比如现在普及的数码相机与传统机械相机相比就具有这种优势，使用数码相机无须购买胶卷，只需一次性购入存储卡，可以反复使用，节约了资源，减少了污染。数码相片可以在电脑屏幕上浏览或是直接在数码相机的屏幕上浏览，不一定要冲印出来，而传统相机拍摄的胶卷必须冲印才能完成其功能，这也使得数码相机相比较传统相机更加节约资源。

（5）产品的结构越简单，传动与控制的环节越少，产品的安全性越高，可以归纳为"简化"原则，第四章第一节等也有叙述，不多赘言。只是产品的简化原则还应该包括能够在不同的使用环境下，给使用者多种的选择余地，即提供多种的可能性，而不像目前的一般产品那样一种结构对应一种功能的形式。这样的简化原则下设计出来的产品因为其多向的使用选择性而具有"模糊"的功能意味，在实际使用当中，这种功能的模糊性反而增加了产品的容错性。容错性不仅是一般设计当中的安全余量，它还包括对于使用者尝试性动作的安全反馈。当然，这是一种较高水平的产品安全设计，应该成为设计师努力的方向。

（6）产品执行功能的备份系统越多，产品的安全性越高，其目的是提高产品使用的可靠性，可以归纳为"可靠"原则，如降落伞都有主伞和副伞，副伞就是备用伞；飞机的起落架都有两套操纵装置，一般使用液压装置，紧急时也可以用手动扳下起落架。可靠安全设计原则详见第三章第三节。

（7）产品自身作为小系统，与人、外在又构成大系统，其具有系统"涌现"的特性。这种涌现就像生物体的基因突变，是整个宇宙生命动态平衡的体现。就其本体来说，涌现并无好坏之分，但是当产品参与到系统中，与人及外在发生关系后，涌现的结果对于人就具有安全价值性，存在利害关系。不妨将产品有利于人及外在的涌现称作"正涌现"，将有害于人及外在的涌现称作"负涌现"。但是由于产品的涌现是不可预测的，因此不可能在产品设计时完全排除，只能在产品使用当中发现，然后在今后的相似产品设计当中加以改进，这可以归纳为"正涌现"原则。这在第四章第二节、第五章第三节等有相关论述。

（8）任何产品的使用都是人与产品之间发生的关系，对于人而言既包括生理上的动作，也包括心理上的感受和意识，作为产品安全设计当中应该考虑的产品给予使用者心理的安全影响，本文在3.4节有充分地论述，归纳为"激励"原则。这里的激励不只是狭义的内涵，而有着较为广义的外延，即一切满足和鼓励产品使用者心理正面感受的方式都应该属于"激励"的安全设计原则范畴之内，包括满足情感、自我可控、归属认同、保护隐私、正面鼓励等。

这些产品设计的具体安全原则在设计中可以单独使用，也可以综合考虑。

（二）产品材料质感带来的感性安全感受

1. 对于产品外部的材料进行艺术化设计，使其质感给人以温暖亲切的感受，这可以给予用户以安全的信心。图6.14所示左图是意大利设计师卡罗·巴特力（Carlo Bartoli）1992年设计的Tacta门把手，产品以圆润可爱的造型以及握手处的木质材料给人以亲切感，它似乎正以友好的姿态欢迎你的使用。木质握手和粗壮的金属结构件搭配既显示出优雅的造型，又富于趣味，产品的材质、造型等一切都传达出一种亲人性。右图是丹麦设计师克努德·霍尔舍（Kund Holscher）1972年设计的d-line门把手，其简洁、流线型的造型明确地传递出产品的功能，虽说金属的材质并不给人以亲切感，但却表现出结构的坚固性，传递的是可靠的信息。而图6.15所示左图是意大利巴特力设计组（Bartoli-Design）2000年设计的Sha沙发及软椅，在外轮廓的线条造型上，采用曲线与外突的弧线造型为主，所营造出的圆润造型给人以可爱、可亲近的感觉，烘托出生活的情趣。色调上，设计师采用了暖色系，以亮黄色和橙色系列为主，亮丽的暖色调突出了圆润的造型给人以温暖的感受。右图是英国皮尔森-劳埃德设计组（Pearson-Lloyd）2001年设计的Easy沙发，产品虽说以直线条为外观轮廓，但边角导圆的处理以及宽大厚实的形态让人一眼就产生信任感，两边

图6.14　左：Tacta门把手；右：d-line门把手

图6.15　左：Sha沙发及软椅；右：Easy沙发

图 6.16
上：伊西斯订书机
下：魔法兔牙签筒

立起的扶手形成环抱，使用户体会到被呵护的感觉，柔软的布面和暖黄色的色调又传递出舒适可靠的温暖感。人们对于曲线的轮廓和亮丽的色调的偏好和亲切感可能来自于与大自然的接触和观察。大自然可以说没有一条真正的直线，生物的特有形态仿佛在启示人类千百年进化的功用。现在此类居家的产品设计大多注意造型、材质、色调上给用户的第一感受，既让用户感觉温暖又让用户感觉亲切。以上产品设计的安全内容可以归纳出"温暖亲切"的原则。

2．对产品色调和造型上的趣味化艺术设计也会让用户感觉亲切、安全。这类的感性安全设计又包括趣味化处理、拟人化处理和仿生化处理。首先，设计中趣味化的艺术处理如图 6.16 所示，上图是英国设计师朱里安·布朗（Julian Brown）1999 年设计的伊西斯订书机，这个充满童趣的订书机采用半透明的塑料，色彩也很活泼，尤其是，订书机可以立在桌面上，看上去宛如一尊小小的图腾雕塑。它的雕塑感构件与功能构件很好地统一起来，这就更增添了产品的安全感。下图是意大利设计师斯蒂凡诺·乔凡诺尼（Stefano Giovannoni）1998 年设计的魔法兔牙签筒，牙签筒的上半部设计成兔子的模样，小兔的头部可以伸缩，弹出来时就带出一根牙签。产品靓丽温暖的色调，卡通化的造型都令人感到趣味横生。其次，设计中拟人化的艺术处理如图 6.17 所示，上图是意大利设计师亚历山大罗·蒙蒂尼（Alessandro Mendini）1994 年设计的安娜开瓶器，产品造型颇似一位穿裙装的女性，乍一看充满童趣，实则反映了设计师对产品人文感性的表达。产品以不同的高明度色彩形成系列，拟人化的造型隐喻着物的灵性。下图是丹麦设计师维纳尔·潘顿（Verner Panton）1960 年设计的潘顿椅，产品采用塑料一次模压成型，造型则利用制造的独特条件设计成这样的 S 形单体悬臂椅，其独特的造型不仅有雕塑感，而且因为其形态的拟人化令人倍感亲切，它就仿若一位穿着拖

图 6.17
上：安娜开瓶器
下：潘顿椅

图 6.18
左：水壶
中：DC02 吸尘器
右：马蹄莲花瓶

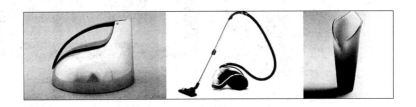

地曳尾长裙的淑女。此外，设计还可以采用仿生化的艺术处理，图 6.18 所示左图是法国设计师埃玛纽尔·迪特里希（Emmanuel Dietrich）1995 年设计的水壶，产品外观造型流畅，手把与壶体曲线呼应成为一体，但又以材质加以区分。在整体简洁的造型当中，产品又仿佛一只仰起头的羚羊，充满抽象雕塑的意味。中图是英国设计师詹姆斯·戴森（James Dyson）1995 年设计的 DC02 吸尘器，产品的造型就像一只伏在地上不知疲倦地辛勤劳作的小动物，当拖着它在居室中清洁卫生时，使用者会产生类似遛狗的感受，造型充满着仿生的灵性。右图是芬兰设计师佳尔·妮曼（Gunnel Nyman）1946 年设计的马蹄莲花瓶，这是个玻璃器具，整个产品造型就像一片卷起的花瓣，这正与其功能——插花相符。器具整体以绿色为主，从下至上渐次变浅，玻璃中还规则地留有许多小气泡，很容易就与插入的花草植物融为一体。以上产品设计的安全内容可以归纳出"趣味"的原则。

3. 简洁的造型会令用户感觉一目了然，增添使用产品的信心。图 6.19 所示左图是丹麦设计师凯·费斯科尔（Kay Fisker）1926 年设计的酒罐，酒罐为银质，极简的造型富于抽象的雕塑感，抛光的银质表面本身就有很强的装饰意味。酒罐在现代的造型中又依稀可见古典酒器优雅的影子，手把和流的造型不会令任何使用者感到疑惑，应该属于简洁安全的产品。右图是意大利设计师吉诺·瓦利（Gino Valle）1962 年设计的时钟牌，这是在火车站、机场等公共场所使用的显示时间的指示牌。其造型简洁明了，一切服从于功能，白色的底板衬托出粗体的黑色数字，即使在远处旅客们也能很轻易地看清楚时间。以上产品设计的安全内容可以归纳出"简洁"的原则。

图 6.19 左：酒罐；右：时钟牌

① 戴吾三. 科学探索中的美与真[J]. 自然杂志, 2006, 4: 241.

② 李砚祖. 产品设计艺术[M]. 北京: 中国人民大学出版社, 2005: 385.

③ 徐恒醇. 设计美学[M]. 北京: 清华大学出版社, 2006: 121.

④（美）爱德华·威尔逊. 生命的未来[M]. 陈家宽等译. 上海: 上海人民出版社, 2003: 30.

上述产品设计中理性安全和感性安全的艺术化处理，综合起来，就是使产品总体给用户美的享受。当一个产品很好地处理了以上所归纳的理性安全、感性安全的问题之后，就可以说产品在艺术设计领域达到了安全。于是在艺术设计领域，安全不仅与可靠、好用联系在一起，而且和美观密不可分。即使在科学探索中，美也成为一个希望企及的目标，"许多科学家都相信，他们的审美感觉（或偏好）能够引导他们达到真理……古希腊流行的思想之一，认为在实体的可知觉特征和它的实际品质之间有一致性"①。科学如此，技术也不例外，人类产品作为技术的载体也承载着人类美学的要求。"从美与功能的相互关系而言，只要真实而完善地表达了结构和功能的形式，没有虚饰，又充分考虑到人的合理性要求，无论形式处于什么样的层次，都可以说是一种美的形式，或具有美感的形式。"②徐恒醇将设计的美分为形式美、技术美、功能美、艺术美和生态美，他认为："审美关系是主客体之间的一种价值关系，它反映了对象在什么程度上能满足人的审美需要。""审美的享受，不是对于对象的享受，而是一种自我享受。"③产品的艺术设计给予了用户审美的享受，正是在这个意义上，艺术设计领域的产品安全设计使得用户可以享受设计。

四、逻辑一：系统协调的设计

科技哲学界普遍认为，系统的研究方法就是从整体上来考察一个过程，尽可能全面地把握影响事物变化的因素，注重事物之间相互的联系以及事物发展的总趋势。人与外在的协调，具体地体现在人与物的协调。需要有一种整体观来看待"人–产品–外在"这一系统，中国古人早就有"天人合一"的观念，在西方也有人认识到整体协调的重要性。早在 1972 年，英国生物学家 J·E·拉武洛克（James E. Lovelock）就认为整个地球的生物圈实际上是一个联系在一起的整体，可以将其视为一种围绕地球的超级生物体（Superorganism）。他称之为盖亚（Gaia）。盖亚是希腊神话中的大地女神，梦的赐予者，神在地球的化身，地球文化的图腾，是大海、高山和 12 个太阳神（Titan）的母亲，用这种整体观来考察生命现象对于研究很有好处④。现在兴起的深层生态学就强调世界是一个连续的统一体和相互作用的过程，人、产品、外在之间是动态、非线性的平衡关系，人与非人的各种利益需要在这种动态的平衡当中达到适度的自我限制。

人与产品和外在的协调可以借用生物学上"共生"的概念来描述。在生物学中，共生是指两种或多种不同种生物间的紧密联系，分为3种类型：

1. 互惠共生（Mutualism）：其特点是双方或多方都能受益，如珊瑚动物和微藻间的共生关系。

2. 共栖（Commensalism）：其特点是至少对一方有利，而对其余各方均无害，如热带雨林的附生植物。

3. 寄生（Parasitism）：其特点是对寄生物有利，而对寄主有害，如人体内的寄生虫。

从人与产品和外在的关系来看，互惠共生当然是最好的结果，也是产品设计安全努力的方向，前面说过，人是通过产品与外在发生关系的，要达到人与外在的互惠共生，产品作为中介的角色至关重要，而唯一能够把握产品的，三者之中只有人类，所以人类不断地研制和改进产品应该是为了更好地与外在互惠共生，达到协调的境地。而共栖和寄生则更多地反映了当前的一些人与产品和外在的负面关系，比如说，当今大部分的工业产品都对生态环境乃至外在造成了损害，导致人成为外在的对立面，扮演了地球生态系统中的寄生物，这完全是由于人类的不当认识产生的。即使是一些表面看起来没有对生态环境乃至外在造成危害的产品，就像共栖关系，也没有达到人与外在的协调一致。因此，产品设计中，设计师需要考虑的人与外在的协调，就应该向互惠共生的方向靠拢，尽管这会是一个漫长甚至艰苦的过程，但从人类安全的长远角度来看，必须促进这样一个良性的循环。

这种共生的安全观念在建筑设计上有所反映，"景观建筑设计"就是这样一类尝试，现在做建筑设计时将建筑与周围环境整体考虑已经很普遍了，只是如何营造一种符合生态的景观尚无共识，仁者见仁，智者见智。就国内的景观设计而言，俞孔坚的"土地伦理"的观念值得重视，他所倡导的"白话景观"的理论关注足下的文化，很敏锐地把握到当今建筑界的问题，大部分建筑师尚存在城市情结，却忽略了人与大地天然的、本质的联系，建筑文化不只是工业技术文化，还应该包含非工业的人文文化，比如乡土景观。几十年的现代建筑历程使人们意识到现代建筑存在割裂人与外在的弊端，人们与生之养之的大地失去了关联，被钢筋水泥悬置起来，无土地之根的人们丧失了具有生活体验的栖息地，也就失去了人内心的认同感。俞孔坚的"白话景观"设计理念就是要找回人们

图 6.20　沈阳建筑大学校园景观，乡土气息浓郁

心中久违的对真实自然的体验，其乡土气息浓郁的景观设计（图 6.20）给人们提供了场所，特别是对于久居城市的人们，这种景观就成为"人与自然相互作用的在大地上的烙印"。这种设计就是人与物整体协调的设计，不仅是实际功用的协调，还包括文化意义上的协调。

产品设计中对于系统安全的关注应该是在设计当中对产品与安全相关的因素进行系统分析，这种分析首先需要明确产品的类型和特点，其次要明确产品需要完成的功能和使用环境，再次要明确国家有关该产品的安全标准和法规，最后要明确产品与人关系中涉及的生理、心理、伦理问题，当然这只是其中的一种思路，可能还存在其他的方法。系统分析的前三步都是铺垫，都是手段，只有最后一步牵涉到目的，是希望达到的目标，需要考虑以下 7 个方面：

1. 外观后面的因素：造型、颜色、材质触感是否让人感到安全；

2. 结构方面的因素：结构是否合理，符合安全防护标准；

3. 技术方面的因素：产品所采用的技术是否存在安全隐患；

4. 环境方面的因素：产品是否符合使用场所的安全要求；

5. 操作方面的因素：操作动作是否合理、人机界面设计是否合理，维修是否方便，是否有恰当的安全防护措施；

6. 材料方面的因素：产品的材料是否绿色环保；

7. 制造方面的因素：产品制造工艺是否存在安全隐患。

实际上这 7 个方面相互间是牵扯的、交错的，甚至是密不可分的，因此如何整体系统地看待这 7 个方面，值得产品设计师认真研究。也就是说，对这些因素的考虑不应该是孤立的，有主次之分的，而应该是被同时考虑的。单独考虑一个因素会得出一种解决方案，可是这种解决方案又会影响到其他因素，推翻其他因素的解决方案，所以只有综合考虑尽可能全的因素，拿出比较综合的解决方案才可以真正解决系统涌现的新的安全问题，也才具有实践意义。这 7 个方面也可以成为评价产品安全的基本层面，应该是对产品安全的基本要求，人与物的协调、享受设计都基于这些基本层面。

事实上，产品与人类安全的关系可以概括为以下 3 种：

1. 直接与间接。任何安全问题都可以归纳为对人的直接伤害和间接伤害。直接伤害包括对手的伤害：割伤、挫伤、振动伤害等；对眼的伤害：眼疲劳、近视、暂时失明（眩光、红外线引起）等；对耳的伤害：听力下降、失聪等；对肌体的伤害：肌肉损伤、颈椎腰椎病、触电、电磁辐射等。间接伤害包括废气、废水、废料等污染土壤、水源，会致人生病；过度开采资源、发电等，像水力发电这样的方式对环境的潜在危害都是巨大的。

2. 短期与长期。任何安全问题都可以归纳为短期伤害和长期伤害。一般短期伤害都是直接的，不是指这种伤害一下就会过去，而是说伤害短期可见。而长期伤害既有直接的也有间接的，间接伤害属于长期的无须多言，直接的长期伤害因为有一定的隐蔽性，值得设计师深入研究。比如说长时间使用产品而导致的身体健康问题，这种伤害一般都是逐渐形成的慢性病，虽说主要是使用者过劳引发的，但是产品设计师可以作出自己的努力。至少有两个因素需要注意：一是使用者要有选择权。可选择使用环境，如工作场所照明不足可变换地点，需要产品具有便携移动性，像笔记本电脑、手机等；可选择使用姿势，产品部件应具有可调节性，如显示屏的可扭转调节角度和位置；可选择使用方式，尽可能提供合理的多种使用方式，如输入信息既可键入，又可手写输入；可选择使用时间，一般日用产品完成工作的时间不能太长，像洗衣机洗一次衣服要半天就很夸张了，如果需要使用者长时间照看容易引发疲劳，为了防止这种情况出还可以提供时间警告。实际情况是即使可以自动运行，产品需要太长时间完成一次操作，使用者也很难接受。2006 年 2 月 16 日，国务院发展研究中心市场经济研究所发布报告称，国内滚筒洗衣机销路不好的原因不是原来人们认为的价格太高，而是洗一次衣服 1.5 小时的时间太长，突破了使用者的每次洗涤不超过 1 小时的心理底线，让用户有过于费水、费电的心理感觉。二是产品应避免过度小型化。现代产品为了满足便携和时尚的需要，产品有过于小型、轻薄的倾向，虽然全世界人体的高矮胖瘦很不同，但是有个范围，也就是人体尺度不是相差无限的。因此，日用产品过于小型化对人有害，如眼睛容易疲劳，对信息的识别判断不清楚，按键过小易疲劳生病等。例如笔记本电脑就存在键盘与屏幕距离过近的缺陷，美国人机工程学会的专家汤姆·艾尔宾说：“当你使用一台笔记本电脑时，你希望你的头部和颈部能保持一种舒服的姿势，或者你能使你的手臂感觉舒服，但在使用笔记本电脑时要同时做到这两点是不可能的。”

3. 显性与隐性。 一般间接伤害都是隐性伤害，肉眼不可见的，因此人们常常会忽略、忽视，结果对人的伤害后果更严重。而直接伤害既有显性的，也有隐性的，显性的直接伤害是最明显的伤害，隐性的直接伤害因为肉眼不可见，也往往被使用者和设计师忽视，应该引起注意。如长期使用笔记本电脑会引发骨骼加速衰老，持续背痛、肩周炎、手腕痛以及颈痛等，这些伤害都是隐性的，甚至几年、十几年才会显现出来。隐性的伤害还包括前文所述的产品艺术设计处理的不恰当，如其造型、材质带给使用者的不安全、不可靠感。

通过以上的论述，可以提出宏观层面的人与产品协调的安全6原则：

1. 产品的材料应该使用环保材料。

关注自然生态的安全，人类产品来自于自然，用于自然，不应该对自然生态产生破坏。产品设计师应该做到在知情的条件下，能够使用环保材料的，决不使用非环保的材料。

2. 产品自身不可以伤害到人类。

人使用产品进行实践活动，产品与人发生直接的关系，为了用户的安全，产品自身必须要有结构的稳定性以及功能的可靠性，保证其在生命周期内不会伤害用户。

3. 产品要能够尽量防止被人用作伤人工具。

应该防止产品有可能被人当作伤人的工具，特别是对于普通的人类产品，应当坚决排除产品有被当作武器的可能性。

4. 产品的运行应该使用环保能源。

应当提倡尽一切可能地采用太阳能、风能、潮汐能等绿色清洁能源，包括产品生产和使用。

5. 在用户正确使用时，产品与人有舒适的人机交互。至少包含以下3方面的内容：

① 舒适的人机界面设计

在人与产品的交互当中产品能做到信息准确通畅，对于使用者的动作反馈迅速。如给产品配备现在流行的液晶显示屏，方便读取信息。

② 让产品能够舒适地操作

设计师应该设计合理的产品使用方式，提供尽可能多的使用方式（图 6.21），如使用者可以变换姿势操作；提供好的使用条件，如产品提供充足的空间、自身照明等；使用者能随时休息或者防止用户的长时间使用，消除疲劳，比如产品能够跟踪用户的生理反应，具有定时强制休息的功能，如监视使用者的眼睛疲劳程度，提醒使用者休息。

③ 产品的操作位置和方式可以调整

这样使用者可以因人而异地调整与产品的空间关系，以达到最舒适的状态。如计算机显示屏的倾角、高度可调；键盘、鼠标（控制器）的随意摆放；完成操作的动作多样化，可以坐着键入也可以站着键入。

6. 不能够因为该产品的生产而损害人类的利益。

不能因为生产该产品而导致人的利益受到损害，特别是他人的利益受到损害。比如生产厂排污污染环境或是生产过程中会损害工人的健康，患上职业病等。

达到人与物系统协调的设计是能给人带来愉悦的，这样设计出的产品会给人带来享受，享受产品带来的便利，享受产品提供的舒适的行动方式，简而言之，享受设计师的设计。为什么说是享受设计？是因为这样的产品，功能上近乎完美，价格上十分公道，使用时非常舒适，而且不会对外在产生危害。它使人可以更好地适应外在，并且在人与外在形成的多因素系统中，可以完好地保持自己的身份并且达到自己的目的。这时人们使用产品就成为一种享受，既不同于使用劳动工具具有被迫的意味，也不同于使用游戏产品令人不自觉地沉迷。它就像日常生活中的好伙伴，不用时，你几乎觉察不到它的存在，使用时，又是那么得心应手。这样的产品不会令人沦落于物质主义、享乐主义，而是能让人们更好地享受生活、享受人生。就产品来说，享受生活就是享受设计，享受设计的实践方式。

第四节　理想的设计逻辑——到达和谐的彼岸

理想的产品安全是在人的生命意义上的工具活动，而不仅仅是为了生产的劳动。这个阶段人的消遣加入进来，和生产劳动一起构成了人类文化的整体，人类成长多方面的需要都得到了满足。这是一种芒福德认为的以生活为中心的技术，其益处在于它使人在自愿的基础上从事有教育意义的、自我实现的劳动，从而使人从了为了生存而被迫从事的枯燥重复的劳动中解脱出来。马克思称此阶段为：劳动成为一种生活、生命的需要，而不仅仅是活着、生存的需要。

一、理想的设计——和谐的状态

关于和谐的概念，近来因为"和谐社会"的提出而备受关注。一般人认为就是万事万物相互适应、相互配合得天衣无缝，其间的各类关系都是互利的，没有因为自己的利益而损害其他的利益。这当然是种很理想的状态，只是目前距离实现还比较远，因此，关注现实的学者对于和谐就有自己的认识。比如，经济学家茅于轼就认为和谐是一个不断向好的发展过程。也有学者从哲学的角度概括了和谐，认为和谐就是指事物内部或者此物与彼物之间的关系处于对称平衡、相生相宜、和衷共济的状态，也可泛指和谐关系、和谐过程、和谐状态、和谐规律等一切和谐现象[1]。

马克思指出资本主义异化了人，其实反向地指出了和谐是人的本质追求。"人成为非人，作为人的人也就死亡了。人之死必然导致自然之死，人沦落成吃喝的动物，自然界便不可避免地沦落成为满足吃喝的对象；人将自己的本质变成维持自己肉体生存的手段，自然界必然被人类变成维持自己肉体生存的工具。"[2]他思考着如何恢复人之为人的本质，当然回归到原始社会和农业社会是不现实的，"一个成年人不能再变成儿童，否则就变得稚气了。但是，儿童的天真不使他感到愉快吗？他自己不该努力在一个更高的阶梯上把自己的天真再现出来吗？"[3]他的话隐喻出人类有待完成的使命，"尽管技术的诗意化作为一种价值导向不可能一蹴而就，甚至是永远在途中的、无止境的过程，但人类并不因此就有理由放弃这种对本原的追寻"[4]。

① 易超. 关于和谐主义哲学原理[J]. 探索, 2005, 4: 123.

② 曹孟勤. 马克思生态人性观初探[J]. 伦理学研究, 2006, 3: 101.

③（德）卡尔·马克思. 政治经济学批判[M]. 北京：人民出版社, 1976: 221.

④ 刘同舫. 技术的异化与诗意化[J]. 晋阳学刊, 2006, 2: 70.

还有学者提醒人们，和谐就是从"巨机器"中摆脱出来，和谐状态的产品依靠以生命为指向的生命技术，这时整个世界将会对人具有更大的开放性，人性将会重新获得活力。具有"人性"的自动化产品像人的神经系统一样为人类服务，人所达到的自主性、自我控制、自我实现则意味着"巨机器"的终结①。这是目前为止尚不能达到的理想状态，那时人类掌握的知识足以使得工业产品和人类和谐地存在，基本上不存在安全的问题，并且人们在设计与制造产品时，并不存在商业功利，只有解决问题的目的，设计与制造产品再也不成为盈利和生存的手段，而是人自身自我实现的需要，甚至是超越自我的追求。人在不断挑战自我，超越自我之中获得了巨大的纯精神满足，并由此产生幸福感。

海德格尔从物的角度提出了产品与人的理想关系，通过对"物"的追问，改变了传统"物"的概念，人与物一起游戏，共同生成自身。这种他认为是天地人神的聚集的物，"不再是古希腊的在场者，也不是中世纪的上帝的创造物，也不是近代理性所设定的对象"②，物是人的伙伴，人在游戏中与外在一道进化、演变。

应该说，理想的安全是一个梦想，是当今的人类手段和条件尚不能达到的状态。但是理想的安全又是所有设计师，乃至全人类的永恒追求，它所导致的和谐境地早就在从古至今的人类社会的规划之中。从中国古老的《易经·系辞下》中说："天下同归而殊途，一致而百虑。"到孔子的"大同社会"，再到孙中山提倡的"天下为公"，直至以胡锦涛为核心的中国第四代领导人所倡导的"构筑和谐社会"，其中很清晰地贯穿的一条主线就是从整体思维出发的人与外在和平共处的全人类安全观，是一种从多样性中探求和谐的方法，正所谓"兼容并蓄""和则生物"，这必然成为 21 世纪人类社会的主旋律。

关于和谐的设计从哪里来？吴良镛从建筑的角度出发，认为应该回到设计的基本哲理，他称之为"道"，西方设计界也有"回归基本原理（Return to Basics）"的说法，而著名社会学家费孝通则从人类学的角度提出"美美与共"的思想。这些都体现了把"技术人性化""技术人道化"提高到人类技术为所有存在和谐共存发展而服务的高度，因此，现今的仿生设计、自然设计就不应仅仅是学习自然界的优势而为人类服务这一简单的目的了，而应该承担起了解和掌握除人类以外的自然界何以得以和谐存在的原理，这样人类设计的、自为

① 李征坤等. 西方科技价值观的嬗变[M]. 桂林：广西师范大学出版社，2004：65.

② 李卫. 海德格尔对"物"的追问[J]. 武汉科技学院学报，2002：9.6.

的产品就不仅仅是为着人类的功利服务，而是为着设计、制造和使用能够与自然界各类存在互惠共生的产品以实现"多赢"的和谐目标服务，这也正是《易经·系辞下》"仰则观象于天，俯则取法于地，观鸟兽之文与地之宜，近取诸身，远取诸物，于是始作八卦，以通神明之德，以类万物之情"中所谈的"道"。

二、逻辑二：超越人类利益，达到人与外在的全面和谐

产品是由人类设计制造的，没有人类就没有产品；产品又是人类的伴侣和工具，没有产品的现代人类很难获得安全。理想的安全就是人类寻求和谐的生活方式的过程。在经历了疯狂制造和侵占自然资源的3个世纪之后，人类就像一个在饿极之后，饥不择食的暴饮暴食者，现在他似乎有些消化不良了。回首近代的发展道路，人类应该明白，和谐的生活方式就是每个人保持身与心的和谐，仅仅追求物质生活就和仅仅追求精神生活一样的荒唐。美国戏剧家、诺贝尔奖获得者尤金·奥尼尔警告人类说："人如果赚了全世界却赔上了自己的灵魂，那有什么益处呢？"美国学者E·拉兹洛在《系统科学和世界秩序》中也预言21世纪人类应该进入"人类生态学时代"，在人类生态学时代，人们主要提高生活的质量，而不只是为了提高生活的物质标准。物质生活上的便利设备将被用来为生存目的服务，而不是用来支配生存目的。个人的地位将同其生活方式的真实和朴素联系在一起，同生活方式所表达的经历的纯洁联系在一起，而不是同夸耀个人的财富和权力，同大量消费联系在一起[1]。以人类与产品的关系为例，人类想获取产品和工具，以至想尽可能多地获取产品和工具，其目的应该是希望获得利用该产品而可以进行的实践，而不应该是仅仅占有产品，这样一来，树立因为产品质量过硬可以长期使用而自豪的意识，使用者也人人以此为荣，人类社会就会形成健康的人与产品的价值观，因此超越人类利益既包含超越人对物的占有欲，也包含超越仅仅利人的人类实践。和谐指的是"人们的生活活动和行为方式有助于取得人与社会、人与人、人与自然以及人自身的身心之间的平衡，与此相对应的是那种造成人与生态、人与人、个人与群体以及人的内心生活相冲突的那种失衡的生活方式"[2]。和谐的境地还需要产品能够担当人与他人良性沟通交往的工具，社会学家费孝通先生也提出人类的发展不仅要建立生态秩序，还要建立心态秩序。这种生态秩序是必须要产品发挥作用的，心态秩序的营造也是一个社会人文和科学技术综合的系统工程，产品也应该发挥应有的作用。

① 王雅林：人类生活方式的前景[M]．北京：中国社会科学出版社，1997：198-199．

② 同上书，第241页。

理想的安全在"人－产品－外在"系统中要能够实现，还需要人的安全因素的发扬，在人使用产品的过程中，应该是"实践"而不是"劳动"，这是两个不同的概念，"实践"是人主动为之的，而且只要人活着就不可能不实践，实践是人类天然的需要；而"劳动"则有被迫的意味，特别是在等级社会，由于劳动都是完成被给定的任务，因而总是人被动为之的。人人都厌倦劳动，但是他们无时无刻不在实践，在和谐的境地，就是要让"实践"完全取代"劳动"，这样劳动就可以转化为人的天然需要。只有在这样的情形下，全面的理想的安全才会实现，马克思认为存在两种劳动，"一种是现实中的劳动，它仅仅是一种维持肉体生存的手段，这是异化劳动；一种是理想中的劳动，是以类为目的的劳动。从存在、现实来说，劳动仅仅是谋生的手段，而从本质、价值来说，劳动应当是自由自觉的活动"[①]，笔者认为还有第三种"劳动"，就是和谐境地的理想的劳动，它不是以类为目的，应当是超越了人的类利益，站在了更高的层次，是一种超类的思维。马克思所说的第一种劳动，基本对应着本章第一节、第二节所述人的实践活动的方式，这种劳动的出发点都是个体的利益与安全，第二种劳动则可以对应本章第三节的协调、整体的实践活动方式，这种劳动的出发点是人类的利益与安全。但是本节论述的人的实践活动方式并不在这两种劳动之内，因为这种人类实践活动，其出发点是超越人类利益与安全的，超越并不表示舍弃，而是更加全面，实现更高的价值。能够超越人的类利益，应当成为人类区别于其他物种的最大特征。

无论如何，超越人类利益的产品终究是属人的产物，就产品设计而言，是满足功能的；就产品流通而言，是超越功利的；就产品使用而言，是享受设计的；这就是理想的安全。就个体而言，这种境地的产品不仅能够让自己享受人生，还能帮助他人，帮助他人享受人生，使得人类社会的健康快乐最大化，这应该是关于产品的理想安全的最佳诠释。

产品设计的安全原则可以从多种角度提出，但是在上述意义上，人类产品最根本的安全原则或许可以从"机器人三原则"中得到启发。美国科幻小说家阿西莫夫曾总结出了著名的"机器人三定律"或称"机器人三原则"。

The Three Laws of Robotics:

1. A robot may not injure a human being, or, through inaction, allow a

① 李庆钧，人的本质：从费尔巴哈到马克思[J]. 学术界，2005，5：194

human being to come to harm.

2. A robot must obey the orders given it by human beings except where such orders would conflict with the First Law.

3. A robot must protect its own existence as long as such protection does not conflict with the First or Second Law.

翻译成中文就是：

1. 机器人不可伤害人，或眼看着人将遇害而袖手不管。

2. 机器人必须服从人给它的命令，当该命令与第一项抵触时，不予服从。

3. 机器人必须在不违反第一项、第二项原则的情况下保护自己。

这3条原则的确把握住了人与机器人关系中的关键点——安全，并且对于任何机器人的设计都具有根本的指导作用。由于产品的范围比机器人更广，本书关于人与产品的设计安全原则，参照这3条原则提出以下5个理想的安全原则，之所以称之为理想的原则，是因为有的原则目前还达不到，有的原则即使能达到，目前做得还不够好。鉴于安全的发展也具有过程性，这5条原则应该是基于本章第三节的6条宏观的设计安全原则的远期目标：

1. 人类产品永远不可以（任何方式）伤害人。

保证人的安全是产品的第一要素，宁愿产品不存在，也不能让产品伤害人。

2. 人类产品必须服从人的命令，除非与第一条相抵触。

产品应该在不伤害任何人的情况下，服从人的操作和指令。

3. 人类产品要能够在不违反第一条、第二条的基础上保护自己。

在不与前2条冲突的情况下，产品应该具有在任何条件下保持系统稳态的能力。

4. 人类产品永远不应该在完全意义上取代人类。

产品永远只能部分地代替人，而不应该允许产品全面地取代人。这在目前听上去像个笑话，但是一些技术的发展表明，在不远的将来，有些产品就可以很好地替代人了，例如说克隆人，他是人还是产品？是否应该允许人克隆一批奴隶供自己使用？再比如说基因技术，已经有科学家担忧有钱人可以采用基因技术把自己的后代变成超人，没钱修改基因的人就自动沦为凡人。世界就自然地划分成两个阶层，凡人极可能沦为奴隶。机器人是另一种情况，科技界至今还在争论以后将是人控制机器人，还是机器人将占领世界。

5. 人类产品的运行（人的实践活动）应该是存益的。

作为理想的安全原则，人类产品的发展方向应该是任何情况下都是利人利物的，无论是产品的原材料、制造、耗能、运行、废弃，种种状态下，产品的存在都应当是无害的。可以大胆地设想一下未来的安全产品的一类发展：鉴于产品的终极目的是能量、信息转换的方式方法，有的功能的完成就不一定要靠造物，比如说信息的传递、符号的价值作用，这些功能今后可以采用虚拟产品来完成，现代三维的"投光掠影"的技术已经可以较好地传递信息，而非实体的构成，或许可以将对自然、生态、环境的干扰降至最低。

这5项原则当中，前四项严格地说还是站在人类的立场上而言的，第五项则是站在超越了人类的立场上，要求产品这个人为的人与外在系统中的扰动源应该是对系统中各项因素都是有益的，这需要人类有超越自我的思维和眼光。《超越自我》是我国著名的围棋国手陈祖德的自传书名，的确不光是每个人，整个人类也需要这种超越的追求。所谓超越就是对存在的扬弃，既保留积极的因素，又抛弃消极的因素，不断地得到新生。马斯洛的需求层次理论大家已经很熟悉了，其最高的第五层次是自我实现的需要，这就是人类社会的每个人都具有高度的自由。要达到这种自由就需要不断地突破现有的限制，"舍掉其具体的内容，追求自由便成为超越，即不断地超越已经形成的稳定性现状，创造出新的自由度更高的天地。……自我实现不易，自我超越更难。……自我实现主要凭一股干劲，而自我超越则除了干劲之外还要有一种克制自我、改造自我的力量。……人类从不满足于已经取得的成果，究其原因就在于人类意识具有超越自身与物质的趋势，具有追求意识与物质一体化的内在动力。"[①]如果说适合的安全需要设计师运用的是整体协调的思维的话，那么理想和谐的安全需要的就是超越性的思维，在这个阶段，人历史上第一次超越了个人与人类的"私欲"，站在人的类要求之上来看待安全，这时安全的范畴也就比历史上任何时候都要广，已远远超出了个人身体的安全，还超出了人类群体的类安全范畴，人可以以自在、澄明、平等之心来对待实践活动中遇到的一切物种的安全问题，这也要求设计师发挥更大的创造力，这类创造性的实践活动首先满足个体极大的自我可控需要和成就感，因为人类显示出独一无二地、在不妨碍外在的情况下按照自己的特点来创造未来生活的能力，其次也有帮助其他生态因素协调的满足

① 韩民青. 当代哲学人类学 [M]. 南宁：广西人民出版社，1998：213~219.

①李砚祖. 产品设计艺术 [M]. 北京：中国人民大学出版社，2005：413

感。所以说，具有超越性思维的人类实践是指向"至善"的，这种"至善"是求真、取善、审美三位一体的，在这种状态下，理性不再是工具，生活已成为艺术，在这个过程中，产品设计既是目的又是手段。"艺术化的生活是人类的理想，是人类向往的一种自由的、艺术的更为符合人本性的生活。艺术化生活也可以说是一种美的生活，一种理想化的生活形态或生活方式。"① 行文至此，本章总结的两个安全设计规律和提出的两个安全设计原则之间的关系可以用图6.22 来示意，天然的安全和人为的安全存在着交集，即现阶段人类产品设计有望实现的目标——适合的安全，它是人为控制和对外在谦让的共同产物，而理想的安全则是它的子集，这时的产品不仅是人与物的协调，而且是人与物的和谐，也就是人与万物的共同健康发展，这应该是人类产品设计目前难以实现的远期目标。

从前文的叙述还可以看出，安全绝不仅仅是产品的任务，光靠产品设计来解决永远只能实现局部的安全，使用者的因素也很重要。只是作为产品设计师来讲，他们只能先把产品的安全问题解决好，人带来的安全问题还需要其他方面的配合才能解决，其间将有一段很长的路要走。

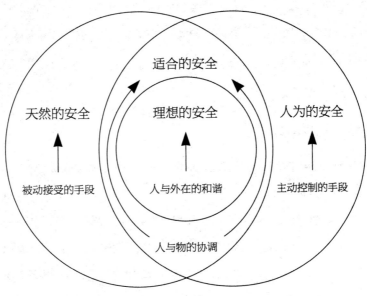

图 6.22 安全设计规律示意图

第一节 安全是设计的基本点

人类原本所面临的安全问题和人类设计所带来的安全问题如何克服？这一直是设计师冥思苦想的难题。吴良镛院士从宏观的战略高度提出从混沌中追求相对的、整体的、协调美的"乱中求序"原则，不失为目前可行的一条道路。这一原则不针对具体的某个产品，而是直面人类的整个产品体系，从整体的系统观、理性的还原观、科学的控制观等来把握具体产品在整个产品体系中的位置和角色，来把握具体产品对于整个人类生存系统的影响，进而把握产品系统的协调。在产品设计中，设计师可以将工艺与技术结合起来，将工艺与艺术结合起来，将工艺与文化结合起来，将工艺与经济结合起来，将工艺与社会结合起来等，最终的目的是设计要考虑到这些方面，但又要超越以上这些方面，最后达到"至善"的境地。"至善"应该是安全的最高境界，《大学》开篇有云：大学之道，在明明德，在亲民，在止于至善。这种境地的一切人类构造物应该是可以抛却安全问题的，这类产品从设计到制作，再到使用，都只会给人带来愉悦的享受，身体的舒适、心境的舒服、人生的舒畅都令使用者完全忽略了产品的存在。它就仿佛是人体的一部分，人潜意识中认可的自身器官；也仿佛早就自存于天地间，是自然界自生、自在的存在物。这样看来，人们仿佛不需要再考虑安全问题了，真是这样吗？

一、本质安全的设计

可以这样认为，达到了适合的安全和理想的安全的产品就具有了本质安全。本质安全具有两个层面的内容：1. 在"人－产品"层面。产品具有本质安全是指产品通过自身的合理设计基本消除了对使用者不安全的隐患；2. 在"人－产品－外在"层面。产品的本质安全是指产品对于外在的无害性、安全性，就像自然界又盛开了一朵小花。这可以说是自然界生物的本性，这类自然界的本质安全表现为有机生物对环境的适应性，相互间的协调性，各居其位，各司其职，前文所述的"产品生态位"就有这层含义。当然能够共同生活在一个地球的生物都是经过几千万年，甚至上亿年的进化选择才具有彼此相关的共同安全的。

① (美) 爱德华·威尔逊. 生命的未来 [M]. 陈家宽等译. 上海: 上海人民出版社, 2003: 24.

比如生命科学家发现了一种名为耐辐射球菌（Deinococcus Radiodurans）的细菌，在强辐射条件下，装有该菌的耐热玻璃杯已经呈现破碎和褪色状态，而这种细菌仍旧可以正常生长，所以，它的发现是对生物生理可塑性研究的又一挑战①。生命世界似乎是一切皆有可能的，因此，向自然界的生物学习自我保护和应对危险的方法对于人类来说是顺理成章的，从古至今也确实有许多产品设计受到了自然生物的启发，自然设计、仿生设计的研究是逐渐获取本质安全的产品设计的一条途径。

② 于维英. 论安全里的经济学 [J]. 劳动保护, 1999 (6): 30.

就人－产品层面而言，本质安全是指不依赖外在条件或附加设备，通过完善产品自身的必要构件来达到安全，这应该是产品安全设计的本质目的，也是目前设计师可能达到的要求。本质安全最早出现于电气设备的防爆设计，后来延伸到机械和其他工程领域。对它的名称各国叫法不一，日本称为"本质安全"，美国则称为"整体安全"。我国本质安全的研究才起步，有学者认为本质安全更强调人的因素，寻求人的行为安全，要提高人的安全素质。就可行性而言，目前产品设计的本质安全应该是更着重于产品自身的安全设计，进行本质方面的改善，即使在产生故障或误操作的情况下，设备和系统仍能保证安全。于维英总结本质安全应满足以下4点要求：②

1. 能有效地控制各种有害、危险性物质及危险源；

2. 保证设备的可靠性并实现自动防止故障和安全联锁；

3. 设置防止误操作、报警和紧急停车装置；

4. 具有良好的符合人机工程学要求的作业环境。

这4点的确较好地概括了本质安全，但是需要注意的是本质安全设计中的机电构件的安全联动设计，这类设计是包含于产品之中，与产品功能整合在一起，属于产品本身具足的功能，与额外的附加安全装置无关。产品对于使用者的误操作和危险动作，有着自动的、"本能"的防范和排斥，甚至对于危险动作连警示的过程都没有就阻止使用者的操作。例如印刷厂里切纸机是常用的设备，工人将印刷好的书籍或纸张放置其下，切纸机自上而下切平纸张。但是操作工人必须把握好切纸机的节奏，跟上它的速度，否则手一没及时抽出，就会发生事故，实际工作中这类事故屡见不鲜。后来台湾的一位工程师决心彻底解决这种惨剧的发生，他在切纸机的送刀装置上加上左右两根联杆，杆件在操作平台左右各固定一块长方形立板，刀收起时，立板位于中间，刀下落时，立板同时向两边分开，也就推开了操作工人的双手，这样即使操作者一时疲劳疏忽，或是忘记走神，机器也不会切到他的手臂。这种装置巧妙地利用了产品原有的机械构件，也不必增加警示电路，并且安全度很高。

利用机械联动机构达到产品的本质安全有许多实例，比如摩托车的安全设计，就很好地运用了本质安全的原则。一个是摩托车驾驶手把上刹车和油门的关系，这里没有用联动装置，但利用人手的运动原理，显得更加巧妙。驾驶过摩托车的人都知道摩托车的刹车在手把上，有些类似自行车，同时它的油门也在手把上（如图7.1），这与汽车不同。一般油门在右手把，逆时针往里旋转是加油门，但是油门有弹簧自动回位，若松手油门也就自动关闭了。遇到情况摩托车刹车的动作过程通常是双手去捏刹车杆，同时脚下踩刹车，注意右手的动作，由于要去捏刹车，势必先张开手掌握住刹车杆后再捏紧，这手一松油门就自动回位了，有助于摩托车减速，对使用者安全有利。当然汽车也应用了相同的原理，油门和刹车都设置在右脚处（图7.2），右脚去踩刹车，势必松开油门，除了特技驾驶，不可能同时既踩油门又踩刹车的。另一个设计实例是踏板式摩托车的脚启动（如图7.3），现在摩托车都配备了电启动，但是在电瓶没电时还是需要用脚踩启动杆启动。为了防止有人偷懒坐在摩托车上就用脚踩启动（这是非常危险的，因为一旦摩托车启动，向前一冲，握住油门的右手就变成自然旋大油门，摩托车就会更加速向前冲，将驾驶者摔下车），踏板式摩托车把中央脚撑设计成收起时正好挡在脚启动的下面，只有在脚撑支起时，才能踩动脚启动，这时摩托车后轮已经是离地状态，轮子空转，摩托车不会在不受控制下向前冲去。而且脚启动设置在摩托车体的左侧，杜绝了大部分人（右撇子）坐在车上用右脚启动的危险动作。应该说这都是本质安全设计极好的实例，值得设计师在设计产品时借鉴。

图7.1　摩托车油门、手刹与人手一起组成安全联动装置

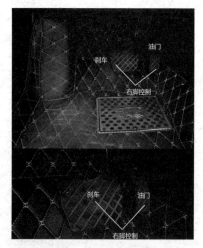

图7.2　汽车的刹车、油门都由右脚控制

图7.3　摩托车脚启动、主撑支架与人脚一起组成安全联动装置

图7.4 模块化的电脑设计

另一类"人－产品"层面的本质安全设计是运用控制论的自寻稳态的原理使产品具有自稳定和自适应的特性，一类比较容易实现的具有自稳定的产品系统是模块化的产品（图7.4所示）。将产品的易于变化的部件设计成一个独立的模块，与其他组件分离，易更换、易隔离，这样可以极大地增加产品的稳定性，由于产品部件功能的相对独立性，在某一个模块取出或出现故障时，系统其他部件很快就会自行稳定，从而达到产品安全的目的。

以上实例表明，产品的本质安全设计的确可以保证人们在使用产品时十分安全，但是人机系统的本质安全也是一个相对的概念，首先它不是万能的，不能排除一切的事故；其次对于系统不同的属性，本质安全具有不同的内容。例如同时考虑避免不同安全隐患的本质安全设计有时会产生冲突，这也是前面所讲的系统涌现的新质的内容。根本上说，本质安全设计就是尽量提高人、产品、外在三者在安全上的匹配程度。

二、于无声处：安全设计的逻辑

本质安全的产品设计是一种系统地解决产品安全问题的方法，"它更重要的是一种技术层面上的客观要求与事物的存在状态。它要求我们从人、物、环境和管理这些影响安全的因素入手，达到其自身的本质安全和整个系统的本质安全，从而有效地降低事故发生的概率。"[1] 理想的产品的本质安全设计是在"人－产品－外在系统"层面的，同时系统综合地考虑产品整个生命周期中的相关因素，这样得出的产品在生产、运输、销售、使用和废弃处理等各个环节上都不存在安全隐患，设计师在设计时自然地将安全防护的功能融合于其他产品必备的功能当中，没有专门为了解决产品的安全问题而设置特殊的安全装置，用户在使用产品时也不必要特别地考虑产品是否安全的问题。这样的产品人们使用起来就类似穿在脚上的鞋，那么自然以至于人们往往忽略了它的存在，除了晚上睡觉的时候，日常大部分时间它已经成为人脚的一部分。

只是要达到绝对的本质安全至少目前来看尚无可能，由于产品是个复杂系统，

① 李钊.「安全本质」与「本质安全」[J].当代矿工，2004，7：22．

产品设计实际上属于一个系统工程，在采用系统整体的方法进行实践活动时，需要有个前提就是设计师必须能够掌握各种复杂的系统相关因素的情况，这是很难面面俱到的。事前信息的略为偏差就有可能导致最后结果的很不理想，产品的本质安全也就无从谈起，因此，在目前人类的科学技术和认识水平的条件下，产品的本质安全还只是相对的，只能做到一定范围内的本质安全，但是可以相信的是这一定的范围已经涵盖了人类活动的绝大多数领域。而且系统中人的本质安全处于基础的地位，这是因为："一是从外因来看，人是与系统中物、环境与管理发生直接关系的因素，所以即使在与其他因素的作用中发生微小的失配与不协调，也极易导致事故的发生。二是从内因来看，人的安全思想、安全技能、安全心态、安全行为、安全效果等系列因素的作用，导致人的不确定性，更是阻碍本质安全的重大障碍。"[①] 但是对于设计师，产品是他唯一可以把握的因素，他无法去把握使用者，就现代的产品来说，设计师甚至无从知道具体是谁在使用他设计的产品。因此，作为系统中关键因素的人导致的一些安全问题，设计师的确爱莫能助，也无从要求设计师去达到这一点，因为他无法预测到所有产品使用者的随机行为，并且都就其中的安全隐患在产品设计中找到解决办法。在这个层面来看，目前人类产品还不可能做到让人们抛弃安全，人们还不能像是用自己的身体一样去毫无顾忌、不用思考地对待安全（即使使用自己的身体也可能出现安全问题，比如运动时用力过猛而拉伤），所以说，即便是具有本质安全的产品也只能是在一定的条件下让人们暂时摆脱囚徒的困境。

第二节　安全是人类可持续的需要

安全是一个历史的、过程的范畴，从人类的安全发展史来看，安全在各个时期具有不同的内涵和外延，因而它是历史的；同时安全又是处于不间断地人类实践活动中，并且不断地变化，因而它是过程的。安全的这些属性使得它不可能脱离人类发展的历史进程，由于人类认识世界在时间和空间上都是无止境的，人类拓展自身活动到未知领域去探求真理也是无止境的，所以，安全也必然会伴随人类实践活动的全程，新的安全需要总会不断地产生。

哲学家德里达曾说，"文本之外，别无它物"，讽刺哲学家除了著作的文本，没

① 李钊．「安全本质」与「本质安全」[J]．当代矿工，2004，7：22．

① 申绍杰. 建筑之外，别无它物 [J]. 建设科技' 2003' 8' 75

有能够给予人们什么真理。申绍杰将之引申到建筑领域，称为"建筑之外，别无它物"，针对之前兴起的一股"零度建筑"的潮流，这股潮流认为建筑不必承担什么意义和概念，需要回复建筑自身，建筑是不隶属于任何先见的自在之物①。而对于产品，也可以讲"安全之外，别无它物"，套用一句话就是"安全无小事"，一是安全问题一直是产品首要考虑的问题，任何时候不可偏废；二是从大安全的范畴来谈，基本上产品设计中的所有问题都与安全相关。

一、人的认知缺陷决定了安全一日不可偏废

人类的本性总在促使人不断地探求未知的世界，这就可能给他带来不间断的安全问题，除此之外，人类本身的认知方式也存在着一些缺陷。D·H·威尔金森（D. H. Wilkinson）认为，"在人们对自然界的描述中，没有无可置疑的真理。这是因为，你可以有十足把握证明一个假设是错误的，却永远也不能证明一个假设是决然正确的。"他认为，人们一贯采取的办法是：

以一套被认定为坚实的理论作为基础，这些理论能够解释或满意地总结最近发现的事实。那些事实是对既有理论的最新验证，要包容它们，理论就要变得更加精密。如果能够把理论变得精密而不必改变它的基本结构，我们就会感到满意，更会提高了对理论的信心。如果要加插补充的假设，我们就会觉得不痛快了，但还会坚持下去。如果继续发现的新事实与理论和补充假设相符，我们会稍感舒怀，并仍然坚持下去；而补充假设则最终会被纳入理论的"正统"中。但到了某个阶段，我们会发现那样一些全然陌生的事实，使我们大感迷惘：这些事实本身并不向我们显示应该怎样把它们纳入理论。我们奋力把它们纳入正轨，由此而引生出好一些各个可取的随遇而生的主要假设，以此修补"正统"之不足。……当我们已用尽了所有科学的准则而依然未见端倪，那么我们该怎样在不同的科学假设之间作出选择呢？当然，我们面对的就只有我们自己了。余下来唯一的准则就只有：对我们来说看起来是对的②。

② （美）亨利·哈里斯. 科学与人 [M]. 商梓书等译. 北京：商务印书馆' 1994' 152-153

法国哲学家莫里斯·梅洛－庞蒂曾指出了人类经验主义和理性主义（他称为理智主义）的认识缺陷。对于经验主义，他谈到了"注意"和"性质"，"注意概念本身不是意识的证明。它只是一个人们杜撰出来的一个辅助性假设，以掩盖

对客观世界的偏见。……经验主义用来定义感觉的已确定性质是意识的一个对象，而不是意识的一个成分，性质是科学意识的后来的对象。在这两种情况下，与其说性质揭示了主体性，还不如说掩盖了主体性。"[1] 对于理性主义，他说道，"理智主义试图通过反省发现知觉的结构，而不是通过联想力和注意的联合作用解释知觉的结构，但理智主义对知觉的看法还不是直接的。当我们考察判断概念在知觉分析中所起的作用时，将更清楚地看到这一点。判断通常是作为感觉所缺少的为使一种知觉成为可能的东西引入的。"[2]

确实，人类对待技术乃至世界万物的观点各不相同，保罗·霍根等学者归纳了四种：1. 蓝色观点者，他们一般是自由市场的主流买卖人，对技术进步和经济实力深信不疑，认为技术和财富可以解决人的一切安全问题，属于乐观主义者；2. 红色观点者，一般是自认为正义的愤青，他们注意到技术的阴暗面，并探究其根源。其对社会问题的关心超过环境问题；3. 绿色观点者，一般是环保主义者，他们以生态思想看待世界，忧虑经济发展超过了地球的承受能力，其对生态、动物的关心超过对人的关心；4. 白色观点者，它们既不赞成也不同意以上三者，但他们对于人类前途持总体乐观的态度，认为现在的人类问题是个过程，终究会解决的[3]。笔者认为还有持第五种观点的人，可称为黑色观点者，他们与白色观点者正好相反，也不属于前三类人，只是对于人类的前途普遍悲观，现在持有这种观点的人越来越多。这些不同的观点使得人类在发展的道路上总是存在争议，不但相互形成滞力，还严重危及人类安全。

人类认知方式带来的安全问题已经超出了安全科学原本的自然科学领域，而贯通到人文社科和哲学的领域。比如现在安全与社会学结合成安全社会学，发展出许多理论。哈贝马斯的"沟通行动论"是其中之一，他沿着马克思关于资本对人的异化，马克斯·韦伯关于资本主义"理性"与"科层制"的铁笼的"思"与"路"提出了这一理论，主要观点认为："现代社会中人类受到'科技理性'的极度控制，因此，需要以人际的语言沟通即哈氏所称的'沟通理性'去代替'科技理性'，在没有内外制约之下达到相互理解的沟通，并由此协调资源的运用，去满足各自的欲望，去疏解人类社会的矛盾和问题。"[4]这一理论就迫使产品设计师反思产品在当今社会的地位和角色，以及现代人们对于安全的需求会有哪些新的内容，产品的功能一向被理解成科技理性的，而沟通理性的需要

① 〔法〕莫里斯·梅洛-庞蒂. 知觉现象学 [M]. 姜志辉译. 北京：商务印书馆，2001：27.

② 〔法〕莫里斯·梅洛-庞蒂. 知觉现象学 [M]. 姜志辉译. 北京：商务印书馆，2001：58.

③ 〔美〕保罗·霍根等. 自然资本论 [M]. 王乃粒等译. 上海：上海科学普及出版社，2000：373-375.

④ 颜烨. 安全社会学与社会学基本理论 [J]. 中国安全科学学报，2005：8：45.

发展了现代产品良好的人机互动界面，但这是否已经达到了终极的要求？答案应该是否定的。很显然在科技理性的时代，具有科技理性的产品安全；在沟通理性的时代，就会有沟通性的产品安全。可是还要注意，如前所述，这两者又不是对立的，而应该是统一的，好的产品设计能够很好地将这诸多涉及安全的因素融合在产品之中，当然这不是标准的强制要求，而是原则的设计建议。

二、系统的涌现也会带来新的安全问题

从系统整体的角度出发看待产品的安全，一是系统地对待产品与使用个体有哪些需要关注的安全关联；二是注意到产品与使用个体形成小系统之后涌现的与安全相关的新质。首先，产品本身就是个系统，在产品制造完成后，其作为系统会形成动态的平衡，也会涌现出一些新质，这在第四章、第五章都有叙述。其次，产品产生后又会与人、外在形成大系统的组织，在更宏观的层面涌现新质。人工事物都具有整体涌现性，一部机器的所有零部件已全部加工完毕，如果存放在库房里，不过是一堆零部件而已，不具备产品的任何特征；一旦组装成完整机器，就能够运转，实现功能，这些功能都是其零部件总和不具备的整体涌现性。从手表、自行车到故宫、三峡大坝（图 7.5），它们都显示出各自作为系统的整体涌现性① 苗东升. 论系统思维（六）：重在把握系统的整体涌现性[J]. 系统科学学报，2006°1²: 1-2。很显然，安全有可能成为系统涌现的新质之一，但是更为重要的是需要关注系统涌现的新质会带来怎样的安全问题。这些安全问题是观察、研究系统的各个部分所无法看到和发现的，因此往往是之前从未碰到的新问题，需要新的思路来解决，整体涌现的系统观对此能提供帮助。

系统的整体涌现性究竟如何形成的？一般说来，来自系统的组分、结构和环境三方面，构材效应、规模效应、结构效应、环境效应四者共同造就系统的整体涌现性② 同上。。构材是组成系统的元素，是涌现新质的物质基础；在系统中，规模的

图 7.5　无论大小的人工产品都是零部件组成的系统

大小对新质的涌现影响很大；相同的组分不同的结构（组成方式）对于新质的涌现也存在影响，最明显的就是同质异构体的物理化学特性不同，像同为碳元素的金刚石和石墨有巨大的差异；任何可以存在的系统都有自组织的特性，这种维持自身存在下去的特性使得它必须和环境相互作用，不存在完全隔离的系统，再大的系统都是另一个系统的一部分，因而互动是必然的，在适应周围环境约束的同时，系统也确立自己的地位和角色。

此外，人自身作为系统也具有涌现的特性，当人们说"这个需要已经满足了"的时候，并不是人们就没有需要了，而是处于对新的需要的满足期待当中。需要被满足了并不等于需要不存在了，因为需要是人的机体的天然属性。波兰学者 K·奥布霍夫斯基认为人们把需要看成"由于机体内部平衡的破坏而产生的过程，即激起旨在恢复这种平衡的行动，并为这些动作定向的过程"是不够的，在他看来，机体自我调节的产生过程只是满足需要的整体过程的一个方面，必须把需要看成机体的属性，自我调节就是机体保持和恢复平衡的机制①。可见，人的需要也是不断变化、不断涌现的，而人的需要正是推动产品改良和开发的触媒，因此，在大系统中，产品也必然要面对人的新的需要带来的安全问题。人在系统中的涌现还表现为使用者使用产品时一些随意的、不规范的行为，第三章已经分析过人的因素对使用产品时安全影响，这些最不稳定的人的行为波动也可以看作人在系统中的涌现表现。

三、对产品适美的安全需要没有终点

在艺术设计领域，产品设计的安全就是将产品的理性安全（功能、结构的安全）与感性安全（愉悦、美观的感受）协调地组织在一起，可以称之为"适美"。

适美，简单地说就是产品让人舒适，感觉美观，并且其自身是适合、恰当的。为了达到这个要求，产品设计必须通过艺术设计与工艺设计完美地结合起来，从而让用户获得舒适安全与愉悦安慰的物质性和精神性的双重安全体验。实际上，在现代工业设计诞生之初，设计师已经认识到，一个好的、安全的产品，仅仅是结构、功能的完美还很不够，还必须经过艺术设计使之让人产生"美"的感受——使用的完美与感受的美观一起令用户产生"适美"的体验，这样的产品

① （保）Л·尼科洛夫. 人的活动结构 [M]. 张凡琪 译. 北京：国际文化出版公司，1988：50.

① 包林．设计的视野——关于设计在大的知识门类之间的位置与状况 [M]．石家庄：河北美术出版社，2003：24

② 〔日〕大木武男．设计的哲学．转引自藤守尧等．知识经济时代的美学与设计 [M]．南京：南京出版社，2006：27

才是更高意义上安全的产品。从产品设计的历史可以"看到对人造事物何以美丽的探求一旦和以改造大自然为己任的科学技术相遇，就被纳入到了人对生存环境的开发和控制中，并在工业化生产中找到了归宿。设计师从此不必像画家和雕塑家那样超脱，他必须参与到工业化生产所导致的现实中来，改造大众场景，为大批量生产的人造物提供美丽附加值。"① 现在看来，产品的艺术设计所提供给产品的已经远远超出了美丽的范畴，其作用也不是只能提供附加值，产品的艺术设计是与工艺设计一起为人类提供着"美"的生存，两者很难简单地分开。一个产品的"美"，也不仅是通过产品的艺术设计产生的外形美，好的工艺设计也是产品美的重要内容；反之，一个产品的功能，也不仅是通过好的结构设计完成的，舒适的艺术设计也是其中不可或缺的内容。日本学者大木武男认为"原始造物就是介于'物'与'型'之间的，并没有纯然'美'的维度出现。"只是"在近代的设计中，'美''物''型'基本上是三位一体的，当近代设计的'型'与事物的本质相符时，'美'也便由此而生"② 具体关系可以看图7.6、7.7。

图 7.6　本来的设计形态　　　　　　　　　　图 7.7　近代的设计形态

因此，近现代的设计观认为"物"与"型"的统一就可以称为"美"，适美作为一种产品安全观念来提出也正基于此。其实，第六章第三节所述"适宜的安全"就包含"适美"的内容，具有这种安全的产品是"得其位"的，即产品回到它本该在的位置，或者产品具备它本该有的形态、形状。当产品处于这样的状态时，"适美"就随之产生。准确地说，"适美"包含两方面的内容，可阐释为"具其形，归其位"，具其形就是产品的艺术设计赋予了一个产品特别适合的形态，产品的功能、结构、形态就应该如此，在符号意义上也适得其所，符合前文所提倡的"诚实设计"，这样的产品是安全的；归其位就是产品在整个人类产品系统乃至地球环境的大系统中处于其恰当的位置，产品的原材料、生产、耗能、废弃都符合它的身份，属于前文所述的"产品生态位"，这样的产品也是安全的。只是就目前的人类发展来看，距离这个目标还有些远，而且在理想的层面，这样的道路也没有尽头，在这个意义上，产品也总会存在需要人们考虑解决的安全问题。

第三节　安全是设计背后的逻辑

安全作为人类乃至所有物种的大问题，其涵盖面应该说是很广的，首先包含技术层面的内容，即设计首先要能提供控制的方式和手段，以使得人们可以方便地使用产品，这属于客观状态的安全；其次包含心理层面的内容，即安全又是人的一种心理感受，人们不论是在使用产品还是自身经历某个事件，安全与不安全都是亲历者的一种内心活动，这属于主观状态的安全；最后包含文化层面的内容，即安全还牵涉到生态学、人类学、伦理学、社会学、文化学、政治学等社会领域的内容，这部分内容似乎已经超出了人们传统概念上的产品设计的范畴，但就产品与人类安全来说，它们之间的关系是紧密的。进一步深入的研究还必须关注这类跨学科的领域，这个层面既包括了客观状态也包括了主观状态的安全。对于本文的研究而言，前面两方面是重点，也做了较为详细的梳理。后一部分有所涉及，比如第三章第五节论述了产品符号的语义与安全，第五章第一节较为深入地探讨了产品生态安全的问题，其中也简要提及了产品的社会生态安全。但由于这些内容涉及极为广泛的人文社会科学的知识，不太可能在文中面面俱到，也不属于本书主要研究的内容，故未作更深入的阐述。这方面的安全研究可以参考技术哲学，以及生态学、伦理学、人类学等学科的研究成果，只是就产品来说，设计师的确需要站在一个新的高度以便能够更全面地考察产品与人类安全的相关问题，这非常重要。人类现在已经无法脱离技术生存，也不应该完全脱离技术生存，技术从古至今的发展已经表明它与人类生存，与实践的一体性。技术一直以给予人类持续的发展空间而逐渐成为人类的依赖物，它支持着人类发展的多维度，无论是物性空间、赛博空间、思维空间还是意义空间，最后这些发展空间都归结为人类实现自己的自由空间（尚东涛，2005）。技术的存在意义解决了，于是技术安全性的问题浮现出来，这就是技术的异化问题，现代技术存在的主要安全缺陷就是它的一整套系统，当然也包括产品，有偏离本位而控制人类的倾向，这使得人类面临物役性的物质和精神双重困惑。现在人类已经普遍地意识到这一点，如何克服产品给人类带来的安全问题也应该成为设计师对于产品安全考量的主要内容，但是也不能简单、绝对地看待产品的这类异化作用，自从有了产品，产品就在不断地异化着人类，从更本质的角度，这也是产品与人的系统中新质涌现的一部分。因为任何一个产品需要人去使用它时，就是对使用者的一种限定，这种对于非特定化的人的特定化就是异化，只是这种异化处于人的可接受范围内。现代产品异化人类问题的严重性主要在于它已经超出了人类可以承受的限度，并且有自我发展的趋势，这是值得关注的。英国电视剧《黑镜》中描述了这样一个场景，在蜜蜂灭绝后，人类发明了机械蜜蜂维持生物链的平衡，但是这些机械蜂却被黑客控制，变成了恐怖的战争武器，成群结队地冲向了无辜的人类。视频内容虽然是虚构的，但是人工智能科技的滥用，并且反过来伤害人类，完全有可能成为现实。在此基础上，更进一步的思考应当是技术与产品的安全还应该考虑到非人类物种或者环境的安全利益，这正是第六章第四节提出的理想的安全宗旨。现在产品安全问题的一个事实是往往为人类安全利益设计出来的产品却对于其他物种或是环境存在着伤害，这之所以也成为问题是由于其最终危害到人类的安全。当今人类已经认识到地球相当于一艘人类与其他物种乘坐遨游宇宙的超级太空飞船，在这有限的空间里，如何共生共存成为人类技术与产品发展面临的问题。 人类的活动给地球环境带来了巨大的变化，许多是不可逆转的，全球人口的膨胀导致对资源的攫取以及巨量垃圾的废弃，这些都外在地通过产品表现出来，人类产品似乎已成为地球所有生物的"阿喀琉斯之踵"。安全的范畴由此也从纯技术和心理的层面上升到人文的层面，当产品设计师乃至各国政策的制定者都能够站在人文关怀的高度，悲天悯人，许多安全隐患就可以在其源头被制止，因为从纯技术的角度和手段来分析和解决安全问题，终究是亡羊补牢，而人类对于自身需要的安全选择和权衡才是防微杜渐、正本清源的终极措施。但作为产品设计师而言，目前他们的任务也只能"戴着镣铐跳舞"，在存在安全隐患的情况下，尽量运用设计的手段将之减至最小。研究正是基于以上的认识，第六章的产品设计安全原则的提出也是这种认识的自然的产物。

还应该注意到人，特别是个体，所具有的与生俱来的、先天的习性，当这种习性会带来行为的安全隐患时，就需要引起人们的警惕。比如说，为了应付生活中复杂繁多的事务，人们往往只好去抓事物当中一些大的细节来区分事物及其之间的关系，这样他们可以记住更多的事物，处理更多的事情。但是这样的做法同时导致人们容易混淆相近的事物，为事故的发生埋下了隐患，产品设计师就需要防范人们的这类习性通过产品对人类自身带来伤害。

虽说本书对于工业产品的安全设计研究做了一些工作，但还有大量的工作有待进一步研究。首先，关于安全的设计原则是在具体的产品个案基础上梳理的，由于时间和精力的因素，进行分析的产品个案总是有限的，尽管在分析筛选研究个案时，已经尽量采用典型性、代表性的个案，但这里提出的设计原则还只是在大的方面产品设计的安全方向，并不是指导具体设计的操作方法。具体情况还是需要具体分析，如果说本书所提的设计原则能够给产品设计师考虑产品的安全性时有所启发，就算达到了研究的初步目的。

其次，人类安全是人类生活中永恒的话题，当今人类发展到具有较高技术能力，可以改造地球时，这一问题就显得尤其突出。事实证明人们越是了解自身与外在关系的真相，就越明白人类安全是建立在人与环境共生的基础上，抛弃纯粹的人类中心主义，提倡系统中心论，应该是符合全人类利益的。产品作为人机体的延伸，担当了人与外界环境（一切外在事物）中间媒介的角色，很显然在"人－产品－外在的系统"安全性中也扮演了重要的角色，因此，设计中考虑产品的安全性需要涉及极广的范围，可以说只要有人类活动的领域都有可能存在产品带来或者传递的安全影响。现在安全科学的发展十分迅速，不光有安全工程学、安全管理学，还有安全政治学、安全经济学、安全组织学、安全心理学等，应该说这些安全科学的研究都或多或少地与产品发生关系，但是在产品设计领域，研究中有的没有涉及，有的只是略有提及。这是由于一部著作想把范围如此之广的问题研究清楚是不太现实的，还需要众多学者的共同努力。只是以往的研究多关注于产品在各自领域的安全问题，其实产品引发的安全问题应该是跨学科领域的，可喜的是，现在人们越来越意识到这一点，进一步的研究很有意义。

参考文献

1. （美）司马贺. 人工科学［M］. 武夷山译. 上海：上海科技教育出版社，2004.

2. （美）亨利·佩卓斯基. 器具的进化［M］. 丁佩芝，陈月霞译. 北京：中国社会科学出版社，1999.

3. 阳河清. 新的综合——社会生物学［M］. 成都：四川人民出版社，1985.

4. （苏）阿·穆·卡里姆斯基. 社会生物主义［M］. 徐若木，徐秀华译. 北京：东方出版社，1987.

5. （比）伊·普里戈金，（法）伊·斯唐热. 从混沌到有序［M］. 曾庆宏，沈小峰译. 上海：上海译文出版社，1987.

6. （美）唐纳德·诺曼. 情感化设计［M］. 付秋芳等译. 北京：电子工业出版社，2005.

7. （美）温迪·普兰. 科学与艺术中的结构［M］. 曹博译. 北京：华夏出版社，2003.

8. （美）卡尔·米切姆. 技术哲学概论［M］. 殷登祥等译. 天津：天津科学技术出版社，1999.

9. （法）拉·梅特里. 人是机器［M］. 北京：商务印书馆，1959.

10. （美）鲁道夫·阿恩海姆. 视觉思维［M］. 滕守尧译. 成都：四川人民出版社，1998.

11. （德）A·库尔曼. 安全科学导论［M］. 赵云胜，魏伴云，罗云，郭凤典等译. 北京：中国地质大学出版社，1991.

12. （美）唐纳德·诺曼. 设计心理学［M］. 梅琼译. 北京：中信出版社，2003.

13. （法）阿尔贝·雅卡尔. "有限世界"时代的来临［M］. 刘伟译. 桂林：广西师范大学出版社，2004.

14. Nicola Cross. Development in Design Methodology［M］. John Wiley & Sons Ltd.，1984.

15. 杭间. 手艺的思想［M］. 济南：山东画报出版社，2001.

16. 柳冠中. 苹果集：设计文化论［M］. 哈尔滨：黑龙江科学技术出版社，1995.

17. （法）埃德加·莫兰. 方法：天然之天性［M］. 吴泓缈，冯学俊译. 北京：北京大学出版社，2002.

18. Keith E. Barenklau. Developing Standards for Safety Work Activities［J］. Journal of The National Safety Management Society, 1989, 51: 146.

19. 许平. 造物之门［M］. 西安：陕西人民美术出版社，1998.

20. 罗云等. 安全文化百问百答［M］. 北京：北京理工大学出版社，1995.

21. 庄育智等. 安全科学技术词典［M］. 北京：中国劳动出版社，1991.

22. 徐德蜀，邱成. 安全文化通论［M］. 北京：化学工业出版社，2004.

23. 李妲莉，何人可，刘景华. 美国工业设计［M］. 上海：上海科学技术出版社，1992.

24. 谢光进. 人类工程学［M］. 台北：桂冠图书公司，1986.

25. （法）莫里斯·梅洛-庞蒂. 知觉现象学［M］. 姜志辉译. 北京：商务印书馆，2001.

26. 雷毅. 深层生态学思想研究［M］. 北京：清华大学出版社，2001.

27. 章海荣. 生态伦理与生态美学［M］. 上海：复旦大学出版社，2005.

28. （英）M·W·艾森克，M·T·基恩. 认知心理学［M］. 高定国，肖晓云译. 上海：华东师范大学出版社，2004.

29. （英）艾伦·鲍尔斯. 自然设计［M］. 王立非等译. 南京：江苏美术出版社，2001.

30. 黄厚石，孙海燕. 设计原理［M］. 南京：东南大学出版社，2005.

31. （法）让－弗朗索瓦·利奥塔. 后现代状况［M］. 岛子译. 长沙：湖南美术出版社，1996.

32. （美）马克·第亚尼. 非物质社会——后工业世界的设计、文化与技术［M］. 滕守尧译. 成都：四川人民出版社，1998.

33. 诸葛铠. 设计艺术学十讲［M］. 济南：山东画报出版社，2006.

34. 李当岐. 服装学概论［M］. 北京：高等教育出版社，1998.

35. （美）斯蒂芬·贝利，菲利普·加纳. 20 世纪风格与设计［M］. 罗筠筠译. 成都：四川人民出版社，2000.

36. 李砚祖. 产品设计艺术［M］. 北京：中国人民大学出版社，2005.

37. 徐恒醇. 设计美学［M］. 北京：清华大学出版社，2006.

38. （英）彼得·多默. 1945 年以来的设计［M］. 梁梅译. 成都：四川人民出版社，1998.

39. N.A. Stanton, P.R.G. Chambers, J. Piggott. Situational Awareness and Safety［M］. Safety Science ,2001,39: 191.

40. 梁梅. 意大利设计［M］. 成都：四川人民出版社，2000.

41. （美）鲁道夫·阿恩海姆. 艺术与视知觉［M］. 滕守尧，朱疆源译. 成都：四川人民出版社，1998.

42. 杭间等. 岁寒三友：中国传统图形与现代视觉设计［M］. 济南：山东画报出版社，2005.

43. （美）赫伯特·马尔库塞. 单向度的人［M］. 刘继译. 上海：上海译文出版社，2006.

44. 胡惠林. 中国国家文化安全论［M］. 上海：上海人民出版社，2005.

45. 刘学礼. 生命科学的伦理困惑［M］. 上海：上海科学技术出版社，2001.

46. （英）弗里德里希·A·哈耶克. 科学的反革命［M］. 冯克利译. 南京：译林出版社，2003.

47. （法）阿尔贝·雅卡尔. 科学的灾难［M］. 阎雪梅译. 桂林：广西师范大学出版社，2004.

48. （美）美国工业设计师协会. 工业产品设计秘诀［M］. 雷晓鸿，邹玲译. 北京：中国建筑工业出版社，2004.

49. （美）梅尔·拜厄斯. 50 款产品——设计与材料的革新［M］. 邓欣楠，谢大康译. 北京：中国轻工业出版社，2000.

50. （丹）阿德里安·海斯等. 西方工业设计 300 年［M］. 李宏，李为译. 长春：吉林美术出版社，2003.

51. International Design Magazine. New & Notable Product Design. Rockport Publishers, 1991.

52. （美）约翰·霍兰. 涌现——从混沌到有序［M］. 陈禹等译. 上海：上海科学技术出版社，2001.

53. 臧吉昌. 安全人机工程学［M］. 北京：化学工业出版社，1996.

54. 隋鹏程等. 安全原理［M］. 北京：化学工业出版社，2005.

55. 张春兴. 现代心理学［M］. 上海：上海人民出版社，2005.

56. 梁梅. 世界现代设计图典［M］. 长沙：湖南美术出版社，2000.

57. Donald A. Norman. The Design of Everyday Things［M］. Basic Books Inc., 1988.

58. 荆其敏、张丽安. 生态的城市与建筑［M］. 北京：中国建筑工业出版社，2005.

59. Jean-Claude Sagot, Valérie Gouin, Samuel Gomes. Ergonomics in Product Design:

Safety Factor［J］. Safety Science ,2003,41: 138.

60. 庞元正，李建华. 系统论 控制论 信息论经典文献选编［M］. 北京：求实出版社，1989.

61. 杭间，吕品田. 艺术：科学"神性"的提示者［J］. 装饰 ,1999, 1: 23-24.

62. 戴吾三. 科学探索中的美与真［J］. 自然杂志 ,2006, 4: 241.

63. （美）赫伯特·A·西蒙. 关于人为事物的科学［M］. 杨砾译. 北京：解放军出版社，1987.

64. （美）唐纳德·沃斯特. 自然的经济体系——生态思想史［M］. 侯文蕙译. 北京：商务印书馆，1999.

65. 俞孔坚. 理想景观探源［M］. 北京：商务印书馆，1998.

66. （美）保罗·霍根等. 自然资本论——关于下一次工业革命［M］. 王乃粒等译. 上海：上海科学普及出版社，2000.

67. （美）R·T·诺兰等. 伦理学与现实生活［M］. 姚新中等译. 北京：华夏出版社，1988.

68. Alan Cooper. The Inmates are Running the Asylum: Why High-Tech Products Drive Us Crazy and How to Restore the Sanity. Pearson Education Inc.,2004.

69. 李乐山. 人机界面设计［M］. 北京：科学出版社，2004.

70. （美）I·L·麦克哈格. 设计结合自然［M］. 芮经纬译. 北京：中国建筑工业出版社，1992.

71. 刘志峰，刘光复. 绿色设计［M］. 北京：机械工业出版社，1999.

72. 姜长清. 家具纵横谈［M］. 哈尔滨：黑龙江科学技术出版社，1983.

73. （法）罗兰·巴尔特. 符号帝国［M］. 孙乃修译. 北京：商务印书馆，1999.

74. 孙久荣. 脑科学导论［M］. 北京：北京大学出版社，2001.

75. 李道增. 环境行为学概论［M］. 北京：清华大学出版社，1999.

76. （苏）S·D·别烈高沃依等. 航天安全指南［M］. 孙治邦等译. 北京：航空工业出版社，1991.

77. Y. Toft, P. Howard, D. Jorgensen. Changing Paradigms for Professional Engineering Practice Towards Safe Design - An Australian Perspective［J］. Safety Science, 2003, 41:267.

78. （美）艾尔·巴比. 社会研究方法（第十版）［J］. 邱泽奇译. 北京：华夏出版社，2005.

79. （俄）安娜·尼古拉耶芙娜·玛尔科娃. 文化学［J］. 王亚民等译. 兰州：敦煌文艺出版社，2003.

80. （英）詹姆斯·W·麦卡里斯特. 美与科学革命［J］. 李为译. 长春：吉林人民出版社，2000.

81. 武廷海，戴吾三. "匠人营国"的基本精神与形成背景初探［J］. 城市规划，2005, 2: 54.

82. （美）舍尔·伯林纳德. 设计原理基础教程［M］. 周飞译. 上海：上海人民美术出版社，2004.

83. 韩巍. 形态［M］. 南京：东南大学出版社，2006.

84. （德）海德格尔. 人，诗意地栖居［M］. 郜元宝译. 桂林：广西师范大学出版社，2000.

85. 郑祥光，邱时灿. 生活中的人体工程学［M］. 成都：四川科学技术出版社，1985.

86. 柳冠中. 事理学论纲［M］. 长沙：中南大学出版社，2006.

87. 华罗庚. 华罗庚科普著作选集［M］. 上海：上海教育出版社，1984.

88. 曹小鸥. 国外后现代设计［M］. 南京：江苏美术出版社，2002.

89. 周曦，李湛东. 生态设计新论［M］. 南京：东南大学出版社，2003.

90. 王继成. 产品设计中的人机工程学［M］. 北京：化学工业出版社，2004.

91. （美）威尔菲尔德. 身体的智慧［M］. 孙丽霞等译. 沈阳：辽宁教育出版社，2001.

92. （法）古斯塔夫·勒庞. 乌合之众——大众心理研究［M］. 冯克利译. 北京：中央编译出版社，2005.

93. 赵振宇. 神奇的杠杆——激励理论与方法［M］. 武汉：湖北人民出版社，2001.

94. 朱祖祥. 工程心理学［M］. 北京：人民教育出版社，2000.

95. 金龙哲，宋存义. 安全科学原理［M］. 北京：化学工业出版社，2004.

96. 何学秋等. 安全工程学［M］. 徐州：中国矿业大学出版社，2000.

97. 余谋昌. 生态文化论［M］. 石家庄：河北教育出版社，2001.

98. （美）艾伦·库帕著. 交互设计之路［M］. 克里斯·丁等译. 北京：电子工业出版社，2006.

99. 包林. 设计的视野——关于设计在大的知识门类之间的位置与状况［M］. 石家庄：河北美术出版社，2003.

100. 滕守尧等. 知识经济时代的美学与设计［M］. 南京：南京出版社，2006.

101. 张铁柱，张洪信. 汽车安全，节能与环保［M］. 北京：国防工业出版社，2004.

102. （美）克里斯托弗·托默. 科学幻象：生活中的科学符号与文化意义［M］. 王鸣阳译. 南昌：江西教育出版社，1999.

103. 石金海. 安全人机工程［M］. 上海：上海交通大学出版社，1997.

104. 郭伏，杨学涵. 人因工程学［M］. 沈阳：东北大学出版社，2001.

105. （美）杰里米·里夫金，特德·霍华德. 熵：一种新的世界观［M］. 吕明，袁舟译. 上海：上海译文出版社，1987.

106. Lanny R. Berke. Design For Safety - The Next Hot Button［J］. Machine Design, 2005,48-50.

107. Beverley Jane Norris. Expectation of Safety: Realising Ergonomics and Safety in Product Design［D］. University of Nottingham for the Degree of Doctor of Philosophy, 1998,7.

108. 罗仕鉴等. 人机界面设计［M］. 北京：机械工业出版社，2002.

109. P·巴弗拉等. 家具工艺与工厂设计［M］. 赵立译. 北京：轻工业出版社，1985.

110. （英）塞尔温·戈德史密斯. 普遍适用性设计［M］. 董强等译. 北京：知识产权出版社，中国水利水电出版社，2003.

111. （美）理查德·格里格等. 心理学与生活［M］. 王垒等译. 北京：人民邮电出版社，2003.

112. （英）D·J·奥博尼. 人类工程学及其应用［M］. 岳从凤，孙仁佳译. 北京：科学普及出版社，1988.

113. David P. Billington. The Tower and the Bridge: The New Art of Structural Engineering ［M］. Princeton University Press,1983.

114. （英）苏珊·格林菲尔德. 人脑之谜［M］. 杨雄里等译. 上海：上海科学技术出版社，1998.

115. （美）A·H·马斯洛. 动机与人格［M］. 许金声等译. 北京：华夏出版社，1987.

116. （英）阿诺德·汤因比. 历史研究［M］. 刘北成等译. 上海：上海人民出版社，2000.

117. （美）克拉克·威斯勒. 人与文化［M］. 钱岗南等译. 北京：商务印书馆，2004.

118. （保）Л·尼科洛夫. 人的活动结构［M］. 张凡琪译. 北京：国际文化出版公司，1988.

119. 夏甄陶. 人是什么［M］. 北京：商务印书馆，2000.

120. （法）R·舍普等. 技术帝国［M］. 刘莉译. 北京：三联书店，1999.

121.（英）杰姆斯·伽略特. 设计与技术［M］. 常初芳译. 北京：科学出版社，2004.

122. 李红杰等. 安全人机工程学［M］. 武汉：中国地质大学出版社，2006.

123.（美）安德鲁·斯特拉桑. 身体思想［M］. 春风文艺出版社，1999.

124.（美）汉娜·阿伦特. 人的条件［M］. 王世雄等译. 上海：上海人民出版社，1999.

125.（德）威廉·冯特. 人类与动物心理学讲义［M］. 叶浩生等译. 西安：陕西人民出版社，2003.

126.（美）N·维纳. 控制论［M］. 郝季仁译. 北京：科学出版社，1985.

127. 郭湛. 主体性哲学——人的存在及其意义［M］. 昆明：云南人民出版社，2002.

128. 吴良镛. 世纪之交的凝思：建筑学的未来［M］. 北京：清华大学出版社，1999.

129.（美）塞缪尔·亨廷顿. 文明的冲突与世界秩序的重建［M］. 周琪等译. 北京：新华出版社，2002.

130.（美）莫里斯·梅洛－庞蒂. 行为的结构［M］. 杨大春等译. 北京：商务印书馆，2005.

131. 朱宝信. 论人的本质规定的可变易性［J］. 贵州师范大学学报（社会科学版），1999，2：73.

132. S. Dowlatshahi. Material Selection and Product Safety: Theory Versus Practice［J］. The International Journal of Management Science, 2000: 478.

133. 中央编译局. 马克思恩格斯全集［M］. 北京：人民出版社，1979：1，3，42.

134. 时新. 序：量的存在方式［M］. 柳树滋评点. 太原：山西人民出版社，1998.

135.（德）米切尔·兰德曼. 哲学人类学［M］. 阎嘉译. 贵州：贵州人民出版社，1988.

136.（奥）埃尔温·薛定谔. 生命是什么［M］. 罗来鸥等译. 长沙：湖南科学技术出版社，2003.

137. 李征坤等. 西方科技价值观的嬗变［M］. 桂林：广西师范大学出版社，2004.

138.（美）理查德·桑内特. 肉体与石头［M］. 黄煜文译. 上海：上海译文出版社，2006.

139.（美）约翰·布鲁德斯·华生. 行为主义［M］. 李维译. 杭州：浙江教育出版社，1998.

140. 韩民青. 物质形态进化初探［M］. 太原：山西人民出版社，1984.

141. 韩民青. 当代哲学人类学［M］. 南宁：广西人民出版社，1998.

142.（美）保罗·莱文森. 思想无羁［M］. 何道宽译. 南京：南京大学出版社，2003.

143. 苗力田. 亚里士多德全集［M］. 北京：中国人民大学出版社，1994，5.

144.（德）埃利亚斯·卡内提. 群众与权力［M］. 冯文光等译. 北京：中央编译出版社，2003.

145.（日）佐藤方彦. 人为何是人——基于生理人类学的构想［M］. 高崇明等译. 北京：北京大学出版社，1990.

146.（苏）Ю·B·奥尔费耶夫，B·C·邱赫金. 人的思维和"人工智能"［M］. 武铁平译. 北京：中国社会科学出版社，1986.

147. 王冲. 108 影响人类的伟大发明［M］. 哈尔滨：哈尔滨出版社，2004.

148. 丁飚等. 人类手、脚、脑的延伸——自动化技术［M］. 北京：金盾出版社，科学出版社，1998.

149.（美）N·维纳. 人有人的用处——控制论和社会［M］. 陈步译. 北京：商务印书馆，1989.

150. 陶富源. 人的本质新解［M］. 哲学研究，2005，2：109.

151.（美）约翰·H·立恩哈德. 智慧的动力［M］. 刘晶等译. 长沙：湖南科学技术出版社，2004.

152. 孙嘉禅等. 服装文化与性心理［M］. 北京：中国社会科学出版社，1992.

153.（加）南希·蕾. 鞋的风化史［M］. 蒋蓝译. 成都：四川人民出版社，2004.

154.（意）布鲁诺·赛维. 建筑空间论［M］. 张似赞译. 北京：中国建筑工业出版社，2006.

155.（美）伊丽莎白·赫洛克. 服饰心理学［M］. 孔凡军等译. 北京：中国人民大学出版社，1990.

156. 鲁鹏等. 历史之谜求解——人类生存的十对矛盾［M］. 南宁：广西人民出版社，1996.

157. 乔瑞金. 试论技术作为人工自然的客观存在及其进步［J］. 洛阳师范学院学报. 2004，3：20.

158.（奥）冯·贝塔朗菲，（美）A·拉威奥莱特. 人的系统观［M］. 张志伟等译. 北京：华夏出版社，
    1989.

159. 张晓虎. 从工具、符号看实践与认识的关系［M］. 求实. 2004，3：44-45.

160.（德）卡西尔. 人论. 甘阳译［M］. 上海：上海译文出版社，1985.

161. 郑晨. 怀特海哲学的后现代维度［J］. 山西高等学校社会科学学报. 2006，8：92.

162. 董立河. 怀特海价值理论初探［J］. 天津社会科学. 2003，6：50-55.

163.（美）理查德·帕多万. 比例——科学·哲学·建筑［M］. 周玉鹏等译. 北京：中国建筑工业出
    版社，2005.

164. 杭间，曹小鸥. 设计的伦理学视野［J］. 美术观察，2003，6：4-6.

165. 徐明玉等. 物的本质乃光聚集［J］. 西南民族大学学报（人文社科版），2004，5：263.

166. 杨雷等. 马克思主义哲学"物"的三种形态［J］. 河南商业高等专科学校学报，2002，4：
    74-75.

167. 李达. 唯物辩证法大纲［M］. 北京：人民出版社，1978.

168.（美）J·E·戈登. 强韧材料的科学［M］. 包锦章译. 北京：科学出版社，1982.

169. 艾柯尔，马克. 人类最糟糕的发明［M］. 北京：新世界出版社，2003.

170. 金观涛. 系统的哲学［M］. 北京：新星出版社，2005.

171.（美）查尔斯·潘纳蒂. 天地万物之始［M］. 巴仁译. 南宁：广西人民出版社，1989.

172.（英）彼得·柯林斯. 现代建筑设计思想的演变［M］. 英若聪译. 北京：中国建筑工业出版社，
    2003.

173.（法）埃德加·莫兰. 复杂思想：自觉的科学［M］. 陈一壮译. 北京：北京大学出版社，2001.

174. 金观涛，华国凡. 控制论和科学方法论［M］. 北京：科学普及出版社，1983.

175. 涂序彦等. 大系统控制论［M］. 北京：北京邮电大学出版社，2005.

176. 陈念慧. 鞋靴设计学［M］. 北京：中国轻工业出版社，2001.

177.（苏）莫伊谢耶夫. 人和控制论［M］. 吴仕康等译. 北京：三联书店，1987.

178. 刘量衡. 物质·信息·生命［M］. 广州：中山大学出版社，2004.

179. 潘恩荣. 设计的哲学基础与意义——自然主义式的认知［J］. 自然辩证法通信，2006，5：
    46-47.

180. 郭贵春，李小博. 维特根斯坦与后现代反本质主义思潮［J］. 山西大学学报（社会科学版），
    2001，2：4.

181.（美）爱德华·威尔逊. 生命的未来［M］. 陈家宽等译. 上海：上海人民出版社，2003.

182. 诸葛铠. 中国早期造物思想的朴素本质及其与宗教意识的交织［J］. 东南大学学报（社会科学
    版），2003，6：88.

183. 付文忠. 现代性与后现代性关系问题［J］. 雁北师范学院学报，1999，4：3.

184.（美）艾尔弗雷德·W·克罗斯比. 生态扩张主义［M］. 许友民等译. 沈阳：辽宁教育出版社，
    2001.

185. Russell C. Lindsay. Design Safety: Reasonable Safety vs Foolproof Design [J]. Cost Engineer, 2002, 44:10.

186. （美）罗伯特·赖特. 非零年代——人类命运的逻辑 [M]. 李淑珺译. 上海：上海人民出版社，2003.

187. 李约瑟. 中国之科学与文明 [M]. 陈立夫主译. 台北：台湾商务印书馆股份有限公司，1985.

188. [加] 威廉·莱斯. 自然的控制 [M]. 岳长龄等译. 重庆：重庆出版社，1993.

189. 梁彦隆. 主体间性与环境问题 [J]. 科学技术与辩证法，2004，2：2.

190. （美）R·尼布尔. 人的本性与命运 [J]. 成穷译. 贵阳：贵州人民出版社，2006.

191. 武宝轩等. 环境与人类 [M]. 北京：电子工业出版社，2004.

192. 刘同辉. 近年来国内过程哲学研究综述 [J]. 运城学院学报，2006，1：13.

193. 曹孟勤. 从对立走向统一——生态伦理学发展趋势研究 [J]. 伦理学研究，2005，6：78-80.

194. 王雅林. 人类生活方式的前景 [M]. 北京：中国社会科学出版社，1997.

195. （英）A·N·怀特海. 过程与实在 [M]. 周邦宪译. 贵阳：贵州人民出版社，2006.

196. （美）麦特·里德雷. 美德的起源：人类本能与协作的进化 [M]. 刘珩译. 北京：中央编译出版社，2004.

197. 丁立群. 过程哲学与文化哲学：生态主义的两个理论来源 [J]. 求是学刊，2005，5：11.

198. 刘晓陶. 生态设计 [M]. 济南：山东美术出版社，2006.

199. （美）克里斯·亚伯. 建筑与个性——对文化和技术变化的回应 [M]. 张磊等译. 北京：中国建筑工业出版社，2003.

200. 冯硕. 后现代主义视觉艺术 [J]. 戏剧，2002，3：85.

201. （英）德斯蒙德·莫里斯. 人类动物园 [M]. 刘文荣译. 上海：文汇出版社，2002.

202. （美）J·布洛克曼. 未来50年 [M]. 李泳译. 长沙：湖南科学技术出版社，2004.

203. 曹孟勤. "人为自然而存在"与人之为人 [J]. 烟台大学学报（社会科学版），2004，3：253.

204. 苏晓云. 卢卡奇早期的物化异化观及其当代启示 [J]. 求索，2003，4：121.

205. 复光. "身体"辩证. 江海学刊 [J]，2004，2：9.

206. （美）兹比格涅夫·布热津斯基. 大失控与大混乱 [M]. 北京：中国社会科学出版社，1994.

207. （美）迈克尔·莱文森. 现代主义 [M]. 田智译. 沈阳：辽宁教育出版社，2002.

208. 陈嘉明. 现代性的虚无主义 [J]. 南京大学学报（社会科学版），2006，3：123-124.

209. （英）迈克尔·奥克肖特. 经验及其模式 [M]. 吴玉军译. 北京：文津出版社，2005.

210. （美）S·温伯格. 终极理论之梦 [M]. 李泳译. 长沙：湖南科学技术出版社，2003.

211. 毛萍. "让大地成为大地"——论海德格尔的艺术拯救 [J]. 湖南师范大学社会科学学报，2004，5：40.

212. 李根蟠等. 中国经济史上的天人关系 [M]. 北京：中国农业出版社，2002.

213. （德）约阿希姆·拉德卡. 自然与权力：世界环境史 [M]. 王国豫等译. 保定：河北大学出版社，2004.

214. 李万吉. 自然界的人化和人的自然化解析 [J]. 山东师范大学学报（社会科学版），1999，3：57.

215. （美）斯图亚特·考夫曼. 科学新领域的探索 [M]. 池丽平等译. 长沙：湖南科学技术出版社，2004.

216.（美）亨利·哈里斯. 科学与人［M］. 商梓书等译. 北京：商务印书馆，1994.

217. 刘文. 异化、误认与侵略性：拉康论自我的本质［J］. 求索，2004，12：132-134.

218. 王岳川. 后现代主义文化研究［M］. 北京：北京大学出版社，1992.

219. 王书明. 后现代语境中的费耶阿本德哲学［J］. 大连大学学报，2004，1：41-42.

220. 陈治国. 重写现代性：利奥塔后现代知识理论的一个转折［J］. 中共济南市委党校学报，2002，3：91-95.

221. 吴萍. "人是理性的动物"辨析［J］. 福建师范大学学报（社会科学版），2000，3：24-25.

222.（美）小约翰·科布，大卫·格里芬. 过程神学：一个引导性的说明［M］. 曲跃厚译. 北京：中央编译出版社，1999.

223. 路易丝·麦克尼. 福柯［M］. 贾湜译. 哈尔滨：黑龙江人民出版社，1999.

224. 薛伟江. 后现代主义哲学思维方式的特征［J］. 社会科学辑刊，2004，3：5-6.

225. 高宣扬. 福柯的生存美学［M］. 北京：中国人民大学出版社，2005.

226.（英）利昂·庞帕. 维科著作选［M］. 陆晓禾译. 北京：商务印书馆，1997.

227. 易超. 关于和谐主义哲学原理［J］. 探索，2005，4：123.

228. 曹孟勤. 马克思生态人性观初探［J］. 伦理学研究，2006，3：101.

229.（德）卡尔·马克思. 政治经济学批判［M］. 北京：人民出版社，1976.

230. 刘同舫. 技术的异化与诗意化［J］. 晋阳学刊，2006，2：70.

231. 李卫. 海德格尔对"物"的追问［J］. 武汉科技学院学报，2002，6：9.

232. 李庆钧. 人的本质：从费尔巴哈到马克思［J］. 学术界，2005，5：194.

233. 李钊. "安全本质"与"本质安全"［J］. 当代矿工，2004，7：22.

234. 申绍杰. 建筑之外，别无它物［J］. 建设科技，2003，8：75.

235. 张景林，王桂吉. 安全的自然属性和社会属性［J］. 中国安全科学学报，2001，5：6-9.

236. 唐林涛. 设计事理学理论、方法与实践［D］. 清华大学，2004，4：1.

237. 郑贤斌，李自力. 安全的内涵和外延［J］. 中国安全科学学报，2003，2：1.

238. 张景林，蔡天富. 构思"安全学"［J］. 中国安全科学学报，2004，10：8-9.

239. 曹苇舫. 论还原思维［J］. 人文杂志，2005，1：108.

240. 陈一壮. 怎样给复杂性研究作历史研究［J］. 自然辩证法研究，2004，12：54.

241. 苗东升. 论系统思维（六）：重在把握系统的整体涌现性［J］. 系统科学学报，2006，1：1-3.

242. 刘锡梅等. 人类工效型背具的研究［J］. 中国安全科学学报，1998，4：9-11.

243. 欧阳文昭. 论门与安全［J］. 劳动保护科学技术，1995，6：30.

244. 彭喜东. 可靠性设计在安全防范工程设计中的应用［J］. 中国安防产品信息，2002，25.

245. 崔代革. 飞机字符显示的编码方式［J］. 中国安全科学学报，1995，6：47.

246. 于维英. 论安全里的经济学［J］. 劳动保护科学技术，1999，6：30.

247. 刘晓东. 浅谈人的不安全行为安全生产［J］. 中国安全科学学报，1998，51.

248. 习玮. 架起用户研究和设计定位之桥［D］. 清华大学美术学院，2004，17.

249. 余晓宝. 安全感设计［J］. 艺术百家，2003，2：127.

250. 林泽炎等. 预防事故的行为干预技术及应用［J］. 中国安全科学学报，1998，2：28.

251. 李志宪等. 安全文化对安全行为的影响模式［J］. 中国安全科学学报，2001，5：15.

252. 徐德蜀. 安全文化、安全科技与科学安全生产观 [J]. 中国安全科学学报，2006，3.

253. Ab Stevels 等. 关于当前欧盟提出的电子产品环境指令和政策的实效性 [J]. 家电科技，2005，
    1：47.

254. 赵树恩等. 废旧车辆可拆卸性技术研究 [J]. 陕西工学院学报，2003，4：30-31.

255. 沈晓珊. 在反思中发展系统思维科学的理论 [J]. 系统辩证学学报，2004，2：11.

256. 颜烨. 安全社会学与社会学基本理论 [J]. 中国安全科学学报，2005，8：45.

257. 秦书生. 自组织的复杂性特征分析 [J]. 系统科学学报，2006，1：19-20.

258. 张晓平等. 系统观思维的兴起及其对传统思维方式的变革 [J]. 重庆交通学院学报（社科版），
    2004，3：79-81.

259. 紫图大师图典丛书编辑部. 世界设计大师图典速查手册 [M]. 西安：陕西师范大学出版社，
    2004.

图片来源

图 1.1，图 1.2：（丹）阿德里安·海斯，狄特·海斯，阿格·伦德·詹森. 西方工业设计 300 年 [M]. 李宏，李为译. 长春：吉林美术出版社，2003.

图 1.3：The Editors of International Design Magazine and Christy Thomas: New & Notable Product Design[M]. Rockport Publishers, 1991.

图 1.4：http：//finance.sina.com.cn/roll/2016-07-12/doc-ifxtwchx8552887.shtml

图 2.1，图 2.2：徐德蜀. 安全文化、安全科技与科学安全生产观 [J]. 中国安全科学学报，2006，3.

图 2.4，图 2.5，图 2.12：（英）杰姆斯·伽略特. 设计与技术 [M]. 常初芳译. 北京：科学出版社，2004.

图 2.6：http：//news.sina.com.cn/w/2005-11-25/03017531865s.shtml

图 2.7：http：//news.sina.com.cn/c/2005-10-18/11227198979s.shtml

图 2.10：http：//news.youth.cn/tptt/201209t20120911_2429074.htm

图 2.11：（英）埃米莉·科尔. 世界建筑经典图鉴 [M]. 陈镌等译. 上海：上海人民美术出版社，2003.

图 3.1：俞孔坚. 理想景观探源 [M]. 北京：商务印书馆，1998.

图 3.4：http：//tech.ifeng.com/discovery/detail_2014_04/01/35330010_0.shtml

图 3.7：http：//roll.sohu.com/20131030/n389222879.shtml；

中新社发，王丽南摄影，http：//news.sina.com.cn/o/2008-03-06/184813530986s.shtml

图 3.10：诸葛铠. 设计艺术学十讲 [M]. 济南：山东画报出版社，2006.

图 3.16：王冲. 108 影响人类的伟大发明 [M]. 哈尔滨：哈尔滨出版社，2004.

图 3.17：（日）佐藤方彦. 人为何是人——基于生理人类学的构想 [M]. 高崇明等译. 北京：北京大学出版社，1990.

图 3.19：刘锡梅等. 人类工效型背具的研究 [J]. 中国安全科学学报，1998，4.

图 3.20：http：//tech.sina.com.cn/digi/2007-07-20/0042365691.shtml

图 3.21，图 3.22：（美）拜厄斯. 世界经典工业设计——50 款产品 [M]. 邓欣楠，谢大康译. 北京：中国轻工业出版社，2000.

图 3.23：http：//wap.huanqiu.com/r/MV8wXzI4MzQzNDFfNTlfMTQ2NTg2Mjk0MA==#p=7

图 3.24：美国强生血糖仪中文网站，http：//ww2.lifescan.com/china/index.html

图 3.26，图 3.27：（美）唐纳德·诺曼. 设计心理学 [M]. 梅琼译. 北京：中信出版社，2003.

图 3.30：佳能公司中文网站，www.canon.com.cn

图 3.31：彭喜东. 可靠性设计在安全防范工程设计中的应用 [J]. 中国安防产品信息，2002，3.

图 3.33：爱卡汽车网，www.xcar.com.cn

图 3.35：泡泡网 - 电脑时尚，www.pcpop.com

图 3.36：曹小鸥. 国外后现代设计 [M]. 南京：江苏美术出版社，2002.

图 3.39：（意）布鲁诺·赛维. 建筑空间论 [M]. 张似赞译. 北京：中国建筑工业出版社，2006.

图 3.40：https：//baike.baidu.com/item/ 可口可乐 /182363

图 3.41：李红杰等. 安全人机工程学 [M]. 武汉：中国地质大学出版社，2006.

图 3.43：刘晓东. 浅谈人的不安全行为安全生产 [J]. 中国安全科学学报（增刊），1998.

图 3.46/ 图 3.47：Mark F. Bear, Barry W. Connors, Michael A. Paradiso. Chapter11 The Auditory and Vestibular Systems. NEROSCIENCE Exploring the Brain 3rd ed.，347/377.

图 3.48：https：//m.pchome.net/article/content-129549-all.html

图 3.49：http：//blog.sina.com.cn/s/blog_16e1445be0102x5ta.html

　　　　http：//www.360changshi.com/yl/leiren/5802.html

　　　　http：//192.168.162.2/www.sohu.com/a/158074010_99910377

图 3.50：（英）埃米莉·科尔.世界建筑经典图鉴 [M].陈镌等译.上海：上海人民美术出版社，2003.

图 3.51：巴黎铁塔由 Pete Linforth，莫斯科地标由 Oleg Shakurov，自由女神像由 Bruce Emmerling，悉尼歌剧院由 Sam M，伦敦地标由 Rudy and Peter Skitterians 在 Pixabay 上发布。

图 3.52，图 3.53：新浪网－科技时代－手机，http：//www.sina.com.cn

图 3.55：Mark F. Bear，Barry W. Connors，Michael A. Paradiso. Chapter11 The Auditory and Vestibular Systems. NEROSCIENCE Exploring the Brain 3rd ed.，357，365.

图 3.56，图 3.58：The Editors of International Design Magazine and Christy Thomas：New & Notable Product Design[M]. Rockport Publishers，1991.

图 3.59：https：//www.shouyihuo.com/view/3993.html?_ad0.21449952139441186

　　　　http：//www.gucn.com/Service_CurioStall_Show.asp?ID=7230642

图 4.1：（意）布鲁诺·赛维.建筑空间论 [M].张似赞译.北京：中国建筑工业出版社，2006.

图 4.2：（英）埃米莉·科尔.世界建筑经典图鉴 [M].陈镌等译.上海：上海人民美术出版社，2003.

图 4.3：Dan Cruickshank. Sir Banister Fletcher's A History of Architecture 20th Edition[M]. London：Architectural Press，1996.

图 4.5，图 4.7：（英）杰姆斯·伽略特.设计与技术 [M].常初芳译.北京：科学出版社，2004.

图 4.6：http：//192.168.162.2/www.sohu.com/a/210494597_243357

图 4.9：紫图大师图典丛书编辑部.世界设计大师图典速查手册 [M].西安：陕西师范大学出版社，2004.

图 4.12，图 4.16：The Editors of International Design Magazine and Christy Thomas：New & Notable Product Design[M]. Rockport Publishers，1991.

图 4.13：梁梅.世界现代设计图典 [M].长沙：湖南美术出版社，2000.

图 4.14：（美）温迪·普兰.科学与艺术中的结构 [M].曹博译.北京：华夏出版社，2003.

图 4.15：（英）艾伦·鲍尔斯.自然设计 [M].王立非等译.南京：江苏美术出版社，2001.

图 4.20：国家奥体中心游泳馆由 Werner Sidler，国家奥体中心游泳馆内部由 Jack Koppa，国家奥体中心体育场由 Yi An，国家奥体中心体育场内部由 Zkn 在 Pixabay 上发布。

图 4.21~ 图 4.27：（美）戴维·P·比林顿.塔和桥：结构工程的新艺术 [M].钟吉秀译.北京：科学普及出版社，1991.

图 4.30：（美）亨利·佩卓斯基.器具的进化 [M].丁佩芝，陈月霞译.北京：中国社会科学出版社，1999.

图 4.31：李红杰等.安全人机工程学 [M].武汉：中国地质大学出版社，2006.

图 4.32：（英）杰姆斯·伽略特.设计与技术 [M].常初芳译.北京：科学出版社，2004.

图 4.33：http：//www.3snews.net/column/252000050662.html

图 4.34：http：//blog.sina.com.cn/s/blog_48d672780102xvx2.html

图 4.35：https：//www.51wendang.com/doc/abe811b92b5f992fb0d45f92/4

　　　　http：//mooc1.chaoxing.com/nodedetailcontroller/visitnodedetail?courseId=89601142&knowledgeId=89601193

图 4.38：新华网，www.news.cn

图 4.46：（上）由 Pexels，（下）由 Taufan Prasetya 在 Pixabay 上发布。

图 5.1：杨维增. 天工开物新注研究 [M]. 南昌：江西科学技术出版社，1987.

图 5.2：陈进海. 世界陶瓷艺术史 [M]. 哈尔滨：黑龙江美术出版社，1995.

图 5.3：Patrick Nuttgens. The Story of Architecture Second Edition[M]. London：Phaidon Press Limited.，1997.

图 5.4：（美）查尔斯·潘纳蒂. 天地万物之始 [M]. 巴仁译. 南宁：广西人民出版社，1989.

图 5.6：潘谷西. 中国建筑史（第六版）[M]. 北京：中国建筑工业出版社，2009：72.

图 5.5：陈念慧. 鞋靴设计学 [M]. 北京：中国轻工业出版社，2001.

图 5.7：田自秉，吴淑生. 中国工艺美术图典 [M]. 长沙：湖南美术出版社，1998.

图 5.8：https://www.toutiao.com/a6404201363488211201/

图 5.9：http://china.makepolo.com/product-picture/100809234221_5.html

图 5.10：紫图大师图典丛书编辑部. 世界设计大师图典速查手册 [M]. 西安：陕西师范大学出版社，2004.

图 5.11：吴焕加. 20 世纪西方建筑史 [M]. 郑州：河南科学技术出版社，1998.

图 5.12：（美）美国工业设计师协会. 工业产品设计秘诀 [M]. 雷晓鸿，邹玲译. 北京：中国建筑工业出版社，2004.

图 5.14：（丹）阿德里安·海斯，狄特·海斯，阿格·伦德·詹森. 西方工业设计 300 年 [M]. 李宏，李为译. 长春：吉林美术出版社，2003.

图 5.16：吴良镛. 世纪之交的凝思：建筑学的未来 [M]. 北京：清华大学出版社，1999.

图 5.20：https://www.dugoogle.com/shijiezhizui/lieqi/21297.html

图 6.1：徐德蜀，邱成. 安全文化通论 [M]. 北京：化学工业出版社，2004.

图 6.2：http://www.open.sd-china.com/qi/06-03/15.htm

图 6.4：https://www.jiemian.com/article/1613635.html

图 6.5：泡泡网，www.pcpop.com

图 6.7，图 6.14：（美）美国工业设计师协会. 工业产品设计秘诀 [M]. 雷晓鸿，邹玲译. 北京：中国建筑工业出版社，2004.

图 6.8~ 图 6.11，图 6.13（上），图 6.15~ 图 6.20：紫图大师图典丛书编辑部. 世界设计大师图典速查手册 [M]. 西安：陕西师范大学出版社，2004.

图 6.12：The Editors of International Design Magazine and Christy Thomas：New & Notable Product Design[M]. Rockport Publishers，1991.

图 6.13（下）：南昌晚报。

图 6.21：土人景观网。

图 7.4：The Editors of International Design Magazine and Christy Thomas：New & Notable Product Design[M]. Rockport Publishers，1991.

图 7.6，图 7.7：滕守尧. 知识经济时代的美学与设计 [M]. 南京：南京出版社，2006.

图 2.8、图 2.9、图 3.2、图 3.3、图 3.5、图 3.6、图 3.8、图 3.9、图 3.11、图 3.12、图 3.13、图 3.14、图 3.15、图 3.18、图 3.24、图 3.25、图 3.28、图 3.29、图 3.32、图 3.34、图 3.35、图 3.36、图 3.37、图 3.38、图 3.42、图 3.44、图 3.45、图 3.52、图 3.54、图 3.57、图 4.4、图 4.8、图 4.10、图 4.11、图 4.12、图 4.17、图 4.18、图 4.19、图 4.28、图 4.29、图 4.37、图 5.13、图 5.15、图 5.17、图 5.18、图 5.19、图 6.3、图 6.6、图 7.1、图 7.2、图 7.3、图 7.5：作者拍摄。

图 2.3、图 6.22：作者绘制。

① 摘自《中华人民共和国国民经济和社会发展第十三个五年规划纲要》，北京，中华人民共和国中央人民政府，2016年3月。转引自新华网，2016年3月18日，来源：新华社北京3月17日电。

附录一：中华人民共和国国民经济和社会发展第十三个五年规划纲要①（节选）

第四十七章　健全生态安全保障机制

加强生态文明制度建设，建立健全生态风险防控体系，提升突发生态环境事件应对能力，保障国家生态安全。

第一节　完善生态环境保护制度

落实生态空间用途管制，划定并严守生态保护红线，确保生态功能不降低、面积不减少、性质不改变。建立森林、草原、湿地总量管理制度。加快建立多元化生态补偿机制，完善财政支持与生态保护成效挂钩机制。建立覆盖资源开采、消耗、污染排放及资源性产品进出口等环节的绿色税收体系。研究建立生态价值评估制度，探索编制自然资源资产负债表，建立实物量核算账户。实行领导干部自然资源资产离任审计。建立健全生态环境损害评估和赔偿制度，落实损害责任终身追究制度。

第二节　加强生态环境风险监测预警和应急响应

建立健全国家生态安全动态监测预警体系，定期对生态风险开展全面调查评估。健全国家、省、市、县四级联动的生态环境事件应急网络，完善突发生态环境事件信息报告和公开机制。严格环境损害赔偿，在高风险行业推行环境污染强制责任保险。

第四十八章　发展绿色环保产业

培育服务主体，推广节能环保产品，支持技术装备和服务模式创新，完善政策机制，促进节能环保产业发展壮大。

第一节　扩大环保产品和服务供给

完善企业资质管理制度，鼓励发展节能环保技术咨询、系统设计、设备制造、工程施工、运营管理等专业化服务。推行合同能源管理、合同节水管理和环境污染第三方治理。鼓励社会资本进入环境基础设施领域，开展小城镇、园区环境综合治理托管服务试点。发展一批具有国际竞争力的大型节能环保企业，推动先进适用节能环保技术产品"走出去"。统筹推行绿色标识、认证和政府绿色采购制度。建立绿色金融体系，发展绿色信贷、绿色债券，设立绿色发展基金。完善煤矸石、余热余压、垃圾和沼气等发电上网政策。加快构建绿色供应链产业体系。

第二节　发展环保技术装备

增强节能环保工程技术和设备制造能力，研发、示范、推广一批节能环保先进技术装备。加快低品位余热发电、小型燃气轮机、细颗粒物治理、汽车尾气净化、垃圾渗滤液处理、污泥资源化、多污染协同处理、土壤修复治理等新型技术装备研发和产业化。推广高效烟气除尘和余热回收一体化、高效热泵、半导体照明、废弃物循环利用等成熟适用技术。

第七十二章　健全公共安全体系

第一节　全面提高安全生产水平

建立责任全覆盖、管理全方位、监管全过程的安全生产综合治理体系，构建安全生产长效机制。完善和落实安全生产责任、考核机制和管理制度，实行党政同责、一岗双责、失职追责，严格落实企业主体责任。加快安全生产法律法规和标准的制定修订。改革安全评审制度，健全多方参与、风险管控、隐患排查化解和预警应急机制，强化安全生产和职业健康监管执法，遏制重特大安全事故频发势头。加强隐患排查治理和预防控制体系、安全生产监管信息化和应急救援、监察监管能力等建设。实施危险化学品和化工企业生产、仓储安全环保搬迁工程。加强交通安全防控网络等安全生产基础能力建设，强化电信、电网、路桥、供水、油气等重要基础设施安全监控保卫。实施全民安全素质提升工程。有效遏制重特大安全事故，单位国内生产总值生产安全事故死亡率下降30%。

第二节　提升防灾减灾救灾能力

坚持以防为主、防抗救相结合，全面提高抵御气象、水旱、地震、地质、海洋等自然灾害综合防范能力。健全防灾减灾救灾体制，完善灾害调查评价、监测预警、防治应急体系。建立城市避难场所。健全救灾物资储备体系，提高资源统筹利用水平。加快建立巨灾保险制度。制定应急救援社会化有偿服务、物资装备征用补偿、救援人员人身安全保险和伤亡抚恤等政策。广泛开展防灾减灾宣传教育和演练。

附录二：国家中长期科学和技术发展规划纲要（2006—2020年）[①]（节选）

① 摘自《国家中长期科学和技术发展规划纲要（2006—2020年）》。北京，中华人民共和国国务院，2006年2月。转引自新华网"www.xinhuanet.com"，2006年2月9日，来源：新华社北京2月9日电。

党的"十六大"从全面建设小康社会、加快推进社会主义现代化建设的全局出发，要求制定国家科学和技术长远发展规划，国务院据此制定本纲要。

......

三、重点领域及其优先主题

我国科学和技术的发展，要在统筹安排、整体推进的基础上，对重点领域及其优先主题进行规划和布局，为解决经济社会发展中的紧迫问题提供全面有力支撑。重点领域，是指在国民经济、社会发展和国防安全中重点发展、亟待科技提供支撑的产业和行业。优先主题，是指在重点领域中急需发展、任务明确、技术基础较好、近期能够突破的技术群。确定优先主题的原则：一是有利于突破瓶颈制约，提高经济持续发展能力。二是有利于掌握关键技术和共性技术，提高产业的核心竞争力。三是有利于解决重大公益性科技问题，提高公共服务能力。四是有利于发展军民两用技术，提高国家安全保障能力。

......

10. 公共安全

公共安全是国家安全和社会稳定的基石。我国公共安全面临严峻挑战，对科技提出重大战略需求。

发展思路：（1）加强对突发公共事件快速反应和应急处置的技术支持。以信息、智能化技术应用为先导，发展国家公共安全多功能、一体化应急保障技术，形成科学预测、有效防控与高效应急的公共安全技术体系。

（2）提高早期发现与防范能力。重点研究煤矿等生产事故、突发社会安全事件和自然灾害、核安全及生物安全等的监测、预警、预防技术。

（3）增强应急救护综合能力。重点研究煤矿灾害、重大火灾、突发性重大自然灾害、危险化学品泄漏、群体性中毒等应急救援技术。

（4）加快公共安全装备现代化。开发保障生产安全、食品安全、生物安全及社会安全等公共安全重大装备和系列防护产品，促进相关产业快速发展。

优先主题：

（57）国家公共安全应急信息平台

重点研究全方位无障碍危险源探测监测、精确定位和信息获取技术，多尺度动态信息分析处理和优化决策技术，国家一体化公共安全应急决策指挥平台集成技术等，构建国家公共安全早期监测、快速预警与高效处置一体化应急决策指挥平台。

（58）重大生产事故预警与救援

重点研究开发矿井瓦斯、突水、动力性灾害预警与防控技术，开发燃烧、爆炸、毒物泄漏等重大工业事故防控与救援技术及相关设备。

（59）食品安全与出入境检验检疫

重点研究食品安全和出入境检验检疫风险评估、污染物溯源、安全标准制定、有效监测检测等关键技术，开发食物污染防控智能化技术和高通量检验检疫安全监控技术。

（60）突发公共事件防范与快速处置

重点研究开发个体生物特征识别、物证溯源、快速筛查与证实技术以及模拟预测技术，远程定位跟踪、实时监控、隔物辨识与快速处置技术及装备，高层和地下建筑消防技术与设备，爆炸物、毒品等违禁品与核生化恐怖源的远程探测技术与装备，以及现场处置防护技术与装备。

（61）生物安全保障

重点研究快速、灵敏、特异监测与探测技术，化学毒剂在体内代谢产物检测技术，新型高效消毒剂和快速消毒技术，滤毒防护技术，危险传播媒介鉴别与防治技术，生物入侵防控技术，用于应对突发生物事件的疫苗及免疫佐剂、抗毒素与药物等。

（62）重大自然灾害监测与防御

重点研究开发地震、台风、暴雨、洪水、地质灾害等监测、预警和应急处置关键技术，森林火灾、溃坝、决堤险情等重大灾害的监测预警技术以及重大自然灾害综合风险分析评估技术。

附录三：国外主要的产品安全认证标志①

① 福建省标准情报研究所．国外主要的产品安全认证标志[J]．福建标准化信息．1996，（5）：17

国际上有许多产品安全认证标志，其中主要的有以下十几种：

1．国际羊毛局"纯羊毛标志"：

由三个毛线团组成的"纯羊毛标志"是国际羊毛局的认证标志，使用这一标志意味着该产品的强力、色牢度、耐磨、可洗性等质量指标达到了国际羊毛局的品质要求。在西方发达国家消费者看来，只有加贴这一标志的产品才是真正的纯羊毛产品。

2．欧盟的 CE 标志：

欧洲联盟规定：玩具、安全、建筑产品、可植入式医疗器械、电信、终端设备、简单压力容器、锅炉、人身保护装置、电磁兼容设备、燃气装置、低压电器、部分电器设备和机械类产品等 17个指令所涉及的工业产品须符合欧盟有关安全、卫生的要求，并通过一定的合格程序评定，加贴 CE 安全标志后，方可进入欧盟内部统一市场自由流通。

3．美国的 UL 标志：

UL（Underwriters Laboratories）公司是美国最有权威的、最大的产品安全检验机构之一，相关产品经它测试合格，准予认证。使用 UL 标志，也就意味着取得了产品进入美国市场的通行证。

4．日本的 JIS、JAS 和 SG 标志：

JIS 标志一般用于金属制品、电话、电器、文具用品等；

JAS 标志一般用于林木产品和食品；

SG 标志即 Safety Goods（安全制品）的缩写，是于 1972 年 10月由日本制品安全协会根据《消费生活用制品安全法》而设立的，一般用于正常生活用具。

5．加拿大的 CSA 标志：

CSA 是加拿大标准委员会的简称，它是该国最大的认证机构，CSA 主要用于机电产品的认证。加拿大政府规定：未加贴 CSA标志的产品不允许生产、销售和进口。

6. 英国的 Kitemark、SAFETY-MARK 和 BEB 标志：

KITEMARK 即风筝标志，SAFETY-MARK 叫作安全标志，BEB 乃英国家用电器审核局的标志。三者皆是对电器及非电器设备的安全认证标志。

7. 法国的 NF 标志：

主要显示产品符合法国标准或国际标志中的安全要求。

8. 德国的 VDE、GS、TÜV 标志：

VDE 为德国工程师协会对电子元器件、电器及非电器产品的安全认证标志。

GS 标志虽然不是强制实施的安全标志，但在德国消费者心中享有至高无上的声誉，以至于没有 GS 标志的产品几乎没有销路。凡是涉及安全的产品如电视机、洗衣机、木工机械、厨房机械等均可申请 GS 标志。

TÜV 是德国莱茵公司的认证标志，主要适用于电器、机械等元器件认证。

9. 澳大利亚的 AS 标志：

这是澳大利亚从 1996 年起用于电器及非电器产品的安全认证标志。

10. 俄罗斯的 Russia GOST 标志：

这是经俄罗斯检测机构检验符合国家安全标志的产品方能使用的标志，标志使用的有效期为 3 年。

11. 波兰的安全标志：

波兰政府规定：从 1995 年 5 月 1 日起，机电产品、电子产品、木材工业和造纸工业产品、化工产品（化肥、制动液、洗衣粉、肥皂水）以及儿童玩具需拥有波兰认证中心的安全证书及标志，或欧共体、匈牙利和捷克的安全证书和标志方可进入波兰市场出售。

后记

本书内容深入的研究应是我 2004 年到清华大学攻读博士学位之时，但相应的思考在更早的十年前就已经开始。彼时关于设计背后的逻辑这一有趣的课题就已开始激发我的研究兴趣，到清华读博之后，在导师杭间教授的指导下选择从安全视角切入，始构成本书的基本框架。随着研究的不断深入，我渐渐为之吸引，感受到这个多学科交叉领域的趣味。近些年来，各国政府在各层次、各领域都意识到设计问题的重要性，政策指向上也偏重于对设计的关注，这使得设计理论研究渐有热门之势，工业产品设计因为与人类关系广泛，其设计逻辑的研究尤其具有现实意义。这十多年来虽然偶见相关研究，但系统的人类设计背后的逻辑研究仍然匮乏，也正是基于以上的一些原因，本书的研究获得了业内专家的认可与推荐，2011 年荣获江苏省哲学社会科学优秀成果奖，或许亦是售罄之后增改重新命名出版的价值所在。

真正静下心来思考与研究设计及其背后的逻辑，还是我刚进入清华大学攻读博士学位之时。自 2004 年 9 月负笈北游以来，对相关问题的思考就成为生活的主旋律。无论是紫荆公寓九楼的挑灯夜读，还是骑车穿越清华园往来于图书馆和宿舍之间，抑或是三年来对资料艰辛地收集、阅读和整理，种种这些在今天回想起来都已成为隽永的记忆。虽说全文的撰写只有区区几个月的时间，然而其中的内容三年之中无时无刻不萦绕在我的心头，起先只有些零散的点片，渐渐有了一些联系，最后才织成了一张网，真是体味到孕育的艰难，好在恩师杭间先生一再地鼓励，总算坚持到最后，终归没有落得个难产的结果。

将本书献给我已故去 21 年的父亲江声远教授，感谢您在我幼年起即于生活、游戏中给予我的数理逻辑思维的培养，这种思考的方式不仅深刻地影响了我的治学与立身处世之道，同时也构成了本书框架的思想基石。

谨向本书引用著作、文章和观点的历史上的哲人、思想家，以及当今的学者们致敬！他们以其过人的智慧和学识不仅丰富了人类的知识，而且充实了本书的内容。对于这些人类智慧的经典阅读得越多，你就越会发觉哪怕是一丁点粗浅的思考和想法都已经在这些智者的著述中得到了最为充分的阐释和分析。

衷心感谢我的导师杭间教授，在本书即将付梓之际，于百忙中欣然作序。先生在艺术和设计领域广博的学养与深厚的功力使得我在清华大学三年的学习、研究中获益匪浅。先生的循循善诱令枯燥的研究工作充满乐趣，先生的不吝赐教又使研究每遇困难时都峰回路转。

感谢清华大学美术学院柳冠中教授、郑曙旸教授、尚刚教授、李砚祖教授、陈池瑜教授、包林教授、何洁教授、张夫也教授，感谢中央美术学院设计学院许平教授、华东师范大学美术学院张晓凌教授、中国艺术研究院吕品田研究员、清华大学深圳研究院戴吾三教授对我在课题研究中的指导，诸位先生、教授的煌煌宏论或寥寥数语都令我获益匪浅。感谢南昌大学艺术与设计学院工业设计系江小浦教授在工业产品设计领域专业问题上给予我的十分有益的回答，一些精辟的见解令本书的讨论更加深入，学术基础更加坚实。感谢在学期间的各位同窗、学友，你们的鼓励和支持弥足珍贵。感谢清华大学提供给我攻读博士学位的研究平台，它实现了我人生的一个跨越。感谢杭间教授、柳冠中教授、许平教授、李立新教授为本书欣然写就推荐语，几位大家准确深刻的点评必然让读者可更加深入地理解本书的旨趣。还要感谢为本书提供出版机会并为此付出辛勤劳动的编辑费海玲女士，您的工作为本书增色不少。感谢我的研究生方晴在付梓之际为全书设计封面和版式，使得阅读本书的体验更加愉悦。最后要感谢我的母亲彭培苏女士和妻子林鸿女士，本书最后得以成书付梓，也有你们的一份辛劳。

恩斯特·卡西尔说："人被宣称为应当是不断探究他自身的存在物———个在他生存的每时每刻都必须查问和审视他的生存状况的存在物。人类生活的真正价值，恰恰就存在于这种审视中，存在于这种对人类生活的批判态度中。"因此，对人类设计的逻辑和安全审视可看作人类生活的价值之一，但这个问题涉及广泛并且纷繁复杂，相关的讨论就显得艰难而沉重，加之我自身学术水平和视野的局限，一些认识难免肤浅，期望学界前辈、同行诸公不吝赐教，给予批评指正，共同推进设计理论，特别是设计背后的逻辑及安全领域的研究。

江　牧

2018 年 12 月 18 日于独墅湖畔